普通高等教育"十一五"国家级规划教材

计算机科学与技术专业实践系列教材

教育部"高等学校教学质量与教学改革工程"立项项目

曹庆华 主编

曹庆华 洪飞 刘艳芳 张力军 编著

网络测试与故障诊断实验教程

（第2版）

清华大学出版社

北京

内容简介

根据国家最新颁布的《基于以太网技术的局域网系统验收测评规范》，在第1版原有布线测试的基础上，依据国家局域网系统验收测评规范的有关要求，重点增加针对局域网系统基本性能指标，包括连通性、传输速率、吞吐率、丢包率、传输延迟、广播率、错误率、线路利用率等测试指标和测试方法，针对DHCP、DNS、Web、E-mail、文件服务等应用性能的指标和测试方法，以及局域网验收测评的基本方法等内容。因此，本书不仅对于高等院校开设网络测试方面课程具有重要参考价值，也可以作为从事局域网测试和验收测评工程师的参考书。

《网络测试与故障诊断实验教程》第2版将填补我国在网络测试实验教学，尤其结合新颁布的局域网验收测试标准方面的空白。随着教育部逐步开始在高等院校设置信息安全和网络工程专业，该教材具有很好的应用前景。

本书封面贴有清华大学出版社防伪标签，无标签者不得销售。

版权所有，侵权必究。举报：010-62782989，beiqinquan@tup.tsinghua.edu.cn。

图书在版编目(CIP)数据

网络测试与故障诊断实验教程/曹庆华主编. —2版. —北京：清华大学出版社，2011.6(2024.1重印)
(计算机科学与技术专业实践系列教材)
ISBN 978-7-302-24582-7

Ⅰ. ①网… Ⅱ. ①曹… Ⅲ. ①计算机网络—测试—高等学校—教材 ②计算机网络—故障诊断—高等学校—教材 Ⅳ. ①TP393

中国版本图书馆CIP数据核字(2011)第010146号

责任编辑：张瑞庆 李玮琪
责任校对：李建庄
责任印制：杨 艳

出版发行：清华大学出版社
网　　址：https://www.tup.com.cn, https://www.wqxuetang.com
地　　址：北京清华大学学研大厦A座　　邮　编：100084
社 总 机：010-83470000　　邮　购：010-62786544
投稿与读者服务：010-62776969, c-service@tup.tsinghua.edu.cn
质量反馈：010-62772015, zhiliang@tup.tsinghua.edu.cn

印 装 者：三河市君旺印务有限公司
经　　销：全国新华书店
开　　本：185mm×260mm　　印　张：17.5　　字　数：437千字
版　　次：2011年6月第2版　　印　次：2024年1月第10次印刷
定　　价：45.00元

产品编号：039179-03

普通高等教育"十一五"国家级规划教材
计算机科学与技术专业实践系列教材

编 委 会

主　　　任：王志英
副　主　任：汤志忠
编　委　委　员：陈向群　樊晓桠　邝　坚
　　　　　　　　孙吉贵　吴　跃　张　莉

前 言

随着 Internet 技术和网络业务的飞速发展，用户对网络资源的需求空前增长，网络也变得越来越复杂。不断增加的网络用户和网络应用导致网络负担沉重，网络设备超负荷运转，网络各种故障频繁发生，因此造成的直接或间接损失日益增加。所以，对网络运行各项指标进行提取、分析、评测，网络测试就显得越来越重要。发现网络瓶颈，优化网络配置，并进一步发现网络中可能存在的潜在危险，从而更加有效地进行网络性能管理，提供网络服务质量的验证和控制，对网络服务提供商的服务质量指标进行量化、比较、评测，是网络测试的主要目的。而建设先进的网络测试实验体系和实验教材，对于培养网络时代的高质量人才有着重要的意义。

2008 年 4 月 11 日，由全国信息技术标准化技术委员会牵头，中华人民共和国国家质量监督检验检疫总局、中国国家标准化管理委员会组织了网络测试领域的相关企业联合编写的《基于以太网技术的局域网系统验收测评规范》于 2008 年 9 月 1 日起正式实施，标准中把局域网作为一个系统，提出了基于传输媒体、网络设备、局域网系统性能、网络应用性能、网络管理功能、运行环境要求等方面的验收测评整体解决方案，重点描述了网络系统和网络应用、网络管理功能的技术要求及测试方法，这将是实施网络工程进行验收测评的重要标准文件。

本书在前一版的基础上，总结了北京航空航天大学多年来本科生和研究生网络实验课的教学实践，重点增加了符合国家《基于以太网技术的局域网系统验收测评规范》相关标准的局域网系统验收测评实验，同时修订了原有的网络故障诊断案例。

本书作为高等院校计算机专业网络测试与故障诊断实验教材，内容分为线缆测试、网络测试、故障诊断、基于 NetFlow 的流量监测与分析、局域网系统验收测评实验五部分。在内容的安排上力求循序渐进，先通过基础的原理实验来加深对网络测试原理和技术的理解，进而逐步涉及难度较大的实际故障诊断案例分析和局域网系统验收测评实验。

本书第一部分是线缆测试（实验 1~实验 4），包括电缆和故障线的制作、布线测试、线缆传输测试和光缆测试。第二部分是网络测试（实验 5~实验 12），主要包括组网测试、链路层测试、以太网链路流量分析、IP 测试、VLAN 测试、网络管理、交换机端口流量测试和长期流量测试。第三部分是网络故障诊断案例分析（实验 13），包括端口扫描和病毒检测，第四部分是基于 NetFlow 的流量监测与分析实验（实验 14），介绍 NetFlow 和流的相关技术，以及网络审计、IP 流量计费、异常流量分析等，第五部分是局域网系统验收测评实验（实验 15），介绍了局域网验收测试的相关标准以及结合工程实践的验收测评实验。

全书共有 15 个实验，实验 1~实验 4、实验 15 主要由曹庆华老师编写，实验 5 由张力军老师编写，实验 6~实验 13 由洪飞博士编写，实验 14 由刘艳芳老师编写，Fluke 公司的周华先生以及工程师吴健、刘丹利等参与了具体实验的设计。研究生杨文、赵元、郭建云、李国胜、连林江、王海省和丁楠等参加了具体的实验开发和部分编写工作。

由于编者水平所限，本书难免有不妥和错误之处，望专家和读者批评指正。

曹庆华
2011 年 4 月
于北京航空航天大学

目　录

实验 1　水平电缆和故障线的制作 …………………………………………… 1
　1.1　实验原理介绍 ………………………………………………………… 1
　　　1.1.1　综合布线系统介绍 …………………………………………… 1
　　　1.1.2　打线工具介绍 ………………………………………………… 11
　1.2　标准网线的制作 ……………………………………………………… 11
　　　1.2.1　实验环境及分组 ……………………………………………… 11
　　　1.2.2　实验步骤 ……………………………………………………… 11
　　　1.2.3　实验总结 ……………………………………………………… 12
　1.3　实验电缆插座的制作 ………………………………………………… 13
　　　1.3.1　实验环境及分组 ……………………………………………… 13
　　　1.3.2　实验步骤 ……………………………………………………… 13
　1.4　制作 UTP 故障 DEMO 盒 …………………………………………… 13
　　　1.4.1　实验环境与分组 ……………………………………………… 13
　　　1.4.2　实验步骤 ……………………………………………………… 14
　　　1.4.3　实验总结 ……………………………………………………… 15

实验 2　布线系统测试 ……………………………………………………… 16
　2.1　布线系统测试基础 …………………………………………………… 16
　　　2.1.1　综合布线系统概述 …………………………………………… 16
　　　2.1.2　综合布线系统的测试标准 …………………………………… 19
　　　2.1.3　布线系统故障分类 …………………………………………… 24
　　　2.1.4　综合布线测试连接方式定义 ………………………………… 25
　　　2.1.5　现场测试 ……………………………………………………… 26
　　　2.1.6　测试工具介绍 ………………………………………………… 26
　2.2　接线图测试 …………………………………………………………… 28
　　　2.2.1　实验目的 ……………………………………………………… 28
　　　2.2.2　实验内容 ……………………………………………………… 29
　　　2.2.3　实验原理 ……………………………………………………… 29
　　　2.2.4　实验环境与分组 ……………………………………………… 31
　　　2.2.5　接线图测试步骤 ……………………………………………… 31
　　　2.2.6　实验总结 ……………………………………………………… 31
　2.3　线缆长度的测试 ……………………………………………………… 32
　　　2.3.1　实验目的 ……………………………………………………… 32
　　　2.3.2　实验内容 ……………………………………………………… 32
　　　2.3.3　实验原理 ……………………………………………………… 32

		2.3.4 实验环境和分组	33
		2.3.5 实验步骤	33
		2.3.6 实验总结	33
	2.4	传输时延和时延偏离测试	33
		2.4.1 实验目的	33
		2.4.2 实验内容	33
		2.4.3 实验原理	33
		2.4.4 实验环境与分组	34
		2.4.5 实验步骤	34
		2.4.6 实验总结	34
	2.5	衰减的测试	34
		2.5.1 实验目的	34
		2.5.2 实验内容	34
		2.5.3 实验原理	35
		2.5.4 实验环境与分组	35
		2.5.5 实验步骤	35
		2.5.6 实验总结	36
	2.6	串扰的测试	36
		2.6.1 实验目的	36
		2.6.2 实验内容	36
		2.6.3 实验原理	36
		2.6.4 实验环境与分组	37
		2.6.5 实验步骤	37
		2.6.6 实验总结	38
	2.7	综合近端串扰	38
		2.7.1 实验目的	38
		2.7.2 实验内容	38
		2.7.3 实验原理	38
		2.7.4 实验环境与分组	38
		2.7.5 实验步骤	38
		2.7.6 实验总结	38
实验 3	线缆传输测试		39
	3.1	实验基础知识介绍	39
	3.2	衰减串扰比	40
		3.2.1 实验目的	40
		3.2.2 实验内容	40
		3.2.3 实验原理	40
		3.2.4 实验环境与分组	41
		3.2.5 实验步骤	41

  3.2.6 实验总结 ………………………………………………………………… 41
 3.3 回波损耗 …………………………………………………………………………… 41
  3.3.1 实验目的 ………………………………………………………………… 41
  3.3.2 实验内容 ………………………………………………………………… 41
  3.3.3 实验原理 ………………………………………………………………… 41
  3.3.4 实验环境与分组 ………………………………………………………… 42
  3.3.5 实验步骤 ………………………………………………………………… 42
  3.3.6 实验总结 ………………………………………………………………… 42
 3.4 等效远端串扰和综合等效远端串扰 ……………………………………………… 42
  3.4.1 实验目的 ………………………………………………………………… 42
  3.4.2 实验内容 ………………………………………………………………… 42
  3.4.3 实验原理 ………………………………………………………………… 42
  3.4.4 实验环境和实验分组 …………………………………………………… 43
  3.4.5 实验步骤 ………………………………………………………………… 43
  3.4.6 实验总结 ………………………………………………………………… 43

实验 4　光缆测试 ……………………………………………………………………… 44
 4.1 光纤理论与光纤结构 ……………………………………………………………… 44
  4.1.1 光及其特性 ……………………………………………………………… 44
  4.1.2 光纤结构及种类 ………………………………………………………… 44
  4.1.3 光纤的衰减 ……………………………………………………………… 45
  4.1.4 光纤的优点 ……………………………………………………………… 45
 4.2 光纤测试标准 ……………………………………………………………………… 46
  4.2.1 标准参考 ………………………………………………………………… 46
  4.2.2 光缆测试参数和测试方法 ……………………………………………… 46
 4.3 光纤长度测试 ……………………………………………………………………… 48
  4.3.1 实验目的 ………………………………………………………………… 48
  4.3.2 实验内容 ………………………………………………………………… 48
  4.3.3 实验环境和分组 ………………………………………………………… 48
  4.3.4 实验步骤 ………………………………………………………………… 48
  4.3.5 实验总结 ………………………………………………………………… 48
 4.4 光纤损耗测试 ……………………………………………………………………… 48
  4.4.1 实验目的 ………………………………………………………………… 48
  4.4.2 实验内容 ………………………………………………………………… 49
  4.4.3 实验环境和分组 ………………………………………………………… 49
  4.4.4 实验步骤 ………………………………………………………………… 49
  4.4.5 实验总结 ………………………………………………………………… 49

实验 5　组网实验 ……………………………………………………………………… 50
 5.1 交换机简介及配置 ………………………………………………………………… 50

	5.1.1 交换机简介 ………………………………………………………………… 50
	5.1.2 交换机基本配置 ……………………………………………………………… 51

5.2 路由器简介及配置 ……………………………………………………………………… 54
  5.2.1 路由器简介 …………………………………………………………………… 54
  5.2.2 路由器基本配置 ……………………………………………………………… 55
5.3 简单组网实验 …………………………………………………………………………… 57
  5.3.1 实验目的 ……………………………………………………………………… 57
  5.3.2 实验内容 ……………………………………………………………………… 57
  5.3.3 实验环境及分组 ……………………………………………………………… 57
  5.3.4 实验组网图 …………………………………………………………………… 57
  5.3.5 实验步骤 ……………………………………………………………………… 57
  5.3.6 实验总结 ……………………………………………………………………… 58
5.4 通过地址转换访问互联网 ……………………………………………………………… 58
  5.4.1 实验目的 ……………………………………………………………………… 58
  5.4.2 实验内容 ……………………………………………………………………… 58
  5.4.3 实验原理 ……………………………………………………………………… 58
  5.4.4 实验环境及分组 ……………………………………………………………… 59
  5.4.5 实验组网图 …………………………………………………………………… 59
  5.4.6 实验步骤 ……………………………………………………………………… 59
  5.4.7 实验总结 ……………………………………………………………………… 60

实验 6　链路层实验 ………………………………………………………………………… 61
 6.1 实验基础知识介绍 ……………………………………………………………………… 61
 6.2 自适应测试 ……………………………………………………………………………… 62
  6.2.1 实验目的 ……………………………………………………………………… 62
  6.2.2 实验内容 ……………………………………………………………………… 62
  6.2.3 实验原理 ……………………………………………………………………… 62
  6.2.4 实验环境与分组及实验组网图 ……………………………………………… 63
  6.2.5 实验步骤 ……………………………………………………………………… 63
  6.2.6 实验总结 ……………………………………………………………………… 64
 6.3 电平测试 ………………………………………………………………………………… 64
  6.3.1 实验目的 ……………………………………………………………………… 64
  6.3.2 实验内容 ……………………………………………………………………… 64
  6.3.3 实验原理 ……………………………………………………………………… 65
  6.3.4 实验环境与分组 ……………………………………………………………… 65
  6.3.5 实验步骤 ……………………………………………………………………… 65
  6.3.6 实验总结 ……………………………………………………………………… 65
 6.4 工作模式测试——半双工和全双工 …………………………………………………… 65
  6.4.1 实验目的 ……………………………………………………………………… 65
  6.4.2 实验内容 ……………………………………………………………………… 65

  6.4.3 实验原理 ·· 66
  6.4.4 实验环境与分组 ·· 66
  6.4.5 实验步骤 ·· 67
  6.4.6 实验总结 ·· 68

实验7 以太网数据链路层流量分析 ··· 69
 7.1 实验基础知识介绍 ·· 69
 7.2 帧流量分析 ·· 70
  7.2.1 实验目的 ·· 70
  7.2.2 实验内容 ·· 70
  7.2.3 实验环境 ·· 70
  7.2.4 实验步骤 ·· 70
  7.2.5 实验总结 ·· 72
 7.3 单播数据帧格式的分析 ·· 72
  7.3.1 实验目的 ·· 72
  7.3.2 实验内容 ·· 72
  7.3.3 实验原理 ·· 72
  7.3.4 实验环境与分组 ·· 73
  7.3.5 实验步骤 ·· 73
  7.3.6 实验总结 ·· 74
 7.4 广播数据帧格式分析 ··· 74
  7.4.1 实验目的 ·· 74
  7.4.2 实验内容 ·· 74
  7.4.3 实验原理 ·· 74
  7.4.4 实验环境与分组 ·· 75
  7.4.5 实验步骤 ·· 75
  7.4.6 实验总结 ·· 75
 7.5 错误帧的分析(长帧、错帧、FCS 错误) ································· 75
  7.5.1 实验目的 ·· 75
  7.5.2 实验内容 ·· 75
  7.5.3 实验环境与分组 ·· 76
  7.5.4 实验步骤 ·· 76
  7.5.5 实验总结 ·· 77
 7.6 帧冲突 ··· 77
  7.6.1 实验目的 ·· 77
  7.6.2 实验内容 ·· 77
  7.6.3 实验环境与分组 ·· 77
  7.6.4 实验步骤 ·· 77
  7.6.5 实验总结 ·· 78

实验 8　IP 测试 ·· 79
　8.1　实验基础知识介绍 ·· 79
　　　8.1.1　IP 地址的概念 ·· 79
　　　8.1.2　IP 地址的编址方式 ·· 79
　　　8.1.3　IP 子网掩码 ·· 79
　　　8.1.4　ARP 的原理 ·· 80
　　　8.1.5　Ping 程序的工作原理 ·· 81
　　　8.1.6　Traceroute 程序的原理 ······································ 81
　8.2　设备搜索清单 ··· 82
　　　8.2.1　实验目的 ·· 82
　　　8.2.2　实验内容 ·· 82
　　　8.2.3　实验环境与分组 ·· 82
　　　8.2.4　实验步骤 ·· 82
　　　8.2.5　实验总结 ·· 83
　8.3　网络结构地址规划报告 ·· 84
　　　8.3.1　实验目的 ·· 84
　　　8.3.2　实验内容 ·· 84
　　　8.3.3　实验环境与分组 ·· 85
　　　8.3.4　实验步骤 ·· 85
　　　8.3.5　实验总结 ·· 85

实验 9　VLAN 测试 ·· 86
　9.1　实验基础知识介绍 ·· 86
　9.2　VLAN 配置报告 ·· 87
　　　9.2.1　实验目的 ·· 87
　　　9.2.2　实验内容 ·· 87
　　　9.2.3　实验原理 ·· 87
　　　9.2.4　实验环境与分组 ·· 88
　　　9.2.5　实验步骤 ·· 88
　　　9.2.6　实验总结 ·· 88

实验 10　网络管理基本实验 ··· 90
　10.1　实验原理和背景知识 ·· 90
　　　10.1.1　网络管理的基本概念 ······································· 90
　　　10.1.2　SNMP 概述 ··· 91
　　　10.1.3　SNMP 工作方式 ··· 92
　　　10.1.4　SNMP 的协议数据单元 ···································· 93
　　　10.1.5　管理信息库 ··· 96
　　　10.1.6　管理信息结构 ·· 97
　　　10.1.7　RMON 管理 ·· 99

	10.2 实验	101
	10.2.1 实验环境及分组	101
	10.2.2 实验组网	101
	10.2.3 实验步骤	101
	10.3 实验总结	107

实验 11 交换机端口流量测试 … 108

	11.1 实验目的	108
	11.2 实验内容	108
	11.3 实验原理和背景知识	108
	11.4 实验步骤	109
	11.4.1 实验环境及分组	109
	11.4.2 实验组网	109
	11.4.3 实验步骤	109
	11.4.4 实验总结	115

实验 12 交换机端口长期流量测试 … 116

	12.1 实验目的	116
	12.2 实验内容	116
	12.3 实验原理和背景知识	116
	12.3.1 Fluke Networks 公司的 OPV 软件概述	116
	12.3.2 网络文档备案测试	117
	12.4 实验步骤	118
	12.4.1 实验环境及分组	118
	12.4.2 实验组网	118
	12.4.3 实验步骤	118
	12.5 实验总结	127

实验 13 网络故障诊断案例实验 … 128

	13.1 半双工与全双工通信	128
	13.1.1 实验目的	128
	13.1.2 实验内容	128
	13.1.3 实验原理	128
	13.1.4 实验环境	129
	13.1.5 实验步骤	129
	13.1.6 实验总结	132
	13.2 路由环路	132
	13.2.1 实验目的	132
	13.2.2 实验内容	132
	13.2.3 实验原理	132
	13.2.4 实验环境	133

        13.2.5 实验步骤 ………………………………………………………………… 133
        13.2.6 实验总结 ………………………………………………………………… 137
    13.3 端口扫描 …………………………………………………………………………… 137
        13.3.1 实验目的 ………………………………………………………………… 137
        13.3.2 实验内容 ………………………………………………………………… 137
        13.3.3 实验原理 ………………………………………………………………… 137
        13.3.4 实验环境和分组 …………………………………………………………… 144
        13.3.5 实验组网 ………………………………………………………………… 144
        13.3.6 实验步骤 ………………………………………………………………… 145
        13.3.7 实验总结 ………………………………………………………………… 148
    13.4 病毒防护与流量分析 ………………………………………………………………… 148
        13.4.1 实验目的 ………………………………………………………………… 148
        13.4.2 实验内容 ………………………………………………………………… 148
        13.4.3 实验原理 ………………………………………………………………… 148
        13.4.4 实验环境和分组 …………………………………………………………… 149
        13.4.5 实验组网 ………………………………………………………………… 149
        13.4.6 实验步骤 ………………………………………………………………… 149
        13.4.7 实验总结 ………………………………………………………………… 152

实验 14 NetFlow 网络流量监测与分析 ………………………………………………… 153
    14.1 NetFlow 技术及工具的介绍 ……………………………………………………… 153
        14.1.1 "流"的定义及 NetFlow 的提出 ………………………………………… 153
        14.1.2 NetFlow 数据报文的格式 ………………………………………………… 154
        14.1.3 NetFlow 工作原理 ………………………………………………………… 156
        14.1.4 NetFlow 的应用 …………………………………………………………… 157
        14.1.5 NetFlow Tracker 工具 …………………………………………………… 158
    14.2 网络审计 …………………………………………………………………………… 159
        14.2.1 实验目的 ………………………………………………………………… 159
        14.2.2 实验内容 ………………………………………………………………… 159
        14.2.3 实验原理 ………………………………………………………………… 160
        14.2.4 实验环境 ………………………………………………………………… 160
        14.2.5 实验步骤 ………………………………………………………………… 160
        14.2.6 实验总结 ………………………………………………………………… 168
    14.3 网络病毒异常流量分析 ……………………………………………………………… 168
        14.3.1 实验目的 ………………………………………………………………… 168
        14.3.2 实验内容 ………………………………………………………………… 168
        14.3.3 实验原理 ………………………………………………………………… 168
        14.3.4 实验环境 ………………………………………………………………… 170
        14.3.5 实验步骤 ………………………………………………………………… 171
        14.3.6 实验总结 ………………………………………………………………… 174

14.4 应用端口扫描分析……………………………………………………… 174
　　14.4.1 实验目的……………………………………………………… 174
　　14.4.2 实验内容……………………………………………………… 174
　　14.4.3 实验原理……………………………………………………… 174
　　14.4.4 实验环境……………………………………………………… 175
　　14.4.5 实验步骤……………………………………………………… 175
　　14.4.6 实验总结……………………………………………………… 178

实验15 局域网测试实验 ……………………………………………………… 179
15.1 局域网测试简介………………………………………………………… 179
15.2 局域网系统性能测试…………………………………………………… 180
　　15.2.1 局域网系统连通性测试……………………………………… 180
　　15.2.2 链路传输率测试……………………………………………… 182
　　15.2.3 网络吞吐率测试……………………………………………… 186
　　15.2.4 传输时延测试………………………………………………… 191
　　15.2.5 丢包率测试…………………………………………………… 194
　　15.2.6 以太网链路层健康状况测试………………………………… 200
15.3 局域网系统应用性能测试实验………………………………………… 203
　　15.3.1 DHCP 服务性能测试………………………………………… 203
　　15.3.2 DNS 服务性能测试…………………………………………… 209
　　15.3.3 Web 服务性能测试…………………………………………… 213
　　15.3.4 E-Mmai 应用服务性能测试………………………………… 218
　　15.3.5 文件服务性能测试…………………………………………… 224
15.4 局域网系统功能测试…………………………………………………… 229
　　15.4.1 IP 子网划分测试……………………………………………… 229
　　15.4.2 VLAN 划分测试……………………………………………… 232
　　15.4.3 DHCP 功能测试……………………………………………… 237
　　15.4.4 NAT 功能测试………………………………………………… 244
　　15.4.5 组播功能测试………………………………………………… 249

实验 1　水平电缆和故障线的制作

实验内容

① 布线系统基本知识。
② 几种通信介质。
③ 打线基本方法介绍。
④ 制作水平电缆步骤。
⑤ 制作故障线步骤。

1.1　实验原理介绍

1.1.1　综合布线系统介绍

1. 概述

数据布线在经历了 20 年的发展历程后，在传统布线基础上，形成了结构化综合布线技术。综合布线是一种模块化的、灵活性极高的建筑物内或建筑群之间的信息传输通道。它既能使语音、数据、图像设备、交换设备与其他信息管理系统彼此相连，也能使这些设备与外部相连接。它还包括建筑物外部网络或电信线路的连接点与应用系统设备之间的所有线缆及相关的连接部件。综合布线由不同系列和规格的部件组成，其中包括：传输介质、相关连接硬件（如配线架、连接器、插座、插头、适配器）以及电气保护设备等。这些部件可用来构建各种子系统，它们都有各自的具体用途，不仅易于实施，而且能随需求的变化而平稳升级。

综合布线系统是一种预布线系统，能够适应较长一段时间的需求。一般一个综合布线系统的设计使用年限是 15 年左右。

本章将先就综合布线系统中用到的物理介质（电缆）和它们的连接方式进行介绍。

2. 通信介质的类型

当前数据网络主要使用 4 种类型的通信介质（电缆）：非屏蔽双绞线（UTP）、屏蔽或网屏双绞线（STP 或 ScTP）、同轴电缆和光纤（FO）。区分骨干电缆和水平电缆是很重要的。骨干电缆连接网络设备，比如服务器、交换机、路由器，还连接设备间和通信间。水平电缆连接通信间与墙壁插座。对于新建布线系统来说，骨干电缆通常使用多芯电缆，水平电缆主要使用 UTP。

1) 双绞线

双绞线（Twisted Pair, TP）是综合布线工程中最常用的一种传输介质。双绞线由两根具有绝缘保护层的铜导线组成，是目前最经济、使用最广泛的电缆。双绞线不仅比其他介质便宜，而且安装也更简单，需要使用的工具也不是很昂贵。把两根绝缘的铜导线按一定密度互相绞在一起，可降低信号干扰的程度，每一根导线在传输中辐射的电波会被另一根线上辐射的电波抵消。双绞线一般由两根 22～26 号绝缘铜导线相互缠绕而成。把一对或多对双绞线放在一个绝缘套管中便形成了双绞线电缆。在双绞线电缆(也称双扭线电缆)内,不同线对具有不同的扭绞长度,一般来说,扭绞长度在 14～38.1cm,按逆时针方向扭绞,相邻线对的扭绞长度在 12.7cm 以上。与其他传输介质相比,双绞线在传输距离、信道宽度和数据传输速度等方面均受到一定限制,但价格较为低廉。目前,双绞线可分为非屏蔽双绞线(Unshielded Twisted Pair,UTP)和屏蔽双绞线(Shielded Twisted Pair,STP)。ScTP 是 STP 的一种变体。

虽然双绞线主要是用来传输模拟声音信息的,但同样适用于数字信号的传输,特别适用于较短距离的信息传输。在传输期间,信号的衰减比较大,并且产生波形畸变。采用双绞线的局域网的带宽取决于所用导线的质量、长度及传输技术。只要精心选择和安装双绞线,就可以在有限距离内达到每秒几百万位的可靠传输率。当距离很短并且采用特殊的电子传输技术时,传输速率可达 100～155Mbps。由于利用双绞线传输信息时要向周围辐射,信息很容易被窃听,因此要花费额外的代价加以屏蔽。屏蔽双绞线电缆的外层由铝箔包裹,以减小辐射,但并不能完全消除辐射。屏蔽双绞线价格相对较高,安装时要比非屏蔽双绞线电缆困难。它类似于同轴电缆,必须配有支持屏蔽功能的特殊连接器和相应的安装技术,但它有较高的传输速率,100 米内的速率可达到 155Mbps。

双绞线分为屏蔽双绞线与非屏蔽双绞线两大类。在这两大类中又分 100Ω 电缆、双体电缆、大对数电缆、150Ω 屏蔽电缆。具体型号有多种,如图 1-1 所示,图中 AWG 为美国线缆规格。

(1) 非屏蔽双绞线(UTP)。非屏蔽双绞线如图 1-2 所示,它很早就用于电话系统,但用于局域网是在 20 世纪 80 年代末期,随着 10Base-T 标准的出现而开始的。UTP 的性价比很高,易于安装,而且它的带宽在不断提高。

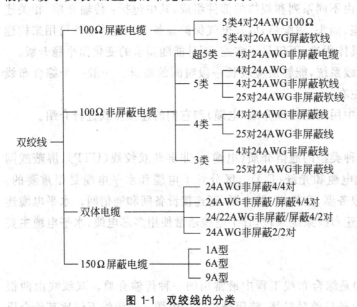

图 1-1 双绞线的分类　　　　　　图 1-2 非屏蔽双绞线

UTP 布线似乎只能达到双绞线电缆的最低性能,它流行的主要原因是便宜和易于安装。每当工程师们开发出新一代的 UTP 电缆时,他们总是认为已经达到了 UTP 电缆的极限,然而电缆厂商在继续发展它的能力。在开发 10Base-T 和之前的一些专有 UTP 以太网系统时,评论家曾经说 UTP 永远不可能支持 10Mbps 的数据传输速率;之后,他们又说 UTP 不可能支持 100Mbps 的数据传输速率。在 1999 年 7 月,IEEE 通过了 1000Base-T 标准,它允许在 5 类电缆上运行千兆以太网。表 1-1 列出了 EIA/TIA 协会制定的双绞线电缆标准。为了灵活运用网络电缆组网,我们需要熟悉用于现代网络的一些标准,特别是 3 类和 5 类 UTP。

表 1-1 UTP 双绞线电缆标准

双绞线类型	描述
1 类线(Cat1)	一种包括两个电线对的 UTP 形式。主要用于传输语音(一类标准主要用于 20 世纪 80 年代初之前的电话线缆),不用于数据传输。
2 类线(Cat2)	一种包括 4 个电线对的 UTP 形式。传输频率为 1MHz,用于语音传输和最高传输速率 4Mbps 的数据传输,常见于使用 4Mbps 规范令牌传递协议的旧的令牌网。
3 类线(Cat3)	一种包括 4 个电线对的 UTP 形式。指目前在 ANSI 和 EIA/TIA568 标准中指定的电缆。该电缆的传输频率为 16MHz,用于语音传输及最高传输速率为 10Mbps 的数据传输,主要用于 10Base-T。3 类线一般用于 10Mbps 的 Ethernet 或 4Mbps 的 Token Ring。虽然 3 类线比 5 类线便宜,但为了获得更高的吞吐量,5 类线已经代替了 3 类线。
4 类线(Cat4)	一种包括 4 个电线对的 UTP 形式。该类电缆的传输频率为 20MHz,用于语音传输和最高传输速率 16Mbps 的数据传输,主要用于基于令牌的局域网和 10Base-T/100Base-T。与 Cat1、Cat2 或 Cat3 相比,它能提供更多的保护以防止串扰和衰减。
5 类线(Cat5)	用于新安装及更新到快速 Ethernet 的最流行的 UTP 形式。Cat5 包括 4 个电线对,该类电缆增加了绕线密度,外套一种高质量的绝缘材料,支持 100Mbps 吞吐量和 100Mbps 信号速率。除 100Mbps Ethernet 之外,Cat5 电缆还支持其他快速联网技术,例如异步传输模式(ATM)。
增强 Cat5	Cat5 电缆的更高级别的版本。它包括高质量的铜线,能提供一个高的缠绕率,并使用先进的方法以减少串扰。增强 Cat5 能支持高达 200MHz 的信号,是常规 Cat5 容量的 2 倍。
6 类线(Cat6)	包括 4 个电线对的双绞线电缆。每对电线被箔绝缘体包裹,还有一层箔绝缘体包裹在所有电线对的外面,同时一层防火塑料封套包裹在第二层箔层外面。箔绝缘体对串扰提供了较好的阻抗,从而使得 Cat6 能支持的吞吐量是常规 Cat5 吞吐量的 6 倍,由于 Cat6 是一种新技术且大部分网络技术不能利用它的最高容量,所以 Cat6 很少用于当今的网络中。

(2)屏蔽双绞线(STP)。屏蔽双绞线最初是由于 IBM 进行数据电缆分级而开始流行的,如图 1-3 所示。虽然它比 UTP 更贵,安装成本也更高,但 STP 具有一些独特的优势。当前 ANSI/EIA-568-B 布线标准承认 IBM Type 1A 水平电缆,它最高支持 300MHz 的频率,但在新建布线系统时不推荐使用它。与 UTP 相比,STP 不易受外部电磁干扰(EMI)的影响,因为所有的双绞线对都具有很好的屏蔽。

图 1-3 有两对双绞线的 STP 电缆

有些 STP 电缆,如 IBM Type 1 和 IBM Type 1A 电缆,使用铜线编制的屏蔽外皮,从而可以有效地防止电磁干扰(EMI)。在铜线屏蔽网里是金属箔包裹的双绞线。有些 STP 只是在双绞线之外包裹了金属箔。

简单地安装 STP 电缆并不能保证提高电缆对电磁干扰的屏蔽能力,也不能减少电磁辐射,为了达到很好的屏蔽性能,必须严格满足下述条件。
- 屏蔽层在整个线路连接上必须是电子连续的。
- 连接中所有的组建必须是屏蔽的,不能使用UTP配线电缆。
- 屏蔽层必须完全包裹导线,整体屏蔽层必须包裹电缆芯线。屏蔽外皮的任何间隙都会造成电磁干扰、泄漏。
- 屏蔽层在连接的两端都必须接地,而且建筑物的接地系统必须符合接地标准(比如TIA/EIA-607)。

如果任何一个条件没有满足,屏蔽性能就会大幅降低。举例来说,测试表明如果屏蔽层的连续性被破坏,屏蔽布线系统的电磁辐射平均会增加20dB。

(3) 网屏双绞线(ScTP)。网屏双绞线是ANSI/TIA/EIA-568-B标准承认的一种电缆类型,它是STP和UTP的混合体,如图1-4所示。

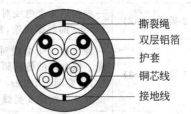

图1-4 网屏双绞线ScTP

网屏双绞线与屏蔽双绞线的区别在于前者每个不同线对之间都有屏蔽层,而屏蔽双绞线没有,仅线对与外界间存在屏蔽层。ScTP由4对24AWG、100Ω的导线组成,导线外面包裹着金属箔,金属箔上具有用于焊接的导线。ScTP有时候被称为"金属箔双绞线(FTP)",因为4对导线都包裹着金属箔。这个金属箔外皮没有STP布线系统里使用的铜线编制外壳大。ScTP电缆就是没有单独对每一对导线进行屏蔽的STP,而且屏蔽层也比某些STP布线小。

金属箔保护ScTP不易受到噪声干扰。然而为了实现完整有效的ScTP系统,整个信道必须维持金属箔外皮的连续性——包括配线板、墙壁插座和配线电缆,也就是说不仅电缆要得到屏蔽,整个连接都要得到屏蔽。与STP布线类似,整个系统里的每根电缆在两端都必须接地,否则它就会成为一个巨大的天线。

标准的8脚模块插座(通常被称为RJ-45)不能保证电缆外皮的有效接地,因此在实施ScTP布线系统时必须使用特殊硬件、插座、配线板,甚至需要使用特殊工具。市场上有很多ScTP电缆和组件生产商,在安装ScTP时一定要遵循安装指南。

ScTP适用于具有很高电磁干扰的环境里,比如医院、机场或政府/军事通信中心。ScTP的性价比是令人质疑的,有些测试表明UTP的抗噪能力和辐射性能并不比ScTP差很多。在很多情况下,选择使用ScTP就是因为知道有一层金属箔在进行保护的感觉还是不错的。

2) 光缆

虽然"光缆到桌面"直到现在对于大多数用户来说仍没有实现,但是在过去的这些年里光纤的确得到了很广泛的普及,而且它还在向局域网市场进军。光纤具有的优点如下。
- 传输距离比铜缆长很多。
- 带宽比铜缆高很多倍。
- 光纤不受外部电磁干扰或串扰的影响,也不会产生电磁干扰或串扰。
- 光纤比铜缆安全得多,因为它很难被监视、"偷听"或搭线窃听。

光纤是由玻璃制成的,被用于制作光纤的玻璃非常透明。如果海洋里填满了玻璃而不是海水,则从上面可以清晰地看到海底,就好像晴天时从飞机上看到大地一样。用玻璃制成的光导纤维,就是光纤,是一种细小、柔韧并能传输光信号的介质。多条光纤组成的传输线就是光缆,计算机网络中的光缆一般由偶数条光纤组成。20世纪80年代初期,光缆的出现引起了网络界的轰动,随后在布线中开始大量使用光缆。与其他类型的传输介质相比,目前光缆在数据传输中是最优异的传输介质。光缆能够适应目前网络对长距离传输大容量宽带信号的要求,在计算机网络中发挥着十分重要的作用。而且,随着技术的不断发展,光缆在网络中的应用也越来越广泛。

光纤通信是不同于任何其他数据传播方法的技术,也就是说它并不是使用通过导体的电子传播信息。代替使用电子信号,光纤使用调制光信号通过绝缘玻璃纤维类型的材料长距离传递数据信息。

光纤和同轴电缆相似,只是没有网状屏蔽层。光纤的中心是光传播的玻璃芯。在多模光纤中,芯的直径是 $50\mu m$,大约与人的头发的粗细相当。而单模光纤芯的直径为 $8\sim 10\mu m$。光芯之外包围着一层折射率比光芯折射率低的玻璃封套,以使光线保持在光纤之内。再外层是一层薄的塑料外套,用来保护封套。光纤通常扎成一束,外面有外壳保护。图 1-5 所示是光纤的结构和一束三根光纤的剖面图。

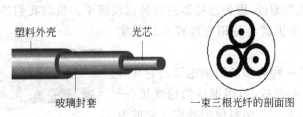

图 1-5 光纤示意图

光纤共有3种连接方式。第一种方式,可以将光纤接入连接头并插入光纤插座。连接头要损耗10%~20%的光,但是它使重新配置系统变得很容易。第二种方式,可以用机械方法将其接合。方法是将两根小心切割好的光纤的一端放在一个套管中,然后钳起来。可以让光纤通过结合处来调整,以使信号达到最大。机械结合需要训练过的人员花5分钟左右的时间完成,光的损失大约为10%。第三种方式,两根光纤可以融合在一起形成坚实地连接。融合方法形成的光纤和单根光纤几乎是相同的,但仍有一点衰减。对于这3种连接方法,结合处都有反射,并且反射的能量会和信号交互作用。

可以用于信号源的两种光源是发光二极管和固体激光器。它们有不同的特性,如表1-2所示。光纤的接收端是由光电二极管构成的,当遇到光时,光电二极管就会给出一个电脉冲。光电二极管的响应时间一般是1ns,这就是把数据传输速率限制在1Gbps之内的原因。热噪声也是一个问题,因此光脉冲必须具有足够的能量以便能被检测到。如果脉冲足够强,那么出错率就可以降到极低的水平。

表 1-2 发光二极管和固体激光器的特性

项 目	发光二极管	固体激光器	项 目	发光二极管	固体激光器
数据速率	低	高	生命期	长	短
模式	多模	多模或单模	温度敏感性	较小	较敏感
距离	短	长	造价	低	高

根据传输点模数的不同,光纤可分为单模光纤和多模光纤。所谓"模"是指以一定角速度进入光纤的一束光。单模光纤采用固体激光器做光源,多模光纤则采用发光二极管做光源。多模光纤允许多束光在光纤中同时传播,从而形成模分散。模分散特性限制了多模光纤的带宽和距离,因此,多模光纤的芯线粗,传输速度低、距离短,整体的传输性能差,但其成本比较低,一般用于建筑物内或地理位置相邻的环境下。单模光纤只能允许一束光传播,所以单模光纤没有模分散特性,因而,单模光纤的纤芯相应较细,传输频带宽、容量大,传输距离长,但因其需要激光源,故成本较高,通常在建筑物之间或地域分散时使用。同时,单模光纤是当前计算机网络中研究和应用的重点,也是光纤通信与光波技术发展的必然趋势。

本书将在实验4详细介绍光缆部分的知识。

3) 同轴电缆

同轴电缆曾经是最广泛使用的联网电缆,目前仍广泛用于闭路电视和其他视频发行领域,但它在数据联网领域的应用却在不断减少。同轴电缆相对双绞线,虽然其传输特性要优秀得多,但由于其成本高,实施难度大,所以逐渐被双绞线所取代。同轴电缆的整体安装成本也可能比其他电缆类型低,因为连接器的安装比较简单。虽然我们通常使用同轴电缆连接电视和录像机,但很快就会使用光缆或双绞线实现这种连接了。

图1-6中描绘了一种典型的同轴电缆。它共有4层组成:一根中央铜导线、包围铜线的绝缘层、一个网状金属屏蔽层以及一个塑料保护外皮。它的内部共有两层导体排列在同一轴上,所以称为"同轴"。

图1-6 同轴电缆

其中,铜线传输电磁信号,它的粗细直接决定其衰减程度和传输距离;绝缘材料将铜线与金属屏蔽物隔开;网状金属屏蔽层一方面可以屏蔽噪声,另一方面可以作为信号地,能够很好地隔离外来的电信号。因为网状金属屏蔽层在各个方向上围绕着导线,因此屏蔽是十分有效的。屏蔽层的作用还在于可以避免数据在传输时向外产生的电磁干扰。由于具有出色的屏蔽性,中心铜线的芯也比较粗,所以同轴电缆的频率特性较好,拥有较好的固有带宽,能进行高速率的传输,适合用于经常会出现大量干扰的环境。事实上,大多数同轴电缆固有的带宽远远超过最好的双绞线。

同轴电缆有粗缆和细缆两种类型。粗、细是通过同轴电缆中导体的直径大小来区分的。通常,中心导体的芯越粗,信号传输距离就越远。铜线的直径为0.25inch(英寸)的细缆传输距离约200m(10Base-2),直径0.5inch的粗缆传输距离为500m(10Base-5)。在粗缆和细缆的两端都采用50Ω的终端电阻,吸收发送完毕的信号,以便于接收新信号。

3. 连接器类型介绍

要使布线系统能够有效地工作,仅有电缆是不够的,因为电缆不能直接连接到硬件上。虽然以前的一些设备具有连接端子或连接盒,可以让电缆连接看不见,但是这种方法是不好的,它违背了结构化布线系统的一个基本原则——把电缆直接连接到带电组件。

在电缆末端必须的一些实现与带电系统进行连接和转换的装置,就叫做连接器。连接器通常具有公部件和母部件,如铜缆的连接器一般分为插头和插座两部分。它们按照标准化的规格标准制造以便能够紧密地结合起来使用。但也有例外,如IBM数据连接器是雌雄同体的。插座和插头的形状通常是对称的,但有时是楔子的,这意味着它们具有唯一的不对称形状或某些引脚、卡扣或开槽系统,从而确保插头只能以一种方式插入插座。本章介绍结构化布线系统中经常用到的连接器类型。连接器的类型由于线缆类型的不同可以分为多种,比如双绞线连接器、同轴电缆连接器、光纤连接器。

1) 双绞线连接器

对于局域网和电话安装来说,双绞线电缆是当今最流行的线缆类型。常用的双绞线连接器又分为非屏蔽双绞线(UTP)的连接器、网孔屏蔽双绞线(ScTP)连接器、屏蔽双绞线(STP)连接器和增强型屏蔽双绞线(STP-A)电缆数据连接器。

在双绞线电缆上安装连接器的主要方法是压接,用户使用压接器让连接器里的金属触点接触到电缆里的导线,从而建立连接。

(1) 非屏蔽双绞线(UTP)的连接器。UTP 上常用的 RJ 型连接器有 RJ-45 和 RJ-11。这两个连接器基本上是相同的,只是前者是 8 针,后者 6 针。RJ-11 广泛用于商业和住宅电话应用中,而且继续在家庭环境中得到广泛使用。而 RJ-45 主要用于局域网应用,如在日常的局域网当中,一般的双绞线、集线器和交换机均使用 RJ-45 连接器进行连接。

目前推荐的安装方法是为电话应用也安装 RJ-45 插座,因为这些插座能够支持 RJ-11 和 RJ-45 连接器。这两种连接都由塑料制成,内部装有金属"触针"。在压接过程中,这些触针会被压进双绞线电缆的导线里。当这些触针被压下并且与双绞线电缆里的导线接触后,它们就成为导线与 RJ-45 或 RJ-11 插座里引脚的连接点。RJ-45 和 RJ-11 连接器都是模块化插头。现在模块化的插头和插座在综合布线系统中已经很普及了。模块化连接器具有 4 针、6 针和 8 针的配置。常见的模块插座名称和配置如表 1-3 所示。

表 1-3 常见的模块插座名称和配置

名 称	引脚数	触点数	用 途	配线模式
RJ-11	6	2	单线电话	USOC
RJ-14	6	4	电线或双线电话	USOC
RJ-22	4	4	电话听筒连线	USOC
RJ-25	6	6	单线双线或 3 线电话	USOC
RJ-31	8	4	保安和火警	USOC
RJ-45	8	8	数据(10Base-T、100Base-TX 等)	T568-A 或 T568-B
RJ-48	8	4	1.544Mbps(T1)连接	取决于系统
RJ-61	8	8	单线电话到 4 线电话	USOC

UTP 和 ScTP 电缆有的是由实心铜导线构成,有的是由多束较细的铜导线绞合而成。这种差别导致了电缆所需的连接器也存在差别。RJ-11 和 RJ-45 都分别有针对实心铜导线和多数较细铜导线电缆的不同连接器。下面详细介绍局域网中广泛使用的 RJ-45 连接器。

基于 RJ-45 的网络连接线分为直通线和交叉线两种。下面详细介绍 RJ-45 连接器的安装。

制作网线所需要的 RJ-45 连接器(俗称水晶头,如图 1-7 所示)前端有 8 个凹槽,简称"8P"(Position,位置)。凹槽内的金属接点共有 8 个,简称"8C"

图 1-7 RJ-45 连接器模块化插头

(Contact,触点)。所以RJ-45连接器也被称为"8P8C"。特别需要注意的是RJ-45水晶头引脚序号,当金属片面对我们的时候从左至右引脚序号是1~8。序号对于网络连线非常重要,不能颠倒。

EIA/TIA的布线标准中规定了两种双绞线的线序568A与568B。对RJ-45接线方式规定如下:

- 1、2用于发送,3、6用于接收,4、5、7、8是双向线。
- 1、2线必须是双绞,3、6双绞,4、5双绞,7、8双绞。

这样可以最大限度地抑制干扰信号,提高传输质量。

标准568A:绿白-1,绿-2,橙白-3,蓝-4,蓝白-5,橙-6,棕白-7,棕-8,如图1-8所示。

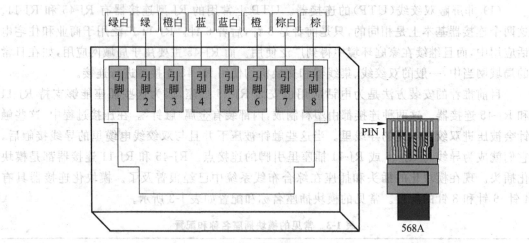

图1-8 标准568A

标准568B:橙白-1,橙-2,绿白-3,蓝-4,蓝白-5,绿-6,棕白-7,棕-8,如图1-9所示。

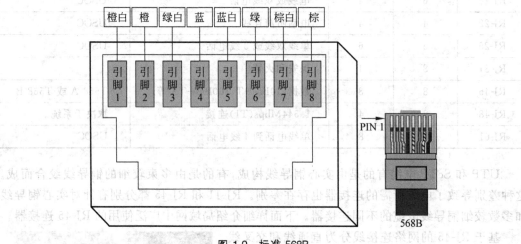

图1-9 标准568B

(2)网孔屏蔽双绞线(ScTP)连接器。网孔屏蔽电缆安装时需要将布线系统中的每一个元件进行屏蔽。从电器柜中的连接器到电信接口、用户设施线,再到设施机箱地都要绝缘。

每个模块化插座都应该有一层金属屏蔽。和电缆屏蔽层相连的排流线必须和其屏蔽层连接。

从屏蔽的模块化插座引出的接插线和连接线必须进行屏蔽。每条线都是带有网孔屏蔽模块化插座的 ScTP 多芯电缆。8 位 8 接点屏蔽模块化连接器可用于 4 对 ScTP 电缆。正确使用连接器可以保证连接质量,并且减少来自外部的电磁干扰。

(3) 屏蔽双绞线(STP)电缆数据连接器。IBM 在 20 世纪 90 年代早期开发的一种专有布线系统使用了每对导线都具有单独屏蔽的双绞线电缆,这最初是为了支持基于两对双绞线(屏蔽双绞线,STP)的令牌环网应用。它的连接器是雌雄同体的,换句话说,插座看上去和插头是一样的,只不过是镜像的。

STP 连接器是连接器当中的吉普,体积比较大,结实、通用。与 4 对 UTP 电缆和 RJ 型模块插头相比,STP 电缆和连接器都是巨大的,需要更多的人工才能进行安装。布线承包商曾经喜欢使用 STP 连接器,因为这样需要更多的人工,其工程报价及利润也更高。现在 STP 连接器在实际布线安装中已经很少使用了。

(4) 增强型屏蔽双绞线(STP-A)电缆数据连接器。STP-A 电缆及连接器和 STP 类似,但它是增强型的。连接器需要增强的数据,并使用 4 接点的双性连接器。这些连接器可应用于 300MHz 的带宽。通过良好的屏蔽和连接器内各导线对之间的隔离可以提高传输带宽。

2) 同轴电缆连接器

最常见的同轴电缆连接器就数有线电视和视频设备上的同轴电缆连接器了。同轴电缆连接器可分为以下几个类型:F 系列同轴电缆连接器、N 系列同轴电缆连接器和 BNC 连接器。图 1-10 所示为这 3 种连接器。

图 1-10 同轴电缆连接器

3) 光纤连接器

光纤连接器使用卡扣、螺纹或弹性架子的方法连接到插座。较新的一种名为 MT-RJ 的连接器与 8 针模块连接器(RJ-45)十分相似。

传统数据需要两根光纤:一根用于发送,一根用于接收。根据光纤连接的方法,光纤连接器分为两种类型。

(1) 单工连接器:在连接器里只连接一根光纤。

(2) 双工连接器:在连接器里连接两根光纤。

常见的光纤连接器有如下几种类型:SC 光纤连接器、双工 SC 光纤连接器、ST 连接器、双工 ST 连接器、FDDI 光纤连接器、FC 光纤连接器。ST 曾经是最广泛使用的,但目前双工 SC 连接器是标准中规定的连接器。其他类型的连接器也允许使用,但不属于标准文献中的明文规定。总之,双工 SC 连接器获得了系统规范和标准的广泛认可,同时又易于使用,能够确保连接极性的正确性,消除连接极性的问题,因此成为当前光纤连接器的当然之选。图 1-11 为几种常见类型光纤连接器的图示。

图 1-11 光纤连接器

4. 直通线和交叉线

1) 直通线介绍

大多数情况下,双绞线电缆的线路是直通连接的。计算机使用分开的线路来发送和接收数据,计算机及其他设备相互通信时一般通过各自的发送和接收端口进行。设备 A 通过发送端口发送数据到设备 B 的接收端口,同时设备 A 也通过接收端口接收设备 B 发送端口发出的数据,就是说,在发送和接收线路对之间必须出现信号交叉。通常集线器会负责进行信号的交叉。当计算机通过集线器与其他计算机相连时,集线器内部可以完成发送端口与接收端口之间的匹配。目前很多交换机也可以自动识别直通线和交叉线,决定是否进行信号转换。

综上所述,所谓的直通线就是双绞线两端的发送端口与发送端口直接相连,接收端口与接收端口直接相连,如图 1-12 所示。

由于直通线一端的每个引线与另一端的对应引线相连,所以只要方向正确,线路是什么颜色并没有关系。就是说两种连接方式没有本质的区别,但是必须做出明确的决定,究竟使用哪一种标准,避免因混淆造成无效连接。本实验统一采用 568B 标准。

2) 交叉线介绍

当要把两台计算机直接连接起来形成一个简单的两结点以太网或者集线器与集线器通过普通的端口进行级连时,就必须使用交叉线。

所谓的交叉线即指双绞线两端的发送端口与接收端口交叉相连。要求双绞线的两头连线要 1 和 3、2 和 6 进行交叉,即如果在一端,橙白线对应到水晶头的第 1 个脚,则在另一端的水晶头,橙白线要对应到其第 3 个脚,如图 1-13 所示。

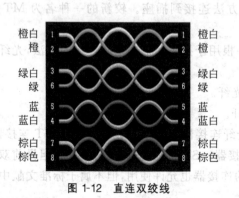

图 1-12 直连双绞线

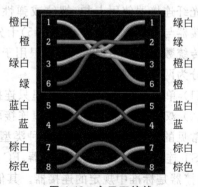

图 1-13 交叉双绞线

在进行设备连接时,需要正确地选择线缆。我们将设备的RJ-45接口分为MDI(Media Dependent Interface)和MDIX两类。当同种类型的接口通过双绞线互连时(两个接口都是MDI或都是MDIX),使用交叉网线;当不同类型的接口(一个接口是MDI,一个接口是MDIX)通过双绞线互连时,使用直通网线。通常主机和路由器的接口属于MDI,交换机和集线器的接口属于MDIX。例如路由器与主机相连,采用交叉网线;交换机与主机相连则是用直通网线。图1-14示意了如何选择双绞线连接设备。

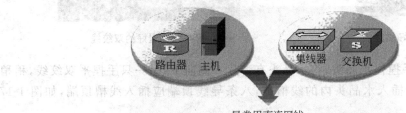

图1-14 直连网线和交叉网线

需要指出的是,随着技术的发展,目前一些新的网络设备,可以自动地识别连接的网线类型,用户不管采用直通网线或者交叉网线均可以正确连接设备。如华为公司的QuidwayS3026、QuidwayS3526以太网交换机的10/100Mbps以太网口就具备智能MDI/MDIX识别技术。

1.1.2 打线工具介绍

卡线钳可以完成剪线、剥线和压线3个步骤,是制作网线的首选工具。卡线钳种类很多,具体使用时应参考使用说明。本实验采用Harris的D914自动压线刀。

1.2 标准网线的制作

1.2.1 实验环境及分组

(1) 网线4段,自动压线刀2个,水晶头若干,电缆测试仪2台。
(2) 每组4名同学,两两合作进行实验。

1.2.2 实验步骤

① 剥线。用自动压线刀的剪线刀口将双绞线端头剪齐,再将双绞线端头伸入剥线刀口,使线头触及前挡板,然后适度握紧卡线钳同时慢慢旋转双绞线,让刀口划开双绞线的保护胶皮,取出端头从而剥下保护胶皮。

注意:剥线刀口非常锋利,握自动压线刀的力度不能过大,否则会剪断芯线。只要看到电缆外皮略有变形就应停止加力,慢慢旋转双绞线。剥线的长度为13~15mm,不宜太长或太短。

剥好的线头如图1-15所示。

② 理线。双绞线由8根有色导线两两绞合而成,请按照标准568B的线序排列,整理完毕后用剪线刀口将前端修齐,参见图1-16。

图 1-15 剥好的线头

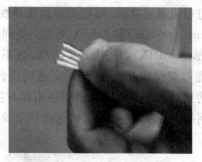
图 1-16 理好的双绞线

③ 插线。一只手捏住水晶头,将水晶头有弹片一侧向下,另一只手捏平双绞线,稍稍用力将排好的线平行插入水晶头内的线槽中,八条导线顶端应插入线槽顶端,如图 1-17 所示。

注意：将并拢的双绞线插入 RJ-45 接头时,注意"橙白"线要对着 RJ-45 的第 1 脚。

④ 压线。确认所有导线都到位后,将水晶头放入自动压线刀的夹槽中,用力捏几下压线钳,压紧线头即可。

注意：如果测试网线不通,应先把水晶头再用自动压线刀狠夹一次,把水晶头的金属片压下去。新手制作的网线不通大多数是由此造成的。

按照以上 4 步制作双绞线的另一端,即可制作完成。

⑤ 检测。这里用的是电缆测试仪,测试仪分为信号发射器和信号接收器两部分,各有 8 盏信号灯。测试时将双绞线两端分别插入信号发射器和信号接收器,打开电源。如果网线制作成功,则发射器和接收器上同一条线对应的指示灯会亮起来,依次从 1 号到 8 号,如图 1-18 所示。

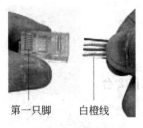
第一只脚　白橙线
图 1-17 插线

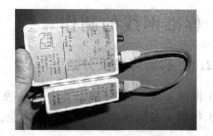
图 1-18 电缆测试仪

如果网线制作有问题,灯亮的顺序就不可预测。比如：若发射器的第 1 个灯亮时,接收器第 7 个灯亮,则表示线做错了(不论是 EIA/TIA 568B 标准或交叉线,都不可能有 1 对 7 的情况);若发射器的第 1 个灯亮时,接收器却没有任何灯亮起,那么这只脚与另一端的任一只脚都没有连通,可能是导线中间断了,或是两端至少有一个金属片未接触该条芯线。一定要经过测试,否则断路会导致无法通信,短路有可能损坏网卡或集线器。

如果通过了电缆测试仪的检测,说明已成功地完成了这根网线的制作。

1.2.3 实验总结

通过本次实验,应该了解网线制作和测试的方法,熟悉不同标准 RJ-45 连接器的线序。

虽然本次实验只要求做直通网线,但是也应该掌握交叉网线的制作方法,理解交叉线和直通线的不同应用范围及其原理。

1.3 实验电缆插座的制作

1.3.1 实验环境及分组

(1) 网线 4 段,自动压线刀 2 个,水晶头若干,电缆测试仪 2 台。
(2) 每组 4 名同学,两两合作进行实验。

1.3.2 实验步骤

插座模块制作方法与双绞线连接头(RJ-45 连接器)的制作方法不同,双绞线连接头中的 8 根导线可一次压制成功,而插座模块必须一个结点一个结点地去做,制作过程较为复杂。

① 首先要根据实际距离剪取一根双绞线,然后用自动压线刀削去一端的外层包皮一小段,这个长度大约要 2.5cm(要比制作 RJ-45 接头时长)。

② 把剥开的 4 对双绞线芯线分开,但为了便于区分,此时最好不要拆开各芯线线对,只是在卡相应芯线时才拆开。然后根据每个结点的排线顺序,将其中的一根导线放入对应的一个结点上。注意,为了制作的方便,一般是先制作靠模块里面的结点,然后再依次制作后面的结点。

③ 接下来用自动压线刀将已放好的一根导线压入结点的金属卡片中,在进行这个步骤时请一定要注意自动压线刀头部的方向。用力将导线压入模块中,听到一声清脆的咔嚓声即表示压制成功。然后剪掉模块外多余的线。

④ 下面要做的事就是用同样的方式压制下面的其他 7 个结点,全部完成后可以进行检查。

⑤ 根据相关的排线顺序用 DSP-4000 故障测试仪逐个检查每根导线的连通性,如果全部连通则表明成功地完成了制作。

1.4 制作 UTP 故障 DEMO 盒

双绞线电缆的故障可分为两大类:物理故障和电气故障。常见的物理故障有:跨接、开路、反接、短路、串绕(注意与下面的串扰区别)、屏蔽层不连通(对于 STP)。电气故障有:串扰、回波损耗、衰减、衰减串扰比、时延差等。这些物理故障和电气故障将在下面内容作详细的介绍。

DEMO 故障盒就是演示上述常见的电缆故障的设备,它用 5 对电缆实现了十几种电缆故障,是个不错的演示工具。下面就介绍 DEMO 故障盒的制作过程。

1.4.1 实验环境与分组

自动压线刀,Cat5 型线缆 45m,8 个 5 类模块,Cat5E 电缆 20m,超 5 类模块 2 个,外接线盒。

1.4.2 实验步骤

1. 第 1 对故障线的制作

第 1 对故障线主要实现接线图的跨接、开路和反接故障,具体步骤如下。

① 1&2、3&6 打成跨接线,接线图如图 1-19 所示。

② 选择 4&5 线对的近端将其挑断,可实现开路故障(开路)。

③ 7&8 线对打成反接线(反接)。

将 3m 的 5 类线和 2 个 5 类接线器按上述步骤制作成一对故障线。

制作完毕后需要测试制作好的线缆是否符合制作要求。(参照实验 2 的测试步骤)

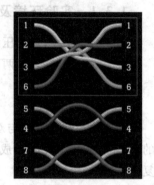

图 1-19 接线图

2. 第 2 对故障线的制作

第 2 对线主要实现短路、串绕和屏蔽层的故障,这部分需要 6m 左右的 5 类线,两个 5 类的模块。

① 将 1&2 线对制作成在近端短路故障。方法是把 1&2 线对的塑料包层在同一位置小心剥去一段,(注意不要把里面的铜线弄断)把裸露的铜线部分缠搅几圈,确保裸露的部分密切接触,这样短路故障就出现了。

② 3&6、4&5、7&8 线对可以平行打线,制作成串绕。

③ 将屏蔽层弄断,可以制作出屏蔽层问题(屏蔽层不通)。

制作完毕后需要测试制作好的线缆是否符合制作要求。(参照实验 2 的测试步骤)

3. 第 3 对故障线的制作

第 3 对线实现串扰不合格的故障。这部分也需要 6m 的 5 类线和两个 5 类模块。制作过程是先将线对两端都剥开,并打开两两双绞的结构,即把 4 个分别相互缠绕的线对都打开,使其成分散的 8 根线,两端打开的线对长度都为 0.5m 左右。

制作完毕后需要测试制作好的线缆是否符合制作要求。(参照实验 2 的测试步骤)

4. 第 4 对故障线的制作

第 4 对线主要实现回波损耗、衰减、衰减串扰比不合格的故障,这部分需要的材料是 20m 的超 5 类线和两个超 5 类模块。实现方法是将一个线对在大约 10m 的地方剪开,然后焊入一个小电阻,既可实现阻抗不连续的故障,又可以得到回波损耗不合格的故障,而在此处衰减也会比较大,进而又可以得到衰减串扰比不合格的故障现象。

制作完毕后需要测试制作好的线缆是否符合制作要求。(参照实验 2 的测试步骤)

5. 第 5 对线的制作

第 5 对线主要实现时延差不合格的故障。这部分需要的材料为 30m 左右的 5 类线和 2 个 5 类模块。有两种方法可以实现这种故障。下面将分别介绍。

方法一:将一段线的其中两个线对拆开双绞的结构,另外两对线留有双绞的结构,然后截去其中一段,可制作成时延差不合格的现象。

方法二:将一段线剥开外表皮,然后挑出两根将其剪短,另两对线保留原长度,也可实现时延差不合格的现象。

5对线都制作好以后，可以将它们分别打成小捆，放入外接线盒，有序地排好，将各条线的模块与面板上的模块接口对应，注意不要放错顺序。

制作完毕后需要测试制作好的线缆是否符合制作要求。（参照实验2的测试步骤）

1.4.3 实验总结

通过本次实验，可以了解各种故障电缆的实现方法，并且DEMO盒在以后进行的测试实验中还要用到。

实验 2 布线系统测试

实验内容

① 布线系统测试基础。
② Wire Map——接线图（开路/短路/错对/串扰）。
③ Length——长度。
④ Attenuation——衰减。
⑤ NEXT——近端串扰。
⑥ PS NEXT——综合近端串扰。
⑦ Propagation Delay——传输时延。

2.1 布线系统测试基础

2.1.1 综合布线系统概述

综合布线是一种模块化的、灵活性极高的建筑物内或建筑群之间的信息传输通道。它既能使语音、数据、图像设备和交换设备与其他信息管理系统彼此相连，也能使这些设备与外部相连接。它还包括建筑物外部网络或电信线路的连接点与应用系统设备之间的所有线缆及相关的连接部件。综合布线由不同系列和规格的部件组成，其中包括：传输介质、相关连接硬件（如配线架、连接器、插座、插头、适配器）以及电气保护设备等。这些部件可用来构建各种子系统，它们都有各自的具体用途，不仅易于实施，而且能随需求的变化而平稳升级。

1. 综合布线的发展过程

回顾历史，综合布线的发展与建筑物自动化系统密切相关。传统布线如电话、计算机局域网都是各自独立的。各系统分别由不同的厂商设计和安装，传统布线采用不同的线缆和不同的终端插座。而且，连接这些不同布线的插头、插座及配线架均无法互相兼容。办公布局及环境改变的情况是经常发生的，需要调整办公设备或随着新技术的发展需要更换设备时，就必须更换布线。这样因增加新电缆而留下不用的旧电缆，天长日久，导致了建筑物内一堆堆杂乱的线缆，造成很大的隐患。维护不便，改造也十分困难。

随着全球社会信息化与经济国际化的深入发展，人们对信息共享的需求日趋迫切，就需要一个适合信息时代的布线方案。

美国电话电报（AT&T）公司的贝尔（Bell）实验室的专家们经过多年的研究，在办公楼和工厂实验成功的基础上，于20世纪80年代末期率先推出SYSTIMATMPDS（建筑与建筑群综合布线系统）。现时已推出结构化布线系统SCS，经中华人民共和国国家标准GB/T 50311—2000命名为综合布线GCS（Generic Cabling System）。

综合布线是一种预布线，能够适应较长一段时间的需求。

综合布线系统应是开放式结构，应能支持电话及多种计算机数据系统，还应能支持会议电视、监视电视等系统的需要。

2. 综合布线系统组成

综合布线系统可划分成6个子系统。

1) 工作区子系统

一个独立的需要设置终端的区域宜划分为一个工作区,工作区子系统应由配线(水平)布线系统的信息插座、延伸到工作站终端设备处的连接电缆及适配器组成。一个工作区的服务面积可按 $5\sim10m^2$ 估算,每个工作区设置一个电话机或计算机终端设备,或按用户要求设置。

工作区的每一个信息插座均宜支持电话机、数据终端、计算机、电视机及监视器等终端的设置和安装。

工作区适配器的选用宜符合下列要求。

(1) 在设备连接器处采用不同信息插座的连接器时,可以用专用电缆或适配器。

(2) 当在单一信息插座上开通 ISDN 业务时,宜用网络终端适配器。

(3) 在配线(水平)子系统中选用的电缆类别(媒体)不同于工作区子系统。设备所需的电缆类别(媒体)时,宜采用适配器。

(4) 在连接使用不同信号的数模转换或数据速率转换等相应的装置时,宜采用适配器。

(5) 对于网络规程的兼容性,可用配合适配器。

(6) 根据工作区内不同的电信终端设备可配备相应的终端适配器。

2) 配线(水平)子系统

配线子系统宜由工作区用的信息插座、每层配线设备至信息插座的配线电缆——即水平电缆、楼层配线设备和跳线等组成。

配线子系统应根据下列要求进行设计。

(1) 根据工程提出近期和远期的终端设备要求。

(2) 每层需要安装的信息插座数量及其位置。

(3) 终端将来可能产生移动、修改和重新安排的详细情况。

(4) 一次性建设与分期建设的方案比较。

配线子系统宜采用4对双绞电缆。配线子系统在有高速率应用的场合,宜采用光缆。配线子系统根据整个综合布线系统的要求,应在二级交接间、交接间或设备间的配线设备上进行连接,以构成电话、数据、电视系统并进行管理。

配线电缆宜选用普通型铜芯双绞电缆。配线子系统电缆长度应在 90m 以内。信息插座应在内部做固定线连接。

在水平系统中有两种电缆类型被认可和推荐。

(1) 非屏蔽 UTP/屏蔽 ScTP 4 对 100Ω 双绞线(ANSI/TIA/EIA 568-B.2)。

(2) 2 芯或多芯多模光纤,包括 $62.5/125\mu m$ 和 $50/125\mu m$(ANSI/TIA/EIA 568-B.3)。

虽然 150Ω 屏蔽双绞线也成为认可的介质标准,但并不被新的电缆结构所推荐,并且有可能在下次修订中被取消。注意:本次实验主要对4对非屏蔽双绞线和屏蔽双绞线进行参数的测试。

3) 干线(垂直)子系统

干线子系统应由设备间的配线设备和跳线以及设备间至各楼层配线间的连接电缆——

干线电缆组成。干线电缆指的是承载主要网络业务量的电缆。在 ANSI/TIA/EIA-568-A 标准中,干线电缆的定义如下：在电信布线系统结构中,干线布线的功能是提供电信室、设施间和入口设施之间的连接。

干线电缆有两种类型：建筑物之间和建筑物内的干线电缆。建筑物之间的干线电缆承载建筑物之间的业务量。建筑物内的干线电缆用来完成单个建筑物之内的通信任务。

实际安装中应选择干线电缆最短、最安全和最经济的路由。宜选择带门的封闭型通道敷设干线电缆。干线电缆可采用点对点端接,也可采用分支递减端接以及电缆直接连接的方法。

在干线电缆系统中认可的电缆类型如下：

(1) 100Ω 双绞线(ANSI/TIA/EIA 568-B.2)。

(2) 62.5/125μm 和 50/125μm 的多模光纤(ANSI/TIA/EIA 568-B.3)。

(3) 单模光纤(ANSI/TIA/EIA 568-B.3)。

如果设备间与计算机机房处于不同的地点,而且需要把话音电缆连至设备间,把数据电缆连至计算机房,则宜在设计中选取不同的干线电缆或干线电缆的不同部分来分别满足不同路由干线(垂直)子系统话音和数据的需要。当需要时,也可采用光缆系统予以满足。

干线电缆和水平电缆示意图如图 2-1 所示。

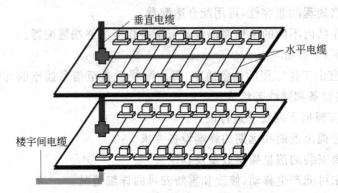

图 2-1　干线电缆和水平电缆图

4) 设备间子系统

设备间是在每一幢大楼的适当地点设置进线设备,进行网络管理以及管理人员值班的场所。设备间子系统应由综合布线系统的建筑物进线设备、电话、数据、计算机等各种主机设备及其保安配线设备等组成。

设备间内的所有进线终端宜采用色标区别各类用途的配线区。

设备间位置及大小根据设备的数量、规模、最佳网络中心等内容,综合考虑确定。

5) 管理子系统

管理子系统设置在每层配线设备的房间内。管理子系统应由交接间的配线设备、输入输出设备等组成。管理子系统也可应用于设备间子系统。

管理子系统宜采用单点管理双交接。交接场的结构取决于工作区、综合布线系统规模和选用的硬件。在管理规模大、复杂,有二级交接间时,才设置双点管理双交接。在管理点,宜根据应用环境用标记插入条来标出各个端接场。

交接区应有良好的标记系统,如建筑物名称、建筑物位置、区号、起始点和功能等标志。

交接间及二级交接间的配线设备宜采用色标区别各类用途的配线区。

交接设备连接方式的选用宜符合下列规定:对楼层上的线路进行较少修改、移位或重新组合时,宜使用夹接线方式;在经常需要重组线路时宜使用插接线方式。

在交接场之间应留出空间,以便容纳未来扩充的交接硬件。

6) 建筑群子系统

建筑群子系统是由两个及两个以上建筑物的电话、数据、电视系统组成的一个建筑群综合布线系统,包括连接各建筑物之间的缆线和配线设备(CD)。

建筑群子系统宜采用地下管道敷设方式。管道内敷设的铜缆或光缆应遵循电话管道和人孔的各项设计规定。此外安装时至少应预留1~2个备用管孔,以供扩充之用。

建筑群子系统采用直埋沟内敷设时,如果在同一沟内埋入了其他图像、监控电缆,应设立明显的共用标志。

从电话局来的电缆应进入一个阻燃接头箱,再接至保护装置。

2.1.2 综合布线系统的测试标准

网络是以计算机和通信技术为基础,为实现人们资源共享和信息交流的目的而出现的。网络的迅速发展与人们的应用要求和变化关系密切。从简单的信息文档共享到3D图像、音频视频、传真服务、IP语音等多种数据流的传递,从集中办公到企业级网络客户/服务器分布模式的应用,从局域范围扩展到广域乃至全球的Internet、WWW服务,众多应用的出现与流行将数据流量急剧增加的矛盾更加突出地反映到对传输介质带宽的要求上,就像汽车的普及要求道路越来越宽一样。

而作为网络实现的基础,综合布线系统为多种应用的共同运行建立了统一的平台,成为现今和未来的计算机网络和通信系统的有力支撑环境。因此布线系统的质量和传输性能对于能否实现高速、稳定的数据传输至关重要,而评判质量和性能好坏的界定尺度就成为人们关心的焦点。统一的测试标准就是在这种环境下产生。测试标准制定的意义不仅在于将评判尺度变得量化和可操作,易于控制布线工程的质量,更可起到检验布线系统的传输性能是否可以保证网络应用可靠、稳定和高效运行的作用。

数据的通信要受到整个网络性能的影响,而电缆系统是保证网络数据传输率的基础。综合布线系统的传输性能取决于电缆特性、连接硬件、软跳线、交叉连接线的质量,连接器的数量,以及安装和维护的水平即施工工艺。由于电缆系统在实际环境中安装,所以同时还会受到各种环境因素的影响。那么,如何在现场环境下衡量一个网络的布线系统是否合格,能否满足现在和未来网络应用的需求?这就需要规定一定的测试指标和制定接线,这就是标准。

1. 测试标准的分类

测试标准可以分成元件标准、网络标准和测试标准3类。元件标准定义电缆/连接器/硬件的性能和级别,例如 ISO/IEC 11801、ANSI/TIA/EIA 568-A。网络标准定义一个网络所需的所有元素的性能,例如 IEEE 802、ATM-PHY。测试标准定义了测量的方法、工具以及过程,例如 ASTM D 4566、TSB-67。

电缆系统的标准为电缆和连接硬件提供了最基本的元件标准,使得不同厂家生产的产品具有相同的规格和性能,一方面有利于行业的发展,另一方面使消费者有更多的选择余地和提供更高的质量保证。而网络标准在电缆系统的基础上提供了最基本的应用标准。测试标准提供了为了确定验收对象是否达到要求所需的测试方法、工具和程序。

如果没有这些标准,电缆系统和网络通信系统将会无序地、混乱地发展。无规矩不成方圆,这就是标准的作用,而标准只是提出一个最基本最低的要求。

2. 制定标准的国际化组织简介

对于布线的标准,国际上主要有两大标准:TIA(美国通信工业委员会)和ISO(国际标准化组织)。TIA 制定美洲的标准,使用范围主要是美国和加拿大,并对国际标准起着举足轻重的作用。而我们的线缆来源主要是美国,所以我们更多的数据使用 TIA 的标准。ISO 是全球性的国家标准机构的联盟组织,国际标准的制定工作通常由 ISO 技术委员(TC)进行。IEEE 是最重要的网络标准化组织,其 LAN 标准是当今局域网主导地位的 LAN 标准。

1) ISO 国际标准化组织

"ISO 国际标准化组织"是由国家规范主体组成的国际化组织,总部位于瑞士的日内瓦。ISO 的规范主体代表了全世界超过 130 个的国家。美国在 ISO 的代表组织是"美国国家标准化协会(ANSI)"。ISO 成立于 1947 年,是一个非政府组织,致力于促进智力、科学、技术和经济活动的标准化。ISO 的网址是 www.iso.org。

ISO 和 IEC 组成了一个世界范围内的标准化专业机构。在信息技术领域中,ISO/IEC 设立了一个联合技术委员会,ISO/IEC JTC1。由联合技术委员会正式通过的国际标准草案分发给各国家团体进行投票表决,作为国际标准的正式出版至少需 75% 国家团体投票才有效。国际标准 ISO/IEC 11801 是由联合技术委员会 ISO/IEC JTC1 的 SC 25/WG 3 工作组在 1005 年制定发布的。这个标准把有关元器件和测试方法归入国际标准。目前该标准共有 3 个版本。①ISO/IEC 11801:1995。②ISO/IEC 11801:2000。③ISO/IEC 11801:2000+。

2) ANSI 美国国家标准委员会

1918 年,5 个工程社团和 3 个美国政府机构共同创建了"美国国家标准化协会(ANSI)"。这是一个有会员维持的私有、非赢利性会员组织。ANSI 的宗旨是促进自愿遵循标准和方法。ANSI 的会员包括大约 1400 个美国或国际的私有公司和政府组织。ANSI 是 ISO 管理委员会的 5 个常任理事之一,也是 ISO"科技管理部"的 4 个常委之一。关于 ANSI 的详细情况请见 www.ansi.org。

ANSI 协调"电子工业联盟(EIA)"和"通信工业协会(TIA)"开发了 ANSI/TIA/EIA 568,这是美国的布线规范。后面将详细地介绍 ANSI/TIA/EIA 568-B。

3) TIA 通信工业委员会

"TIA 通信工业委员会"是一个由 1100 多个会员组成的贸易组织,这些会员是在全世界范围提供服务、材料和产品的通信和电子公司。事实上,TIA 会员生产并销售了当今世界上所有通信产品。TIA 的宗旨是在与标准、公共策略和市场发展相关的问题上代表它的会员。TIA 帮助开发了 ANSI/TIA/EIA 568 商业建筑通信布线标准。关于 TIA 的详细情况请见 www.tiaonline.org。

4) EIA 电子工业联盟

"EIA 电子工业联盟"成立于 1924 年,最初的名称是"无线电厂商协会"。从那时起,EIA 发展成为代表美国及海外广泛电子生产商的组织,这些厂商生产的产品涵盖广泛的市场。EIA根据特定产品和市场线设置部门,从而让每个EIA部门负责特定的方面。这些部门包括器件、消费电子、电子信息、工业电子、政府和通信。EIA是ANSI/TIA/EIA 568商业建筑通信布线标准的幕后推动者,详情见www.eia.org。

5) IEEE 电气和电子工程师协会

"电气和电子工程师协会(IEEE)"是个国际型的非赢利性协会,由150多个国家的330 000多个成员组成。IEEE成立于1963年,由"美国电子工程师协会(AIEE)"与"无线电工程师协会(IRE)"合并而成。IEEE发布了当今世界上电子工程、计算机和控制技术文献的30%,还负责开发了超过800种现行规范,正在开发的规范则更多。在www.ieee.org上可以了解更多的IEEE的情况。

3. 测试标准介绍

1) TIA/EIA 标准

TIA/EIA 标准主要有以下几个。

- 568 Commercial Building Telecommunications Cabling Standard 商业建筑电信电缆标准。
- 569 Commercial Building Standards for Telecommunications Pathways and Spaces 商业建筑电信通路和空间标准。
- 570 Residential and Light Commercial Telecommunications Wiring Standard 住宅和小型商业建筑电信布线标准。
- 606 The Administration Standard for the Telecommunications Infrastructure of Commercial Building 商业建筑电信基础结构管理标。
- 607 Commercial Building Grounding and Bounding Requirements for Telecommunications 商业建筑电信接地和连接要求。

下面主要介绍一下现场认证测试标准 TIA/EIA-568 系列。

(1) TIA/EIA 568-A-5-2000。TIA/EIA-568-A-5-2000 发布于 2000 年 1 月 28 日,是超 5 类 UTP 链路标准。1998 年起在网络应用上开发成功了在 4 个非屏蔽双绞线线对间同时双向传输的编码系统和算法,这就是 IEEE 千兆以太网中的 1000Base-T。为此 TIA 于 1999 年对现有的 5 类线指标加入一些参数以保证布线系统对这种双向传输的质量。

这个标准的所有测试参数都是强制性的,不同于以前标准都是推荐性的参数,所以这里的新性能指标要比过去的 5 类系统的严格得多。这个标准也包括了对现场测试仪的精度要求,即:Ⅱe级精度的现场测试仪。这个标准中已经引入了3dB的原则。

(2) ANSI/TIA/EIA 568-B。ANSI/TIA/EIA 568-B 全称为"商业建筑通信电缆系统标准",于 2001 年 4 月颁布而替代了早先的 ANSI/TIA/EIA 568-A 的标准版本。ANSI/TIA/EIA 568-B 定义了元件的性能指标(级别)、电缆系统设计结构的规定、安装指南和规定、安装链路的性能指标等。

ANSI/TIA/EIA 568-B 标准的内容包括了 3 个部分:ANSI/TIA/EIA 568-B.1、ANSI/TIA/EIA 568-B.2 和 ANSI/TIA/EIA 568-B.3。

ANSI/TIA/EIA 568-B.1 是电缆系统的一般要求。这个标准着重于主干布线拓扑、距离、介质选择、工作区连接、开放办公布线、电信与设备间、安装方案,以及现场测试等内容。(注意:这个标准以永久链路(Permanent Link)定义并取代了基本链路的定义)

ANSI/TIA/EIA 568-B.2 全称是平衡双绞线布线系统标准。这个标准着重于平衡双绞线电缆、跳线、连接硬件(包括 ScTP 和 150Ω 的 STP-A 器件)的电气和机械性能规范,以及器件可靠性测试规范、现场测试仪性能规范、实验室与现场测试仪比对方法等内容。它集合了 ANSI/TIA/EIA 568-A-1 和部分 ANSI/TIA/EIA 568-A-2、ANSI/TIA/EIA 568-A-3、ANSI/TIA/EIA 568-A-4、ANSI/TIA/EIA 568-A-5、ISO729、TSB95 中的内容。ANSI/TIA/EIA 568-B.2.1 是对 ANSI/TIA/EIA 568-B.2 的增编,它是把目前的 6 类问题单独拿出来对待,也是由于 6 类的标准还有很多的工作要做。

ANSI/TIA/EIA 568-B.3:光纤布线部件标准。这个标准定义光纤布线系统的部件和传输性能指标,包括光缆、光跳线和连接硬件的电气与机械性能要求、器件可靠性测试规范、现场测试仪性能规范。该标准将取代 ANSI/TIA/EIA 568-A 中的相应内容。

2) ISO/IEC 11801

ISO/IEC 11801 全称"通用用户端电缆标准",它是由"国际标准化组织(ISO)"和"国际电工委员会(IEC)"联合发布的。ISO/IEC 11801 标准在欧洲占有主导地位。这个标准(D 级,相当于 5 类线标准)颁布于 1995 年,基于 ANSI/TIA/EIA 56-A 标准,因此在许多方面与后者十分类似。2000 年又发布了相当于超 5 类线标准的修订版,最高频率定义至 100MHz,支持千兆以太网。2002 年,ISO/IEC 11801 的第 2 个版本(E 级,相当于 6 类线标准)颁布,最高频率定义至 250MHz,它与 ANSI/TIA/EIA 56-B 标准在大部分内容上是一致的。

(1) 6 类、7 类布线标准的颁布。随着互联网的迅猛发展,原有的 5 类布线标准已经不再能满足现有的布线系统需求,现在的 1000Base-T 以太网和正在讨论的 10GBase-T 以太网中都要求线缆具有更好的性能指标。

1997 年 9 月,ISO/IEC JTC1 SC25 WG3 标准委员会决定为 ISO/IEC 11801 的下一版本开发两种新型电缆,这两种新型电缆按性能分为 6 类/E 级和 7 类/F 级。该决定引起了布线工业及一些标准委员会(特别是美国 TIA/EIA 组织及欧洲 CENELEC)的极大兴趣。

(2) 六类布线标准。2002 年 6 月 17 日,TIA/EIA 委员会正式发布综合布线 6 类标准,它被作为 TIA/EIA-568B 标准的附录,正式地命名为 TIA/EIA-568B.2-A.1。该标准包括 3 大部分:总则、双绞线和光缆。该标准经过了近五年时间的讨论,先后出台了十多次草案标准,现在终于被正式颁布。该标准后来也被国际标准化组织(ISO)批准,标准号为 ISO-11801-2002。这两个标准绝大部分内容是完全一致的。

新的 6 类标准对 100 平衡双绞电缆、连接硬件、跳线、通道和永久链路作了详细的要求,提供了 1~250MHz 频率范围内实验室和现场测试程序以实际性能检验。因 6 类系统保证在 200MHz 时综合 ACR(PSACR)时为正值,它提供两倍于超 5 类的带宽,大大提高了信噪比性能余量。6 类标准还包括提高电磁兼容性时对线缆和连接硬件平衡建议。

(3) 测试模型的变化。新标准中对于测试模型也有了重要变化,即废止了基本链路(Basic Link)的定义,而采用永久链路(Permanent Link)的定义。基本链路的测试过程中包括了测试接入线的误差,而 6 类的标准非常严格,留有的余量非常小,这样测试线的误差已经不能不考虑。目前市场上测试仪所配备的大部分适配器都是基本链路适配器,例如,福禄克网络的 DSP-4000/4100/4300 系列数字式电缆测试仪随机大都配有基本链路适配器。在测试过程中容易导致误差大,甚至会导致错误的测试结果,将那些本身合格的链路错判为不合格。基本链路适配器和永久链路适配器的最大区别是永久链路适配器的质量非常高而且非常耐用，其引入的误差也非常小。因此目前很多的基本链路适配器都必须更换为永久链路适配器才可以满足6类测试的需求，例如，福禄克网络的DSP-4000/4100/4300系列数字式电缆测试仪都可选配或本身就配有永久链路适配器。关于通道(Channel)的定义测试没有变化，但需要指出的是目前测试通道的实际意义并不大。因为通道的测试需要连接跳线(Patch Cable)。需要指出的是6类跳线必须通过原厂商购买，用户自己不可以做。通道测试的目的在于检查链路能否支持网络的应用，但目前还没有实际高速网络应用。

(4) 更加严格的施工工艺。安装优良的6类布线工程，对施工工艺的要求非常严格。6类系统的链路余量已经很小，一般链路的NEXT余量只有2~5dB(与链路长度有关)，使用5类的施工工艺进行6类的施工很难得到通过的测试结果。例如，现在很多6类线的线缆都使用高质量、转动更轻的线轴，其目的是减小拖拽电缆的拉力。此外电缆的扭曲、挤压都可能产生不良的后果。在施工过程中，使用劣质的工具、卡线钳、卡刀都会使链路的性能下降，从而不能通过测试。因此，所有准备安装6类系统的用户一定要特别关注施工商或承包商的施工质量。最好的选择是使用有6类施工经验的施工队伍，并且对其已经完成的工程项目进行评估。6类布线标准的最终发布是具有非常重要的意义的。它标志着6类产品的成熟，进行认证测试有了依据，用户的投资有了更可靠的保证，同时进一步推动了网络介质以及网络的发展。

(5) 7类布线标准。7类标准是一套在100Ω双绞线上支持最高600MHz带宽传输的布线标准。1997年9月，ISO/IEC确定7类布线标准的研发。与4类、5类、超5类和6类相比，7类具有更高的传输带宽(至少600MHz)。从7类标准开始，布线历史上出现了和"RJ型"和"非RJ"型接口的划分。由于"RJ型"接口目前达不到600MHz的传输带宽，7类标准还没有最终论断，目前国际上正在积极研讨7类标准草案。但是在1999年7月，ISO/IEC接受了西蒙TERA为非RJ类接口标准，并于2002年7月，最终确定西蒙的TERA为7类非RJ接口。

RJ是Registered Jack的缩写。在FCC(美国联邦通信委员会标准和规章)中的定义是，RJ是描述公用电信网络的接口，常用的有RJ-11和RJ-45，计算机网络的RJ-45是标准8位模块化接口的俗称。在以往的4类、5类、超6类，包括刚刚出台的6类布线中，采用的都是RJ型接口。

正在制定中的"非RJ型"7类标准，不仅要求7类部件的链路和信道标准将提供过去双绞布线系统不可比拟的传输速率(逼近光纤传输速率，目前标准要求7类的传输带宽高达600MHz)，而且要求使用"全屏蔽"的电缆，即每个线对都单独屏蔽而且总体也屏蔽的双绞电缆，以保证最好的屏蔽效果。此7类系统的强大噪声免疫力和极低的对外辐射性能使得高速局域网(LAN)不需要更昂贵的电子设备来进行复杂的编码和信号处理。

与6类、超5类比较，"非-RJ型"7类在传输性能上的要求更高。6类/E级是目前不采用单独线对屏蔽形式而提供最高传输性能的技术，对于绝大多数的商业应用，6类/E级的250MHz带宽在整个布线系统生命期内对于用户来说是足够的，因此6类/E级是商业大楼布线的最佳选择。而7类/F级的目标是要比任何平衡电缆的每一个传输参数性能要好。例如，其信道要求至少在600MHz时PSACR(功率累加衰减串扰比例)要大于零。

"全屏蔽"的 7 类电缆在外径上比 6 类电缆大得多并且没有 6 类电缆的柔韧性好。这要求在设计安装路由和端接空间时要特别小心,要留有很大的空间和较大的弯曲半径。另外二者在连接硬件上也有区别。正制定中的 7 类标准要求连接头要在 600MHz 时,提供至少 60dB 的线对之间的串扰隔离,这个要求比超 5 类在 100MHz 时的要求严格 32dB,比 6 类在 250MHz 时的要求严格 20dB,因此,7 类具有强大的抗干扰能力。

(6) 我国现行的综合布线测试标准。与国际标准的发展相适应,我国的布线标准也在不断地发展和健全中。综合布线作为一种新的技术和产品在我国得到广泛应用,我国有关行业和部门一直在不断消化和吸收国际标准,制定出符合中国国情的布线标准。这项工作从 1993 年开始着手进行,从未有过中断。我国的布线标准有两大类,第一类是属于布线产品的标准,主要针对线缆和接插件提出要求,属于行业的推荐性标准。第二类是属于布线系统工程验收的标准,主要体现在工程的设计和验收两个方面。现已完成的规范有《建筑与建筑综合布线系统工程设计规范》、《建筑与建筑群综合布线系统工程验收规范》、YD/T926.1—2001——《大楼通信综合布线系统第 1 部分:总规范》和 YD/T1013-1999——《综合布线系统电气特性通用测试方法》。

2.1.3 布线系统故障分类

布线系统的故障大体可以分为物理故障和电气性能故障两大类。

1. 物理故障

物理故障主要是指由于主观因素造成的可以直接观察的故障,如:模块、接头的线序错误,链路的开路、短路、超长等。对于开路、短路、超长这类故障,我们通常利用具有时域反射技术(TDR)的设备进行定位。它的原理是通过在链路一端发送脉冲信号,同时监测反射信号的相位变化及时间,从而确认故障点的距离和状态。精度高的仪器距离误差可控制在百分之二左右。物理故障中最常见的要数线序错误。反接(Reverse)、跨接(Cross Pairs)、串绕(Split Pair)等就是这类故障中最典型的。我们知道标准的接线方式(T568A 或 T568B)能够保证正确的双绞线序,从而使链路的电气性能符合网络应用的需求。而在测试过的很多布线系统中,由于施工人员或用户不了解接线标准,导致了很多接线故障。这些故障(除串绕外)利用一般的通断型测试仪就能轻易地检测出来,这类仪器价格最便宜的仅几十元。但是能够发现串绕(Split Pair)故障的仪器,最低的也要数千元。(注:串绕——就是直接将四对对绞线平行插入接头,造成 3&6 接收线对未双绞。这样的电缆在传输数据时会产生大量的串绕信号,这种噪声会破坏正常信号的传输,从而导致网路传输性能的下降。)物理故障实际上通过随工进行的验证测试是很容易发现和解决的。

2. 电气性能故障

电气性能故障主要是指链路的电气性能指标未达到测试标准的要求。诸如近端串扰、衰减、回波损耗等。随着网络传输速率的不断提高,不同编码技术对带宽需求的不断增加,网络传输对线路的电气性能要求也越来越高。在 10Base-T 时代,其编码带宽仅用到了 10MHz,并且只用到了 4 对双绞线中的两对(1&2 为传输对,3&6 为接收对),而当以太网发展到现在的 1000Base-T,最大编码带宽已飞升到 100MHz,并且用到了全部 4 个双绞对进行全双工传输。因此对电气性能测试的标准也越来越高,项目也越来越多。以 TIA 的标准为例,其测试 Cat5 的标准 TSB67 仅规定了 4 个基本测试项目,其中电气性能参数仅有近端串扰(NEXT)和衰减(Attenuation)两项,而 Cat5E 的标准 TIA-568-A-5-2000 测试项目增加到了八项,其中与串扰有关的参数就占到了一半。对于 ISO/IEC 11801 标准来说,它还在 Cat5 的测试标准中增加了衰减串扰比和回波损耗两项参数。但这两种标准在相同的测试参数上的要求不同,TIA 的规定要严于 ISO 的规定。

在众多的布线故障中,除了一部分是元件质量问题引起,绝大部分都是由于人为因素造成的。因此严格遵循设计规范、施工规范是确保布线工程质量的根本所在。同时掌握一定得测试技术,配备必不可少的测试工具,为布线工程质量提供有力的保障。下面就现场测试的一些基本名词进行简要说明。

2.1.4 综合布线测试连接方式定义

1. 通道

在 TIA 和 ISO 标准中是连接网络设备进行通信的完整链路。通道测试模型为系统设计人员和数据通信系统用户提供了检验整个通道性能的方法。通道是包括 90m 水平电缆、工作区设备跳线、信息插座、固定点连接器和电信间中的两个接头的端到端的链路。事实上网络的运行很大程度上依赖于这条完整的端到端的链路。布线工程公司对布线系统很少对连接网络设备的整个通道负责。设备跳线、工作区跳线、插接软线的总长度不超过 10m,通道的总测试长度不能超过 100m。

布线时可以为将来留有余量而不必很快完成全部通道。通常设备跳线是在布线全部完成并测试后才接上的。在实际应用中,各种跳线可能要经常更换,因此,需要一种方法来认证固定好的布线结构通道性能,这个性能要符合可靠跳线和正常设备连接时通道的标准。这就是工业标准要对固定后的布线结构进行定义的原因,也是典型的布线工程完成后的链路结构。针对这种情况,最初 TIA 标准采用的是基本链路结构,而 ISO 采用的是永久链路结构。

2. 基本链路

基本链路的意图是由系统设计人员和数据通信系统的用户用于检验已永久地安装的布线性能。它由最大 90m(328 英尺)的电缆、两端的连接器和从现场测试仪主单元和远端到本地连接的两根 2m 的测试设备连线组成,所以基本链路的测试长度不应超过 94m。基本链路的性能取决于电缆的长度,包括测试仪所选用的两端的跳线。在新的 ANSI/TIA/EIA-568-B 标准中,该模型已被永久链路模型(Permanent Link)取代。

3. 永久链路

永久链路测试模型为系统设计人员和数据通信系统用户提供了检验永久安装电缆的性能的方法。永久链路由 90m 水平电缆和一个接头,必要时再加一个可选的固定点连接器组成。永久链路不包括现场测试跳线和插头。与基本链路相同,永久链路是来测试布线系统中的固定部分。然而,永久链路与基本链路不同的是测量结果不包括测试仪的跳线连接部分。这二者看起来似乎差别不大,但会对提高应用性能带来影响。TIA 对永久链路结构的采用也使得两大国际标准趋于统一,在 TIA/EIA-568-B 标准中已经取消了对基本链路的描述。

结合点不包含在基本链路的测试模型中。永久链路包含结合点。结合点经常用于开放的办公布线系统中,并被看成固定的配线设备的组成部分。

2.1.5 现场测试

布线在最早的 TIA568 标准中并没有涉及现场测试的问题,认为仅有连通性测试和直观目测就足够了,但随着 5 类线、超 5 类线这些高带宽线缆的出现和网络应用带宽的飞速发展,人们发现现场得到的结果与实验室的结果有很大差别,因而 TIA568 标准对于链路的性能的规定已经不能对现场实际性能有意义了。于是,标准的制定者们制定了新的补充技术规范使其符合现场测试的需求。

对于综合布线的验收测试是一项非常系统的工作,依据测试的阶段可以分为工前检测、随工检测、隐蔽工程签证和竣工检测。检测的内容涉及施工环境、材料质量、设备安装工艺、电缆的布放、线缆的终接、电气性能测试等诸多方面。而对于用户来说,应该说最能反映工程质量的数据来自最终的电气性能测试。这样的测试能够通过链路的电气性能指标综合反映工程的施工质量,其中涵盖了产品质量、设计质量、施工质量、环境质量等。以下简要介绍一下在网络布线工程中的一些常见故障以及相应的检测方法。

首先介绍一下测试方法。根据网络布线工程现场施工和验收的需要,我们通常将现场布线系统的测试方式分为验证测试、认证测试两类。所谓验证测试通常是指,通过简单的测试手段来判断链路的物理特性是否正确。由于这类测试仅仅是通过简单的测试设备来确认链路的通断、长度及接线图等物理性能,而不能对复杂的电气特性进行分析,因此这类测试仅适用于随工检测。也就是说,在施工的过程中为了确保布线工程的施工质量,及时发现物理故障,我可以利用测试设备进行"随布随测"。这样的测试对仪器的要求相对较低。认证测试相对验证测试就要复杂得多,也就是前面所提的电气性能测试。认证测试要以公共的测试标准(如:TIA TSB67,ISO11801)为基础,对布线系统的物理性能和电气性能进行严格测试,当然只有优于标准的才是合格的链路。这样的测试对仪器的精度要求是非常高的。认证测试往往是在布线工程全部完工后甲乙双方共同参与由第三方进行的验收性测试,也是内容最全面的测试。其实,从测试的范围来讲,认证测试涵盖了验证测试的全部测试内容。

本章中主要针对 5 类 UTP 线进行测试,采用 TIA 标准,需要测试的基本参数如下。

- Wire Map——接线图(开路/短路/错对/串扰)。
- Length——长度。
- Attenuation——衰减。
- NEXT——近端串扰。
- PS NEXT——综合近端串扰。
- Propagation Delay——传输时延。

下面分别对这几个参数进行测试。在进行测试之前,先介绍一下测试中用到的工具。

2.1.6 测试工具介绍

在实验中主要用到了 DSP-4000 系列的数字电缆测试仪和 LinkWare 电缆测试管理软件。

1. DSP-4000 数字电缆分析仪

DSP-4000 系列测试仪是 Fluke(福禄克)公司数字式电缆分析仪家族中的最新成员,专门为布线商和网络使用者依据当前的业界标准和将来的更高标准认证高速铜缆和光缆而设计的。

DSP-4000数字式电缆分析仪能够快速准确地测试高性能的超5类、6类电缆链路及光纤链路。DSP-4000容易使用，使用户不必花费过多的培训时间，一个按键便能完成精确测试的需要，提高工作的效率。秉承DSP系列耐用可靠的特点，DSP-4000在包括外壳及显示屏的设计上充分考虑现场测试时对仪器的特殊要求，令用户能保持不间断地工作。

DSP-4000系列的数字电缆分析仪具有以下特点。

1) 采用数字测试技术

数字技术意味着更高性能的故障诊断，更快的测试速度和更准确的测量精度。

DSP-4000系列数字电缆分析仪是市场上唯一的带有可扩展数字平台的电缆测试仪，确保满足新标准的要求。这意味着现在用户在DSP-4000系列数字电缆分析仪上所付出的投资即使到将来也是受到保护的。DSP-4000具有高达350MHz的测试能力，为未来的高速布线系统提供全面的性能"预览"。数字测试技术的倡导者福禄克网络公司使用数字脉冲激励链路进行测试，并在时域中使用数字信号处理技术来处理测试结果。这种测试方法所提供的精度和重复性要远远超过所有模拟或扫频的方法。DSP系列电缆分析仪以其实验室级的精度、坚固的手持设计和供电时间持久的性能可与任何对手竞争。时域测试的另一大优势就是其强大的故障诊断能力可以及时提供准确的、图形化的故障信息。只需按一个按键即可给出故障的精确位置。为帮助快速探测网络利用率，DSP-4000系列可以监视10Base-T和100Base-TX以太网系统的网络流量，监视双绞线电缆上的脉冲噪声，帮助确定Hub端口的位置并判定所连接Hub端口支持的标准。另外脉冲噪声性能可以探测并排除串扰测试过程中的噪声源干扰。

2) 强大的故障诊断功能

DSP-4000系列带有强大的故障诊断功能，可以识别和定位被测试链路中的开路、短路和异常等问题。例如Fluke公司的专利技术——精确双向时域串扰分析(HDTDX)功能，可以找出串扰的具体位置，并能给出串扰与测试仪之间的准确距离。用户只需按一下故障信息键(FAULT INFO)，DSP-4000就开始自动测试链路的故障并以图形方式显示故障在链路中的位置。只有Fluke的数字式测试技术才能拥有如此功能强大的故障诊断能力。专利的HDTDX分析技术也为解决布线链路中复杂的Return Loss故障提供了精确的手段。

利用高精度时域串扰(HDTDX)和高精度时域反射(HDTDR)技术，DSP-4000系列能够找出链路中串扰的具体位置，并给出故障点与测试仪的准确距离。这种高精度的诊断功能使DSP-4000系列成为业界唯一能够精确定位串扰或回波损耗故障源的电缆测试仪器。

3) UL和ETL认证

DSP-4000系列数字电缆分析仪成为业界第一个同时获得UL和ETL认证的综合布线现场测试仪，DSP-4000系列能够满足TIA/EIA 568-B.2-1和ADDENDUM #1草案到TIA/EIA-B.1所规定的对6类线的精度要求。

在商业贸易中精度是至关重要的。一个精确的测试仪器可以节省电缆链路的安装时间，使大家对最终用户所期盼的网络性能抱有信心，精度也保证了测试仪能够完美地完成测试工作。DSP-4000系列经过检测后被证实已经超过了超5类、6类线认证的当前标准，即

Ⅲ级精度。

4) 坚固的设计

DSP-4000 系列秉承了 DSP 家族牢固可靠的特点，在设计时考虑了现场测试的恶劣环境对测试仪可靠性的特殊要求。有关 DSP 测试仪最著名的实验就是坠地实验，即从一米多高的地方将测试仪自由坠地，落地后测试仪功能及精度依然如故。意外的坠地情况在施工现场是常常会发生的，仪器的高可靠性能是福禄克网络公司数十年从事精密仪器制造经验的结晶。

2. LinkWare 电缆测试管理软件

福禄克网络公司日前宣布正式推出 LinkWare 电缆测试管理软件，这是一个免费的用于电缆测试数据管理和文档备案的应用程序，它可以将福禄克网络公司的 DSP 和 OMNI 系列电缆测试仪的测试结果集成在一起，并专注于支持全新的 OptiFiber 光缆认证(OTDR)测试仪。LinkWare 电缆测试管理软件简化了电缆测试数据的管理和测试报告的生成，允许用户对来自于多个铜缆和光缆测试仪的数据进行导入、排序和存储，并将它们存储在一个数据库中。

1) 和其他测试工具协同工作

LinkWare 软件用于管理铜缆和光缆的测试结果，用户可以打印来自于多个测试仪和多个项目的可定制的图形测试报告。LinkWare 软件使用通用的与 CMS 电缆管理软件及标签软件兼容的数据格式，因此合约商无需再收集、合并各种格式的测试报告。这样当要追随修订的 TIA/EIA 606A 标准的时候，就可以更容易地维护一个全面的电缆管理系统。LinkWare 电缆测试管理软件还可以转换 ScanLink 或 CableManager 电缆管理软件创建的所有测试记录，该软件目前支持 OptiFiber 光缆认证(OTDR)分析仪、DSP-4000 系列及 OMNIScanner 系列数字式电缆分析仪，未来版本还将支持导入和管理 SimpliFiber 多功能光缆测试工具、CertiFiber 多模光缆测试仪或 PentaScanner 五类电缆测试仪存储的数据。

2) 改进了光缆测试分析和报告生成能力

OptiFiber 光缆认证(OTDR)测试仪随机附带的 LinkWare 电缆测试管理软件可以生成一个独立的测试报告，该报告包含施工人员所需的用于认证光缆是否被正确安装和端接的所有关键信息。OptiFiber 使用 LinkWare 软件生成的测试报告中包含双波长 OTDR 图形、事件信息、通道图形(ChannelMap)，以及光缆端接面洁净度检查器所检测到的光缆端接面图形、损耗/长度认证以及光功率测量结果。LinkWare 软件还可以仿效 OptiFiber 的很多 OTDR 分析功能，用于在办公室中进行数据的脱机分析。

Fluke 网络公司的 OptiFiber 光缆认证(OTDR)分析仪、DSP 和 OMNIScanner 系列电缆测试仪中均附带 LinkWare 软件。

2.2 接线图测试

2.2.1 实验目的

掌握使用 DSP-4000 进行接线图(Wire Map)测试的方法和步骤，理解接线图测试的原理和意义。

2.2.2 实验内容

使用故障线盒和测试仪,测试各种故障线缆(开路/短路/错对/反接/串绕……),区分这几种物理线缆故障。

2.2.3 实验原理

1. 接线图的测试

目前大多数情况下,双绞线电缆的线路是直通连接的,称为直通线。直通线就是双绞线两端的数据发送端口与发送端口直接相连,接收端口与接收端口直接相连的线缆。直通线也存在两种不同的线序:T568A 和 T568B。这两种线序在 ANSI/EIA/TIA-568-B.2 中作了定义。美国联邦政府出版物 FIPS PUB174 仅认可 T568A 的名称。但必要时可按照 T568B 的方法装配 8 芯电缆系统。

注意:T568A 和 T568B 是标准中所规定的两种线序,与标准 TIA-568-A 和 TIA-568-B 要区分开来。在同一个工程要求使用单一接线标准,而不能混用。

图 2-2 分别是正确的直通线接线和两种不同线序的图示。

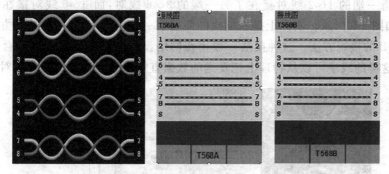

图 2-2 正确的接线方式和两种不同的线序

接线图测试主要是验证线路的连通性和检查安装连接的错误。对于 8 芯电缆,接线图的主要内容如下。

(1) 端端连通性。
(2) 开路(Open)。
(3) 短路(Short)。
(4) 错对(Cross)。
(5) 反接(Reverse)。
(6) 串绕(Split)。
(7) 其他。

其中与线序有关的故障包括错对、反接、跨接等,这些故障可以通过测试结果屏幕直接发现问题;与阻抗有关的故障包括开路、短路等,这些故障要使用测线仪的 HDTDR 功能定位;与串扰有关的故障有串绕,它使用 HDTDX 定位。

2. 开路短路故障的测试结果显示

当电缆内一根或更多导线没有连接到某一端的针上,本来已经被折断或不完全的情况下会出现开路故障,如图 2-3 所示。

短路又可细分为短路线对和线对间短路两种情况。当线对导体在电缆内任意位置相互连接时,就会出现短路线对。而线间短路是指当两根不同线对的导体在电缆内任意位置连接在一起时出现的短路。图 2-4 是短路故障的示意图。

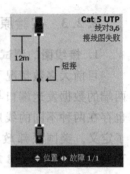

图 2-3　开路故障图示　　　　　　　　图 2-4　短路故障图示

3. 跨接/错对

跨接是指一端的 1&2 线对接在了另一端的 3&6 线对,而 3&6 线对接在了另一端的 1&2 线对,如图 2-5 所示。实际上是在端接的两端中一端实行 T568A 的接线方法而另一端使用了 T568B 的接线方法。这种接法一般用在网络设备之间的级联上和两台计算机的互联上。因为这样的线序可以从物理上把发送的数据直接发送到远端的接收线对上。

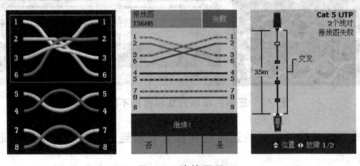

图 2-5　跨接图示

4. 反接/交叉

当一个线对内的两根导线在电缆的另一端被连接到与线对相反的针上时,就会出现线对反接或称线对交叉现象。举例来说,如果橙白/橙线对在电缆的一端将橙白连接到连接器的第 1 针,将橙连接到连接器的第 2 针;而在电缆的另一端,橙白被连接到第 2 针,橙被连接到第 1 针上,这样橙白/橙线对就被反接了。用测线仪测得的故障图如图 2-6 所示。

5. 串绕

所谓串绕就是虽然保持管脚到管脚的

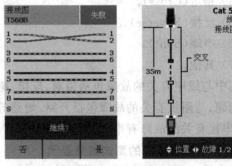

图 2-6　反接/交叉图示

连通性,但实际上两对物理线对被拆开后又重新组合成新的线对。由于相关的线对没有绞结,信号通过时线对间会产生很高的串扰信号,如果超过一定限度就会影响正常信息的传输。串绕线对在布线系统的安装过程中是经常出现的,最典型的就是布线施工人员不清楚接线的标准,想当然地按照 1&2、3&4、5&6、7&8 的线对关系进行接线造成串绕线对,如图 2-7 所示。

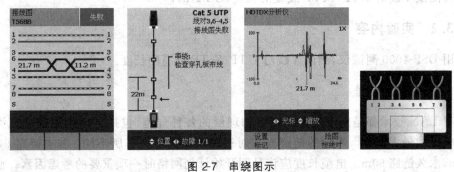

图 2-7 串绕图示

使用简单的通断测试仪器是无法发现此类接线故障的,只有专用的电缆认证测试仪才能检查出来。简单的或廉价的接线图测试仪不能完成串绕的测试,需要测量信号的耦合或在线对间测量串绕。

2.2.4 实验环境与分组

DSP-4000 测试仪一台,DEMO 故障盒一个,标准直通网线数根。

2.2.5 接线图测试步骤

① 打开 DSP-4000 测试仪,将标准网线接到测试仪的两端。
② 旋钮转至 SINGLE TEST。
③ 移动光标选择接线图。
④ 按 TEST 键。
⑤ 观察测试结果。
⑥ 将 DSP-4000 测试仪接到 DEMO 故障盒的第 1 对线,重复上述步骤②~⑤,应能观察到开路(4&5 线对)、跨接(1&2 和 3&6 两对线)和反接故障(7&8 线对)(结果类似图 2-3、图 2-5 和图 2-6。不同的是故障显示在同一张图上)。
⑦ 将 DSP-4000 测试仪接到 DEMO 故障盒的第 2 对线,重复上述步骤,观察测试结果,应能观察到短路(1&2 线对)和串绕(3&6、4&5、7&8 线对)(结果类似图 2-4 和图 2-7)。

2.2.6 实验总结

本次实验利用 DSP-4000 测试仪进行了简单的接线图测试,通过对测试结果的分析,可以清楚地了解接线过程中常见的物理接线故障。这些接线故障多是由不正确的安装习惯引起的。

2.3 线缆长度的测试

2.3.1 实验目的

学会测试 4 线对 UTP/ScTP 线缆的长度(Length)。

2.3.2 实验内容

使用 DSP-4000 测试仪,测试 4 线对 UTP/ScTP 线缆的长度。

2.3.3 实验原理

所有 LAN 技术都是基于规定的网络物理层的各种规范,包括可以使用的电缆类型和每一段电缆的最大长度。不同的链路模型对链路长度的定义有所不同:基本链路 94m,通道 100m,永久链路 90m。电缆长度应该是刚开始计划网络时一项重要的考虑因素。必须将网络组件放置于适当的位置,从而不会使得连接它们的电缆超出规定的最大长度。

电缆长度的测量通常是通过以下两种方法之一来进行:通过时域反射计(TDR)或者通过测量电缆的电阻。实验中使用的 DSP-4000 测试仪是采用的前一种方法进行的长度测量。测试仪进行 TDR 测量时,向一对线发送一个脉冲信号,并且测量同一对线上信号返回的总时间,用纳秒(ns)表示。获得这一经过时间测量值并知道信号标称传播速度(NVP)后,用 NVP 乘以光速再乘以往返传输时间的一半即传输时延就是电缆的电气长度。

NVP 确定了信号在电缆中的传输速度,它是相对于光的速度并用百分比表示。在局域网电缆上信号的实际速度为光速的 60%~80%。NVP 的值会随着电缆批次的不同而微有差别,电缆的 NVP 值可以从电缆生产厂所公布的规格中获得。NVP 的准确程度将决定电缆长度的标准度。因此在测试电缆长度时,测试仪一定要使用正确的 NVP 值。如果测试仪使用了错误的 NVP 值,将可能使测量结果产生 30%~50% 的偏差。

时域反射 TDR 也常用于定位电缆故障,例如定位电缆短路、开路、端接等。测试脉冲被反射回发射机,是由于电缆上的阻抗变化引起的。在一条功能完全的电缆上,另一端的开路引起阻抗方面唯一的显著变化。而如果电缆线路中间的某个位置存在开路或短路,也会引起反射,使测试脉冲返回发射机。TDR 借此则可进行电缆故障的定位。

注意:由于长度的测试是通过脉冲电信号在铜介质中传输来测得的。通过传输时延与额定传输速度的乘积来计算出长度。可想而知,因为每个线对的铰接距不一样,故测出的每个线对的长度也会有所不同。

在从电气长度确定实际长度时,使用具有最短电气延迟的线对来计算链路的实际长度,并作出合格和不合格的决定。合格与否的标准是以链路模型的最大长度加上 10% 的不确定性为基础的。通道和永久链路的长度极限标准分别为 100m 和 90m,在安装时不要安装长度超过 100m 的电缆。

图 2-8 所示的电缆的最短线对长度为

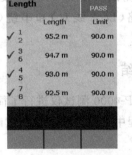

图 2-8 长度测试实例

98m,采用的是 TIA 永久链路测试标准,所以尽管有两对线的长度超过 100m,但测试总是通过的。

2.3.4 实验环境和分组

DSP-4000 测试仪一台,DEMO 故障盒一个,标准直通网线数根。

2.3.5 实验步骤

① 打开 DSP-4000 测试仪,将标准网线接到测试仪的两端。
② 旋钮转至 SINGLE TEST。
③ 移动光标选择接线图。
④ 按 TEST 键。
⑤ 观察测试结果(数值结果与极限值)。
⑥ 分别测试长度不同的几条标准网线。

2.3.6 实验总结

本次实验学习了使用电缆测试仪进行电缆测试的原理,并实际使用 DSP-4000 测试仪进行了电缆测试,通过对测试结果的分析,可以清楚地了解电缆长度测试的标准和注意事项。

2.4 传输时延和时延偏离测试

2.4.1 实验目的

学会测试 Cat5/Cat5E 线缆的传输时延和时延偏离参数。

2.4.2 实验内容

使用 DSP-4000 测试仪,测试 4 线对铜质双绞线缆的传输时延和时延偏离参数。

2.4.3 实验原理

传输时延是信号从电缆一端传输到另一端所花费的时间,是在长度测试中传输往返时间的一半,通常其测量单位为纳秒(ns)。电子是以近似恒定的速度运动,那就可将它与光速的比值定义为一个常数,这就是前面介绍过的额定传输速度——NVP(Nominal Velocity of Propagation)。在长度测试中用 NVP 乘以光速再乘以往返传输时间的一半即传输时延就是电缆的电气长度。在确定通道和永久链路的传输时延时,连接硬件的传输时延在 1～100MHz 的范围内不超过 2.5ns。

所有类型通道配置的最大传输时延不应超过在 10MHz 频率测得的 555ns。所有类型的永久链路配置的最大传输时延不应超过在 10MHz 频率测得的 498ns。

同一电缆中各线对之间由于使用的缠绕比率不同,长度也会有所不同,因而各线对之间的传输时延也会略有不同。如果网络协议只使用一对导线传输数据,例如标准的以太网、

100Base-TX 以太网或令牌环网,那么这些变化就不是一个问题。然而,对于同时使用多对导线传输数据的协议来讲,例如 100Base-T4 和千兆以太网,当信号通过不同线对传输的到达时间相差太远时,就会造成数据丢失。为了量化这一变化,一些测试仪可以测量电缆线路的时延偏离,它是电缆内线对最低传输时延和最高传输时延的差额。传输时延和时延偏离是某些高速 LAN 应用的重要特性,因此它们应该包括在性能测试组中,尤其是对于准备运行使用多线对的某一高速协议的网络。对于传输时延,将报告最差的那个线对;对于时延偏离,则报告任意两个线对的最差组合。图 2-9 所示为传输时延和时延偏离的测试结果实例。

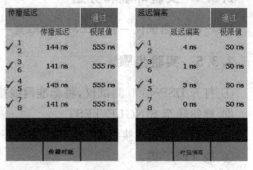

图 2-9 传输时延和时延偏离测试结果

2.4.4 实验环境与分组

DSP-4000 测试仪一台,DEMO 故障盒一个,标准直通网线数根。

2.4.5 实验步骤

① 将测试仪与 DEMO 盒的第 5 对线相连。
② 旋钮转至 SINGLE TEST。
③ 移动光标选择传输时延。
④ 按 TEST 键。
⑤ 观察测试结果(包括数值结果与极限值)。
⑥ 移动光标选择时延偏离,重复步骤③、④,观察时延偏离的测试结果。
⑦ 将测试仪与标准网线连接,重复上述步骤,测试几根标准网线的传输时延和时延偏离。

2.4.6 实验总结

本次实验学习了布线系统认证测试时进行传输时延和时延偏离测试的原理,并实际使用 DSP-4000 测试仪进行了电缆的传输时延和时延偏离测试,学会了对时延结果的分析。

2.5 衰减的测试

2.5.1 实验目的

掌握利用 DSP-4000 进行衰减测试的方法和步骤,学会判断衰减测试是否合格的方法,理解衰减测试的作用和意义。

2.5.2 实验内容

使用 DSP-4000 测试仪,测试 4 线对铜质双绞线缆的衰减(Attenuation)参数。

2.5.3 实验原理

衰减是指信号在链路中传输时能量的损耗程度。它是高速网络最重要的规格之一,衰减测试指定了链路中信号损耗的尺度。如果衰减过高,信号强度会过早衰退,数据就会被丢失。这一点在使用的电缆长度接近网络协议许可的最大值时,表现得尤为明显。衰减测试会报告最差一组线对的结果,所以根据允许的最大衰减量,可确定链路范围内所有线对的最坏情况衰减量。衰减测试的结果用分贝(dB)表示。dB$=20\times\log$(输出电压/输入电压)。从理论上说,信号的减弱总是个负值。但实际应用中,为了方便起见当描述衰减的数值或链路的损耗时,电缆专业人员去掉了负号。

衰减在现场测试中发现衰减不通过往往同两个原因有关。一个是链路超长,这就好比一个人在向距离很远的另一个人喊话,如果距离过远,声音衰减过大导致对方无法听清。信号传输衰减也是同样的道理。它可以导致网络速度缓慢甚至无法互联。另一原因是链路阻抗异常,过高的阻抗消耗了过多的信号能量,致使接收方无法判决信号。对于衰减故障我们可以通过前面提到过的时域反射技术(TDR)来进行精确定位。通常,通道衰减为下列 3 项的总和。

(1) 4 部分连接硬件的衰减。

(2) 20℃时线型为 24 AWG UTP/ScTP 的 10m 的软线和设备接线或线型为 26AWG UTP/ScTP 的 8m 的软线和设备接线的衰减。

(3) 20℃时 90m 的电缆段的损耗。

而永久链路的衰减为下列两项的总和。

(1) 3 部分连接硬件的衰减。

(2) 20℃时 90m 电缆段的损耗。

衰减是频率的函数。如图 2-10 所示,它随着频率的增高而增大,随着长度的增大而增高,也随着温度的升高而增长。对于 3 类电缆用户可以使用每摄氏度 1.5%系数(以 20℃为基准)。超 5 类电缆时延每摄氏度 0.4%的系数的衰减量。标准在 ANSI/TIA/EIA-568-B.2 中规定了温度系数和最高温度。

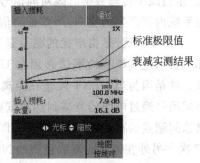

图 2-10 衰减示意图

2.5.4 实验环境与分组

DSP-4000 测试仪一台,DEMO 故障盒一个,标准直通网线数根。

2.5.5 实验步骤

① 将测试仪与 DEMO 盒的第 4 对线连接。
② 旋钮转至 SINGLE TEST。
③ 移动光标选择插入损耗。
④ 按 TEST 键。
⑤ 观察测试结果(测试结果由数值结果和曲线结果两部分组成)。
⑥ 将测试仪接到一标准网线上,重复步骤②~⑤,比较正常情况下的测试结果和故障

线的测试结果有何不同。

2.5.6 实验总结

本次实验学习了布线系统认证测试中进行传输时延和时延偏离测试的原理,并实际使用 DSP-4000 测试仪进行了线缆的衰减合格测试,对衰减测试结果进行了分析。

2.6 串扰的测试

2.6.1 实验目的

学会测试 Cat5/Cat5E 线缆的近端串扰。

2.6.2 实验内容

使用 DSP-4000 测试仪,测试 4 线对铜质双绞线缆的近端串扰。

2.6.3 实验原理

近端串扰(NEXT):在标准中也叫线对-线对 NEXT 损耗(Pair-Pair NEXT Loss)。"串扰"是指线缆传输数据时线对间信号的相互泄漏,它类似于噪声,可以理解为近端串扰是线缆系统内部产生的噪声,严重影响信号的正确传输。

"近端串扰"是指串扰的测量是在测量信号发送端进行的。而 ANSI/TIA/EIA-568-B.2 标准要求近端串扰的测试必须在 UTP 链路的所有线对之间进行测试而且必须是双向测试。这是因为当 NEXT 发生在距离测试端较远的远端时,尤其当链路长度超过 40m 时,该串扰信号经过电缆的衰减到达测试点时,其影响可能已经很小,无法被测试仪器测量到而忽略该问题点的存在。因此对 NEXT 的测试要在链路两端各进行一次测试,即总共需要测试 12 次。另外在链路两端测量到的 NEXT 值有可能是不一样的。在一端进行测试的排列顺序为:1&2——3&6,1&2——4&5,1&2——7&8,3&6——4&5,3&6——7&8,4&5——7&8。其中横线左边的数字表示干扰信号线对,横线右边的数字表示被干扰线对。

导致串扰过大的原因主要有两类。一是选用的元器件不符合标准,如购买了伪劣产品,不同标准的硬件混用,等等。另一类是施工工艺不规范,常见的如:电缆牵引力过大(超过 5×N+5kg),破坏了电缆的绞距;接线图错误(Split Pair);跳线接头处或模块处双绞对打开过长(超过 13mm),等等。目前对串扰定位的最好技术应属 Fluke DSP 系列电缆测试仪中提供的时域串扰分析技术(TDX)。以往发现串扰不合格时,仅能获得频域的结果,即仅知道在多少兆赫兹时串扰不合格,但这样的结果并不有助于在现场去解决故障。而串扰定位技术可以非常准确地给出串扰故障发生的物理距离,不管是一个接头还是一段电缆。

近端串扰是 UTP 链路的一个关键的性能参数,也是最难以精确测量的参数。因为 NEXT 需要在 UTP 链路的所有线对之间进行测试以及从链路的两端进行,这相当于 12 对电缆线对组合的测量。串扰可以通过电缆的铰接被最大限度地减少,这样信号耦合是"互相抑制"的。当安装链路出现错误时,可能会破坏这种"互相抑制"而产生过大的串扰。串绕就是一种典型的情况。串绕是用两个不同的线对重新组成新的发送或接收线对而破坏了铰接所具有的消除串扰的作用。对于带宽 10Mbps 的网络传输来说，如果距离不很长，串绕的影响并不明显，有时甚至觉得网络运行完全正常，但对于带宽 100Mbps 的网络传输，串绕的存在是致命的。不信的话，可以试试下面的线对顺序：白橙、橙、白绿、绿、白蓝、蓝、白棕、棕。在这样的接线情况下，运行 100Base-TX 会有极大的网络碰撞和 FCS 校验错出现，会造成干扰信号足够大以至于破坏原有的信号，从而对网络的传输能力产生严重的影响，甚至造成网络的瘫痪。

4dB 原则的内容如下。

- 当衰减小于 4dB 时，可以忽略近端串扰值。
- 这一原则只适用于 ISO 11081—2002 标准。

NEXT 是决定 UTP 链路传输能力的一个关键性参数，它是随着信号频率的增大而增大的，超过一定的限制就会对传输的数据产生破坏作用。如图 2-11 所示，显示了 NEXT 与频率的关系。从图中可以看出，NEXT 曲线呈现不规则形状，必须参照电缆带宽频率范围测试很多点，否则很容易漏掉某些最差点。因此 ANSI/TIA/EIA-568-B.2 标准要求 NEXT 测试要在整个电缆带宽范围内进行。标准规定：在频率段 1~31.25MHz，测试的最大采样步长为 0.15MHz；在频段 31.26~100MHz，最大采样步长为 0.25MHz；在频段 100~250MHz，采样步长为 0.50MHz。

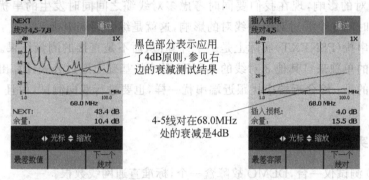

图 2-11 NEXT 测试结果

2.6.4 实验环境与分组

DSP-4000 测试仪一台，DEMO 故障盒一个，标准直通网线数根。

2.6.5 实验步骤

① 打开测试仪，将测试仪与 DEMO 盒的第 3 对线连接。
② 旋钮转至 SINGLE TEST。
③ 移动光标选择 NEXT。
④ 按 TEST 键。
⑤ 观察测试结果（包括数值结果和曲线结果）。
⑥ 将测试仪接到一标准网线上，重复步骤②~⑤，比较正常情况下的测试结果和故障线的测试结果有何不同。

2.6.6 实验总结

本次实验从理论上阐明了进行对铜质双绞线进行近端串扰测试的重要性和原理,并利用 DSP-4000 测试仪测试了线缆的综合近端串扰,最后分析了测试的结果。

2.7 综合近端串扰

2.7.1 实验目的

学会测试 Cat5/Cat5E 线缆的综合近端串扰(Power Sum)参数。

2.7.2 实验内容

使用 DSP-4000 测试仪,测试 4 线对铜质双绞线缆的综合近端串扰。

2.7.3 实验原理

由于千兆以太网络在铜介质双绞线上的实现是基于 4 对双绞线全双工的传输模式,因此在传输过程中考虑线对之间的串扰关系时要比 5 类显得复杂。原来,我们仅关心一个线对对另一个线对的影响,现在我们要同时考虑多对线缆之间同时发生的串扰的相互影响。即要考虑同一时间 3 个线对对同一线对的影响,这就是综合近端串扰。

综合近端串扰(PSNEXT)实际上是一个计算值,而不是直接的测量结果。PSNEXT 是在每对线受到的单独来自其他 3 对线的 NEXT 影响的基础上通过公式计算出来的。

需要注意的是:综合近端串扰跟近端串扰一样,也要进行双向测试,而且 4dB 原则仍然适用。

2.7.4 实验环境与分组

DSP-4000 测试仪一台,DEMO 故障盒一个,标准直通网线数根。

2.7.5 实验步骤

① 打开测试仪,将测试仪与 DEMO 盒的第 3 对线连接。
② 旋钮转至 SINGLE TEST。
③ 移动光标选择 NEXT。
④ 按 TEST 键。
⑤ 观察测试结果(包括数值结果和曲线结果)。
⑥ 将测试仪接到一标准网线上,重复步骤②~⑤,比较正常情况下的测试结果和故障线的测试结果有何不同。

2.7.6 实验总结

本次实验从理论上分析了对铜质双绞线进行综合近端串扰测试的重要性,并利用 DSP-4000 测试仪测试了线缆的综合近端串扰,最后分析了测试的结果。

实验 3 线缆传输测试

实验内容
① 衰减串扰比测试。
② 回波损耗测试。
③ 时延偏离测试。
④ 等效远端串扰测试。
⑤ 综合等效远端串扰测试。

3.1 实验基础知识介绍

随着网络传输效率的不断提高,不同编码技术对带宽需求的不断增加,网络传输对线路的电气性能要求也越来越高。在 10Base-T 时代,其编码带宽仅用到了 10MHz,并且只用到了 4 对双绞线中的两对(1&2 为传输对,3&6 为接收对)。而当以太网发展到现在的 1000Base-T,最大编码带宽已经飞升到 100MHz,并且用到了全部 4 对双绞线进行全双工传输。因此电气性能的标准越来越高,项目也越来越多。在 TIA 的标准中,其测试 5 类线的标准 TSB67 仅规定了 4 个基本测试项目,其中电气性能参数仅有近端串扰(NEXT)和衰减(Attenuation)两项。而在 Cat5E 的标准 TIA-568-A-5-2000 中,测试项目增加到了 8 项,其中与串扰有关的参数就占到一半。超 5 类现场测试需要测试的参数如下。

- Wire Map——接线图(开路/短路/错对/串扰)。
- Length——长度。
- Attenuation——衰减。
- NEXT——近端串扰。
- PS NEXT——综合近端串扰。
- Propagation Delay——传输时延。
- ACR——衰减串扰比。
- Delay Skew——时延偏离。
- Return Loss——回波损耗。
- ELFEXT——等效远端串扰。
- PS ELFEXT——综合等效远端串扰。

上次实验中我们已经对前 6 项参数进行了测试,这次实验我们将分别对后面 5 项参数——针对 Cat5E 和 6 类线的测试参数,进行介绍和单项测试。

TDR(时域反射技术)是用来测试链路的长度以及确定链路故障的。TDR 在双绞线对上采用雷达原理。它向被测线对发出一个等同的高能驱动脉冲。反射信号(回声)被捕捉、测量和输出显示出来。高能驱动脉冲"行走"于电缆线对上,对线缆上阻抗突然改变的故障点(开路、短路、电缆进水、串扰等)产生反射信号。

驱动脉冲和反射信号之间的时间差由一个高精度的时钟测量。根据在特定电缆类型上脉冲的传播速率测量结果被换算为距离长度。以下是使用 TDR 的重要设置参数。

(1) 传播速率(NPV)：即驱动脉冲的速度与光速的比值。.65 NPV 代表脉冲在当前类型的电缆中以光速的 65% 的速度行进。好的电缆线对在远端可能会被短接，当对同一捆线中的其他线对进行故障诊断时，NPV 需要被手动调整至远端反射信号，以获得最佳距离精度。

(2) 电缆类型：在运行 TDR 测试前要选择正确的电缆类型。电缆类型会影响 NPV 值。

(3) 电缆规格：在运行 TDR 测试前要选择正确的电缆规格。电缆规格会影响 NPV 值。

HDTDR(High Definition Time Domain Reflectometry)是美国福禄克(Fluke)公司的测试仪中采用的高精度的时域反射技术，主要是针对阻抗变化的故障进行精确的定位。它的原理也是基于 TDR 技术的，该技术是通过在被测线对中发送测试信号，同时检测信号在该线对的反射相位和强度来确定故障的类型，通过信号发生反射的时间和信号在电缆中传输的速度精确地报告故障的具体位置。

HDTDX(High Definition Time Domain Crosstalk)高精度的时域串扰分析技术，主要针对各种导致串扰的故障进行精确的定位。以往对串扰的测试仅能提供串扰发生的频域结果，即只能知道串扰发生在哪个频点(MHz)，并不能报告串扰发生的物理位置，这样的结果远远不能满足现场解决串扰故障的需求。而 HDTDX 技术是通过在一个线对上发送测试信号，同时在时域上对相邻线对测试串扰信号。由于是在时域进行测试，因此根据串扰发生的时间以及信号的传输速度可以精确定位串扰发生的物理位置。这是目前唯一能够对近端串扰进行精确定位并且不存在测试死区的技术。

3.2 衰减串扰比

3.2.1 实验目的

学会测试 Cat5/Cat5E 线缆的衰减串扰比参数。

3.2.2 实验内容

使用 DSP-4000 测试仪，测试 4 线对铜质双绞线缆的衰减串扰比，并比较正常网线和故障网线测试结果的区别。

3.2.3 实验原理

衰减串扰比(ACR)是用 db 表示的衰减与用 db 表示的 next 的差值。考虑工作站收到的信号，这些信号一部分是经过链路衰减过的正常信号，一部分是从其他线对上来的不期望的串扰信号。简单地讲 ACR 就是衰减与 NEXT 的比值，测量的是来自远端经过衰减的信号与串扰噪声间的比值。例如有一位讲师在教室的前面讲课。讲师的目标是要学员能够听清楚他的发言。讲师的音量是一个重要的因素，但是更重要的是讲师的音量和背景噪声间的差别。如果讲师是在安静的图书馆中发言，即使是低声细语也能听到。想象一下，如果同一个讲师以同样的音量在热闹的足球场内发言会是怎样的情况？讲师将不得不提高他的音量,这样他的声音(所需信号)与人群的欢呼声(背景噪声)的差别才能大到被听见。这就是 ACR。

ACR 是测量电缆线路总质量的最佳方法之一,因为它清楚地显示了所传输的信号相对于电缆中噪声的强度。串扰在电缆线路的不同端会有所变化,因此必须分别在电缆的两端进行 ACR 测试。最差的 ACR 测量值就是对该电缆线路的评估。

当外部噪声不是很大时,ACR 和信号噪声比相同。在进行计算中所考虑的两个因素是 NEXT 和衰减,如同该参数的名字一样。公式是:衰减除以 NEXT。但是最终只需简单地用衰减量减去 NEXT 测试量(当以 dB 表示时)。ACR 的测试结果越接近零,链路就越不可能正常工作。

3.2.4 实验环境与分组

DSP-4000 测试仪一台,DEMO 故障盒一个,标准直通网线数根。

3.2.5 实验步骤

① 将测试仪与 DEMO 盒的第 4 对线连接。
② 旋钮转至 SINGLE TEST。
③ 移动光标选择衰减串扰比测试。
④ 按 TEST 键。
⑤ 观察测试结果(包括数值结果与极限值)。
⑥ 将测试仪与标准网线连接,重复上述步骤,测试几根标准网线的衰减串扰比。

3.2.6 实验总结

本次实验学习了布线系统认证测试时进行衰减串扰比测试的原理和方法,并实际使用 DSP-4000 测试仪进行了电缆的衰减串扰比测试,学会了对实验结果的分析。

3.3 回波损耗

3.3.1 实验目的

学会测试 Cat5/Cat5E 线缆的回波损耗参数。

3.3.2 实验内容

使用 DSP-4000 测试仪,测试 4 线对铜质双绞线缆的回波损耗参数,比较正常网线和故障网线的测试结果的不同。

3.3.3 实验原理

回波损耗,是指信号在电缆中传输时被反射回来的信号能量强度。它是以分贝(dB)形式表示。这个参数是在 Cat5E 链路测试标准中出现的,测试该参数是出于 1000Base-T 全双工传输的需要。因为在同一对线内被反射回来的信号会干扰同向传输的正常信号。这就好比山谷中相距很远的两个人在相互喊话,一方喊话的回声会影响其收听对方的声音。回波损耗的故障率在 Cat5E 链路测试中是比较高的。这类故障主要同链路的阻抗变化有关,因此我们同样可以采用 TDR 技术进行定位。还有一点值得注意的是,因为该项测试技术非常复杂,对测试仪器的精确程度要求非常高,因此测试仪器本身及其接插件的磨损都有可能成为导致测试回波损耗失败的原因。因此高性能 UTP 的生产商都会特别注意以确保线缆中特性阻抗的一致性,还有所有的元件都要有很好的匹配性。回波损耗在超 5 类和 6 类布线系统中是非常重要的。

3.3.4 实验环境与分组

DSP-4000 测试仪一台,DEMO 故障盒一个,标准直通网线数根。

3.3.5 实验步骤

① 将测试仪与 DEMO 盒的第 4 对线连接。
② 旋钮转至 SINGLE TEST。
③ 移动光标选择回波损耗(Return Loss)测试。
④ 按 TEST 键。
⑤ 观察测试结果(包括数值结果与极限值)。
⑥ 将测试仪与标准网线连接,重复上述步骤,测试几根标准网线的回波损耗。

3.3.6 实验总结

本次实验学习了布线系统认证测试时进行回波损耗测试的原理和方法,并实际使用 DSP-4000 测试仪进行了电缆的回波损耗测试,学会了对回波损耗结果的分析。

3.4 等效远端串扰和综合等效远端串扰

3.4.1 实验目的

学会测试 Cat5/Cat5E 线缆的等效远端串扰和综合等效远端串扰。

3.4.2 实验内容

使用 DSP-4000 测试仪,测试 4 线对铜质双绞线缆的等效远端串扰和综合等效远端串扰。

3.4.3 实验原理

远端串扰(FEXT)是指信号在接近电缆远端处(相对于发射系统)所出现的横跨到另一个线对上的现象。而等效远端串扰就是为补偿 FEXT 测量值的衰减量,直接从 FEXT 值减去衰减值,即可得到等效远端串扰(ELFEXT)。

等效远端串扰的概念同前面介绍的 ACR 非常相似,反映的也是信号与噪声的关系,它是电缆远端 ACR 的等价物。

综合(Power Sum)等效远端串扰的综合是指远端串扰的综合,它是指某线对受其他线对综合的等效远端串扰影响,用分贝(dB)表示。这里,干扰源不再是等效远端串扰测试中的单一线对,而是3对线的共同的干扰。

远端串扰和近端串扰是亲兄弟,但性格相反。当一对线发送信号时,近端串扰从其他对向近端反射而远端串扰则从其他对向远端反射,所以远端串扰和发送的信号所走的距离几乎相同,所用的时间几乎相同。但是,千兆网关心的不是远端串扰,而是等效远端串扰(ELFEXT)和综合等效远端串扰(PSELFEXT)。等效远端串扰是远端串扰和衰减信号的比,可以简单地用公式表示为:FEXT-Attenuation。实际上,这是信噪比的另一种表达方式,即两个以上的信号朝同一方向传输(1000Base-T)时的情况。千兆网用4对线同时来发送一组信号,再在接收端组合。具有同样方向和传输时间的串扰信号就会干扰正常信号在接收端的组合,所以这就要求链路有很好的等效远端串扰的值。同样综合等效远端串扰显示了其他3对线对另一对线的综合作用。

等效远端串扰和综合等效远端串扰对于安装测试不是必须的,它仅对1000Base-T以上的以太网技术有重要作用。它们的测试必须从电缆两端分别进行(电缆的每一端都连接着一个收发器,因此从某种意义上来讲,每一端都是远端),而且最差情况的组合将被报告。

3.4.4 实验环境和实验分组

DSP-4000测试仪一台,DEMO故障盒一个,标准直通网线数根。

3.4.5 实验步骤

① 将测试仪与DEMO盒的第3对线连接。
② 旋钮转至SINGLE TEST。
③ 移动光标选择等效远端串扰。
④ 按TEST键。
⑤ 观察测试结果(包括数值结果与极限值)。
⑥ 返回Single Test界面,光标选择综合等效远端串扰,重复步骤④和⑤。
⑦ 将测试仪与标准网线连接,重复上述步骤,测试几根标准网线的等效远端串扰和综合等效远端串扰。

3.4.6 实验总结

实验学习了布线系统认证测试时进行远端测试的原理,并实际使用DSP-4000测试仪进行了电缆的等效远端测试和综合等效远端测试,学会了对实验结果的分析。

实验 4 光 缆 测 试

实验内容
① 光纤理论与光纤结构。
② 光缆测试国际标准。
③ OTDR 技术介绍。
④ 实验部分。

4.1 光纤理论与光纤结构

4.1.1 光及其特性

1. 光是一种电磁波

可见光部分波长范围是：390～760nm（纳米）。大于 760nm 的部分是红外光，小于 390nm 的部分是紫外光。光纤中应用的是 850nm、1300nm、1550nm 三种。

2. 光的折射、反射和全反射

因光在不同物质中的传播速度是不同的，所以光从一种物质射向另一种物质时，在两种物质的交界面处会产生折射和反射。而且，折射光的角度会随入射光的角度变化而变化。当入射光的角度达到或超过某一角度时，折射光会消失，入射光全部被反射回来，这就是光的全反射。不同的物质对相同波长光的折射角度是不同的（即不同的物质有不同的光折射率），相同的物质对不同波长光的折射角度也是不同。光纤通信就是基于以上原理而形成的。

4.1.2 光纤结构及种类

光纤即为光导纤维的简称。光纤通信是以光波为载频，以光导纤维为传输媒介的一种通信方式。

1. 光纤结构

光纤裸纤一般分为 3 层：中心高折射率玻璃芯（芯径一般为 50μm 或 62.5μm），中间为低折射率硅玻璃包层（直径一般为 125μm），最外是加强用的树脂涂层。

2. 数值孔径

入射到光纤端面的光并不能全部被光纤所传输，只是在某个角度范围内的入射光才可以。这个角度就称为光纤的数值孔径。光纤的数值孔径大些对于光纤的对接是有利的。不同厂家生产的光纤的数值孔径不同。

3. 光纤的种类

1) 按光在光纤中的传输模式分类

（1）多模光纤：中心玻璃芯较粗（50μm 或 62.5μm），可传多种模式的光。但其模间色散较大,这就限制了传输数字信号的频率,而且随距离的增加会更加严重。例如:600MB/Km 的光纤在 2Km 时则只有 300MB 的带宽了。因此,多模光纤传输的距离就比较近,一般只有几公里。

(2) 单模光纤:中心玻璃芯较细(芯径一般为 9μm 或 10μm),只能传一种模式的光。因此,其模间色散很小,适用于远程通信,但其色度色散起主要作用,这样单模光纤对光源的谱宽和稳定性有较高的要求,即谱宽要窄,稳定性要好。

2) 按最佳传输频率窗口分

(1) 常规型单模光纤:光纤生产厂家将光纤传输频率最佳化在单一波长的光上,如 1300nm。

(2) 色散位移型光纤:光纤生产厂家将光纤传输频率最佳化在两个波长的光上,如 1300nm 和 1550nm。

3) 按折射率分布情况分

(1) 突变型光纤:光纤中心芯到玻璃包层的折射率是突变的。其成本低,模间色散高。适用于短途低速通信,如工控。但单模光纤由于模间色散很小,所以单模光纤都采用突变型。

(2) 渐变型光纤:光纤中心芯到玻璃包层的折射率是逐渐变小,可使高模光按正弦形式传播,这能减少模间色散,提高光纤带宽,增加传输距离,但成本较高,现在的多模光纤多为渐变型光纤。

4. 常用光纤规格

- 单模:$8/125\mu m$、$9/125\mu m$、$10/125\mu m$。
- 多模:$50/125\mu m$,欧洲标准;$62.5/125\mu m$,美国标准。
- 工业,医疗和低速网络:$100/140\mu m$、$200/230\mu m$。
- 塑料:$98/1000\mu m$,用于汽车控制。

4.1.3 光纤的衰减

造成光纤衰减的主要因素有本征、弯曲、挤压、杂质、不均匀和对接等。

- 本征:是光纤的固有损耗,包括瑞利散射、固有吸收等。
- 弯曲:光纤弯曲时部分光纤内的光会因散射而损失掉,造成损耗。
- 挤压:光纤受到挤压时产生微小的弯曲而造成损耗。
- 杂质:光纤内杂质吸收和散射在光纤中传播的光,造成损失。
- 不均匀:光纤材料的折射率不均匀造成损耗。
- 对接:光纤对接时产生损耗,如,不同轴(单模光纤同轴度要求小于 $0.8\mu m$),端面与轴心不垂直,端面不平,对接心径不匹配和熔接质量差,等等。

4.1.4 光纤的优点

(1) 传输频带宽、通信容量大。光载波频率为 5×10^{14}MHz,光纤的带宽为几千兆赫兹甚至更高。

(2) 信号损耗低。目前的实用光纤均采用纯净度很高的石英(SiO_2)材料,在光波长为 1550nm 附近,衰减可降至 0.2dB/km,已接近理论极限。因此,它的中继距离可以很远。

(3) 不受电磁波干扰。因为光纤为非金属的介质材料，因此它不受电磁波的干扰。

(4) 线径细，重量轻。由于光纤的直径很小，只有 0.1mm 左右，因此制成光缆后，直径要比电缆细，而且重量也轻。因此，便于制造多芯光缆。

(5) 资源丰富。

(6) 使用环境温度范围宽。

(7) 抗化学腐蚀，使用寿命长。

光纤通信除了上述优点之外，也有其自身的缺点，如光纤质地脆，机械强度低，要求比较好的切断、连接技术，分路、耦合比较麻烦，等等。

4.2 光纤测试标准

光纤通信技术是近年来发展最为迅猛的通信技术，是世界新技术革命的重要标志，又是未来信息社会中高速信息网的主要传输工具。由于光纤的传光性能极其优良，因此光纤通信方式现已成为光通信的主流。在现存及设计的光纤通信系统中，我们必须对其进行测量以确定现存及设计的光纤通信系统是否能够达到系统要求。光纤通信的测量应包括光纤本身的测量和光纤通信系统的测量。本实验主要进行光纤的测量。

目前已公布的光纤测试国际标准有 TIA-568B.3 光纤布线标准等标准。在 TIA-568B.3 布线标准中，包含了光纤布线系统所用器件(如线缆、连接头等)及传输质量的要求。其中的线缆指 50/125μm、62.5/125μm 多模光缆和单模光缆。

4.2.1 标准参考

TIA-568B.3 光纤布线标准的制定参考了下段文本中所列标准，所列标准在公布时已核对过。所有标准都与版本关联，以本标准为依据的一方应该调查使用所列标准的最新版。ANSI 和 TIA 记录了他们出版的最新的国家标准。

ANSI/EIA/TIA-455-A-1991：标准化测试程序，针对光纤、光缆和变频器、传感器、连接与终端设备，及其他光纤组件等；ANSI/ICEA S-83-596-1994：建筑物内光缆；ANSI/ICEA S-87-640-2000：室外通信光缆；ANSI/TIA/EIA-526-7-1998：安装单模光缆的光损耗测量 PLANT-OFSTP-7；ANSI/TIA/EIA-526-14-A-1998：安装多模光缆的光损耗测量 PLANT-OFSTP-14A；ANSI/TIA/EIA-598-A-1995：光缆颜色编码；ANSI/TIA/EIA-604-3-1997：FOCIS 3 光纤连接器件的匹配标准；ANSI/TIA/EIA-606-1993：商业建筑物电信基础构造的管理标准。

4.2.2 光缆测试参数和测试方法

光缆布线系统安装完成之后需要对链路传输特性进行测试，其中最主要的几个测试项目是链路的衰减特性、连接器的插入损耗、回波损耗等。下面我们就光缆布线的关键物理参数的测量及网络中的故障排除、维护等方面进行简单的介绍。

1. 光缆链路的关键物理参数

1) 衰减

(1) 衰减是光在光沿光纤传输过程中光功率的减少。

(2) 对光纤网络总衰减的计算：光纤损耗(Loss)是指光纤输出端的功率 Power out 与发射到光纤时的功率 Power in 的比值。

(3) 损耗是同光纤的长度成正比的，所以总衰减不仅表明了光纤损耗本身，还反映了光纤的长度。

(4) 光缆损耗因子(α)：为反映光纤衰减的特性，我们引进光缆损耗因子的概念。

(5) 对衰减进行测量：因为光纤连接到光源和光功率计时不可避免地会引入额外的损耗，所以在现场测试时就必须先进行对测试仪的测试参考点的设置（即归零的设置）。设置测试参考点有好几种方法，主要是根据所测试的链路对象来选用的这些方法，在光缆布线系统中，由于光纤本身的长度通常不长，所以在测试方法上会更加注重连接器和测试跳线。

2) 回波损耗

反射损耗又称为回波损耗，它是指在光纤连接处，后向反射光相对输入光的比率的分贝数，回波损耗愈大愈好，以减少反射光对光源和系统的影响。改进回波损耗的方法是，尽量选用将光纤端面加工成球面或斜球面。

3) 插入损耗

插入损耗是指光纤中的光信号通过活动连接器之后，其输出光功率相对输入光功率的比率的分贝数。插入损耗愈小愈好。插入损耗的测量方法同衰减的测量方法相同。

2. 光纤测试仪

OTDR(光时域反射仪)是依靠光的菲涅耳反射和瑞利散射进行工作的，通过将一定波长的光信号注入被测光纤线路，然后接收和分析反射回来的背向散射光，经过相应的数据处理后，在 LCD 上显示出被测光纤线路的背向散射曲线，从而反映出被测光纤线路的接头损耗和位置、长度、故障点、两点间的损耗、大衰减点、光纤的损耗系数。OTDR 是检测光纤性能和故障的必备仪器。由于光纤自身的缺陷和掺杂成分的均匀性，使之在光子的作用下产生散射。如果光纤中(或接头时)有几何缺陷或断裂面，将产生菲涅尔反射，反射强弱与通过该点的光功率成正比，也反映了光纤各点的衰耗大小。因散射是向四面八方发射的，反射光也将形成比较大的反射角，散射和反射光就是极少部分，也能进入光纤的孔径角而反向传到输入端。假如光纤中断，即会从该点以后的背向散射光功率降到零。根据反向传输回来的散射光的情况来断定光纤的断点位置和光纤长度。这就是时域反射计的基本工作原理。

1) 瑞利散射

当光脉冲输入到光纤中时，部分脉冲信号由于受到玻璃纤维中的微粒(即掺杂物)的阻碍而向各个方向散射，这种现象就叫做瑞利散射。一些光(大约 0.0001%)沿着和脉冲方向相反的方向(逆着光源的方向)散射回来，这就叫做反向散射。由于光纤在生产过程中它的掺杂物被均匀地分布在整根光纤里，所以整根光纤都会有散射现象。

瑞利散射是光纤产生损耗的主要因素。波长较长的光产生的散射比波长较短的光小。光纤中微粒的密度越高，其散射便会越强，因此其每千米的衰减就会越高。OTDR 可以准确地测量反向散射的电平值，并可以根据这个值测量出光线在任何一点的特性的微小变化。

2) 菲涅耳反射

无论什么时候，光由一种物质进入另一种不同密度的物质(如空气)时，一部分光(最多是 4%)会逆着光源的方向反射回来，而另一部分则会进入该物质中。在物质密度发生变化的地方,比如在光纤的端头、光纤破裂处以及其接续点,都会发生反射。反射量取决于物质密度变化的大小(即折射系数,折射系数越大,说明光要进入的物质的密度越大)以及入射角的大小,这种反射便叫做菲涅耳反射。OTDR 根据菲涅耳反射的原理,可以准确地对光纤的破裂处进行定位。

实验中采用福禄克公司的 DSP-4000 测试仪搭配 DSP-FTA420 适配器来进行光缆的测试。DSP-4000、DSP-FTA420S 光缆测试适配器可以简便、准确地测量使用 LED 光源的多模光缆的损耗以及长度。增强的动态范围功能可以同时测试波长为 850nm 和 1300nm 的多模光缆,最远可达 5000m。福禄克 DSP-4000 系列有自己的布线标准库,它涵盖 ISO-11801、TIA-568B 等国际标准,可以在超 5 类、6 类、光纤布线中的布线设计、布线链路指标查询、布线验收时参考。

4.3 光纤长度测试

4.3.1 实验目的

学习测试多模光纤的长度。

4.3.2 实验内容

使用 DSP-4000 测试仪搭配 DSP-FTA420 光纤适配器,测试多模光纤的长度。

4.3.3 实验环境和分组

DSP-4000 测试仪一台,DSP-FTA420 光纤适配器,待测光纤一根。

4.3.4 实验步骤

① 打开 DSP-4000 测试仪,将 DSP-FTA420 光纤适配器接到测试仪上。
② 旋钮转至光纤测试选项,移动光标选择光纤长度测试。
③ 按 TEST 键,进行测试;测试完毕后,观察比较测试结果。
④ 观察测试结果(数值结果与极限值)。
⑤ 分别测试长度不同的几条标准网线。

4.3.5 实验总结

本次实验学习了使用测试仪进行光纤测试的原理,并实际使用 DSP-4000 测试仪进行了光纤的长度测试。通过对测试结果的分析,可以清楚地了解光纤长度测试的标准和注意事项。

4.4 光纤损耗测试

4.4.1 实验目的

学会测试光纤的损耗。

4.4.2 实验内容

使用 DSP-4000 测试仪,测试多模光纤的损耗。

4.4.3 实验环境和分组

DSP-4000 测试仪一台,DSP-FTA420 光纤适配器,待测光纤一根。

4.4.4 实验步骤

① 打开 DSP-4000 测试仪,将 DSP-FTA420 光纤适配器接到测试仪上。
② 旋钮转至光纤测试,移动光标选择损耗测试。
③ 按 TEST 键,进行测试;测试完毕后,观察比较测试结果。
④ 观察测试结果(数值结果与极限值)。
⑤ 分别测试长度不同的几条标准网线。

4.4.5 实验总结

本次实验学习了使用测试仪进行光缆测试的原理,并实际使用 DSP-4000 测试仪进行了光纤损耗测试。通过对测试结果的分析,可以清楚地了解光缆损耗测试的标准和注意事项。

实验 5 组 网 实 验

实验内容
① 网线的制作和测试。
② 交换机简介及配置。
③ 路由器简介及配置。
④ 组内简单联网。
⑤ 通过地址转换访问互联网。

5.1 交换机简介及配置

5.1.1 交换机简介

交换机是工作在 OSI 参考模型第 2 层(数据链路层)的网络连接设备,它的基本功能是在多个计算机或者网段之间交换数据。

从物理上来看,交换机类似于集线器:具有多个端口,每个端口可以连接一台计算机。交换机与集线器的区别在于它们的工作方式:集线器共享传输介质,同时有多个端口需要传输数据时会发生冲突,而交换机内部一般采用背板总线交换结构,为每个端口提供一个独立的共享介质,即每个冲突域只有一个端口(如图 5-1 所示)。

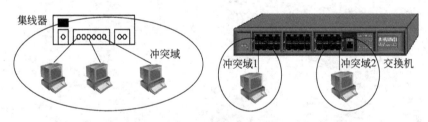

图 5-1 集线器和交换机

以太网交换机在数据链路层进行数据转发时,根据数据包的 MAC(介质访问层)地址决定数据转发的端口,而不是简单地向所有端口进行转发,以便提高网络的利用率。当交换机接收到一个数据帧时,它首先会记录数据帧的源端口和源 MAC 地址的映射,然后将数据帧的目的 MAC 地址与系统内部的动态查找表进行比较,并根据比较结果将数据包发送给相应的目的端口。若数据包的目的 MAC 层地址不在查找表中,则将包广播到每个端口(除了包的发送端口)。交换机结构如图 5-2 所示。

交换机在交换数据时有 3 种交换技术。

1. 端口交换

端口交换技术最早出现在插槽式的集线器中,这类集线器的背板通常划分有多条以太网段,不用网桥或路由连接,网络之间是互不相通的。以太主模块插入后通常被

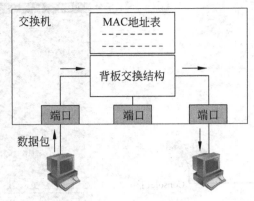

图 5-2　交换机结构

分配到某个背板的网段上,端口交换用于将以太模块的端口在背板的多个网段之间进行分配、平衡。

2. 帧交换

帧交换是目前应用最广的局域网交换技术,它通过对传统传输媒介进行微分段,提供并行传送的机制,以减小冲突域,获得高的带宽。一般来讲每个公司的产品的实现技术均会有差异,但对网络帧的处理方式一般有以下几种。

(1) 直通交换:提供线速处理能力,交换机只读出网络帧的前 14 个字节,便将网络帧传送到相应的端口上。

(2) 存储转发:通过对网络帧的读取进行验错和控制。

3. 信元交换

ATM 采用固定长度 53 个字节的信元交换。由于长度固定,因而便于用硬件实现。ATM 采用专用的非差别连接,并行运行,可以通过一个交换机同时建立多个结点,且不会影响每个结点之间的通信能力。ATM 还容许在源结点和目标结点建立多个虚拟链接,以保障足够的带宽和容错能力。ATM 采用了统计时分电路进行复用,因而能大大提高通道的利用率。ATM 的带宽可以达到 25MB、155MB、622MB 甚至数 GB 的传输能力。

5.1.2　交换机基本配置

1. 通过 Console 口配置

① 如图 5-3 所示,建立本地配置环境,只需将微机(或终端)的串口通过配置电缆与以太网交换机的 Console 口连接(Console 口已经被引出到配线架端口)。

② 在微机上运行超级终端程序("开始"→"程序"→"附件"→"通讯"→"超级终端"),设置终端通信参数为:波特率为 9600、8 位数据位、1 位停止位、无奇偶校验和无流量控制,如图 5-4 所示,单击"确定"按钮进入下一步。

③ 如果已经将线缆按照要求连接好,并且交换机已经启动,此时按 Enter 键,将进入交换机的用户视图并出现如下标识符:＜Quidway＞。否则启动交换机,超级终端会自动显示交换机的整个启动过程。

④ 输入命令,配置以太网交换机或查看以太网交换机运行状态。需要帮助可以随时输入"?"。

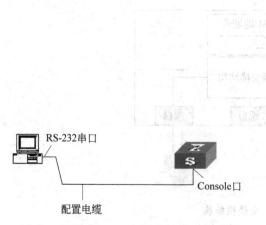

图 5-3 通过 Console 口搭建本地配置环境　　　　图 5-4 超级终端设置

2. 通过 Telnet 配置

如果用户已经通过 Console 口正确配置以太网交换机某 VLAN 接口的 IP 地址（在 VLAN 接口视图下使用 ip address 命令），并已指定与终端相连的以太网端口属于该 VLAN（在 VLAN 视图下使用 port 命令），这时可以利用 Telnet 登录到以太网交换机，然后对以太网交换机进行配置。在通过 Telnet 登录以太网交换机之前，需要通过 Console 口在交换机上配置欲登录的 Telnet 用户名和认证口令。

3. 命令行接口

Quidway 系列以太网交换机向用户提供一系列配置命令以及命令行接口，方便用户配置和管理以太网交换机。Quidway 系列以太网交换机的命令行采用分级保护方式，防止未授权用户的非法侵入。命令行划分为参观级、监控级、配置级、管理级等 4 个级别，不同级别的用户分别赋予了不同的权限，对应不同的命令行。具体规定如下。

（1）参观级：该级别包含的命令有网络诊断工具命令（ping、tracert）、用户界面的语言模式切换命令（language-mode）以及 Telnet 命令等，该级别命令不允许进行配置文件保存的操作。

（2）监控级：用于系统维护、业务故障诊断等，包括 display、debugging 命令，该级别命令不允许进行配置文件保存的操作。

（3）配置级：业务配置命令，包括路由、各个网络层次的命令，这些用于向用户提供直接网络服务。

（4）管理级：关系到系统基本运行，系统支撑模块的命令，这些命令对业务提供支撑作用，包括文件系统、FTP、TFTP、XModem 下载、用户管理命令、级别设置命令等。

各命令行视图是针对不同的配置要求实现的，它们之间有联系又有区别。比如，与以太网交换机建立连接即进入用户视图，它只完成查看运行状态和统计信息的简单功能；再输入 system-view 进入系统视图，在系统视图下，可以输入不同的命令进入相应的视图。命令行提供多种视图，比如用户视图、系统视图、以太网端口视图、VLAN 视图、VLAN 接口视图、RIP 视图、OSPF 视图、基本 ACL 视图等。

4. 以太网端口配置

1）进入以太网端口视图

请在系统视图下进行下列配置。

interface {interface_type interface_num|interface_name}

如：

interface e 0   //进入以太网端口 0

2）打开/关闭以太网端口

当端口的相关参数及协议配置好之后，可以使用 undo shutdown 命令打开端口；如果想使某端口不再转发数据，可以使用 shutdown 命令关闭端口。

请在以太网端口视图下进行设置。

3）对以太网端口进行描述

可以使用 description text 命令设置端口的描述字符串，以区分各个端口。

请在以太网端口视图下进行设置。

4）设置以太网端口双工状态

当希望端口在发送数据包的同时可以接收数据包，可以将端口设置为全双工属性；当希望端口同一时刻只能发送数据包或接收数据包时，可以将端口设置为半双工属性；当设置端口为自协商状态时，端口的双工状态由本端口和对端端口自动协商而定。

在以太网端口视图下进行下列设置。

duplex {auto|full|half}：设置以太网端口的双工状态。

undo duplex：恢复以太网端口的双工状态为默认值。

默认情况下，端口的双工状态为 auto（自协商）状态。

5）设置以太网端口速率

可以使用以下命令对以太网端口的速率进行设置，当设置端口速率为自协商状态时，端口的速率由本端口和对端端口双方自动协商而定。

请在以太网端口视图下进行下列设置。

speed {10|100|auto}：设置百兆以太网端口的速率。

speed {10|100|1000|auto}：设置千兆以太网端口的速率。

默认情况下，以太网端口的速率处于 auto（自协商）状态。

6）设置以太网端口网线类型

以太网端口的网线有平行网线及交叉网线，可以使用 mdi {across|auto|normal} 命令对网线类型进行设置。

请在以太网端口视图下进行设置。

默认情况下，端口的网线类型为 auto（自识别）型，即系统可以自动识别端口所连接的网线类型。

7）设置以太网端口流量控制

当本端和对端交换机都开启了流量控制功能后，如果本端交换机发生拥塞，它将向对端交换机发送消息，通知对端交换机暂时停止发送报文；而对端交换机在接收到该消息后将暂时停止向本端发送报文；反之亦然，从而避免了报文丢失现象的发生。可以使用以下命令对以太网端口是否开启流量控制功能进行设置。

请在以太网端口视图下进行下列设置。

flow-control：开启以太网端口的流量控制。

undo flow-control：关闭以太网端口的流量控制。

默认情况下,端口的流量控制为关闭状态。

8) 设置以太网端口的链路类型

以太网端口有 3 种链路类型:Access、Hybrid 和 Trunk。Access 类型的端口只能属于 1 个 VLAN,一般用于连接计算机的端口;Trunk 类型的端口可以属于多个 VLAN,可以接收和发送多个 VLAN 的报文,一般用于交换机之间连接的端口;Hybrid 类型的端口可以属于多个 VLAN,可以接收和发送多个 VLAN 的报文,可以用于交换机之间连接,也可以用于连接用户的计算机。Hybrid 端口和 Trunk 端口的不同之处在于 Hybrid 端口可以允许多个 VLAN 的报文发送时不打标签,而 Trunk 端口只允许默认 VLAN 的报文发送时不打标签。

请在以太网端口视图下进行下列设置。

port link-type access:设置端口为 Access 端口。

port link-type hybrid:设置端口为 Hybrid 端口。

port link-type trunk:设置端口为 Trunk 端口。

恢复端口的链路类型为默认的 Access 端口 undo port link-type。

默认情况下,端口为 Access 端口。

5. 以太网端口显示和调试

在完成配置后,在所有视图下执行 display 命令可以显示配置后以太网端口的运行情况,通过查看显示信息验证配置的效果。

display interface {*interface_type* | *interface_type interface_num* | *interface_name*}:显示端口的所有信息。

例如,显示以太端口 0/1 的所有信息:display interface e 0/1。

5.2 路由器简介及配置

5.2.1 路由器简介

路由器是工作在 OSI 参考模型第 3 层(网络层)的网络连接设备,它的基本功能是根据数据包的 IP 地址选择发送路径,转发数据包到相应网络。路由器一般工作在广域网,具有两个以上的端口,分别连接不同的网络。从通信角度看,路由器是一种中继系统,与物理层中的中继器、数据链路层中的网桥类似,只不过它工作在网络层,结构更为复杂,功能也要强大得多。

在互联网中,路由器是最关键的一部分,它是网络中的交通枢纽,把不同的网络连接在一起,使他们相互之间可以通信。在 Internet 上存在很多类型的网络,如 ATM、以太网和 X.25 等,它们之间通过路由器连接在一起(见图 5-5),进而形成一个遍布世界各地的通信网络。

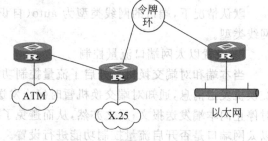

图 5-5 网络中的路由器

路由器的数据转发是基于路由表实现的,每个路由器都会维护一张路由表,根据路由表决定数据包的转发路径。当路由器接收到一个数据包后,首先对数据包进行校验,对于发给路由器的数据包(协议处理),路由器将交给相应模块去处理,而大多数需要转发的数据包,路由器将查询路由表,然后根据查询结果转发数据包到相应的端口和网络。图 5-6 是路由器的基本结构。

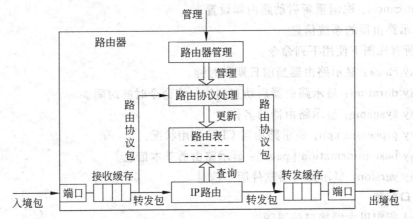

图 5-6 路由器结构

路由表是路由器对网络拓扑结构的认识,所以路由表的更新和维护对于路由器至关重要,常见的路由选择策略有静态路由和动态路由。

(1) 静态路由不能对网络的改变做出及时的反应,并且当网络规模较大时,其配置将十分复杂。

(2) 动态路由能够使路由器的功能更加完善,包括维护路由、发现和汇聚到一致的网络拓扑结构等,常见的动态路由协议有距离矢量路由选择协议(RIP)、链路状态路由选择协议(OSPF)、边界网关协议(BGP)等。

IP 协议是非连接的,IP 数据包的发送并不指定传输路径,而是由路由器决定如何转发。所以 IP 数据包的转发一般采用步跳的方式,每次路由器转发数据包到下一个距离目的地更近的路由器。数据包的传输过程可以分为 3 个步骤:源主机发送 IP 数据包,路由器转发数据包和目的主机接收数据包。具体的传输过程就不再详细叙述。

5.2.2 路由器基本配置

1. 基本配置

1) 配置路由器的名称

请在系统视图下进行下列设置。

sysname *sysname*:配置路由器的名称。

默认情况下,路由器的名称为 Router。

2) 设置路由器的系统时钟

请在系统视图下进行设置。

clock *hour*:*minute*:*second day month year*:设置路由器的系统时钟。

默认情况下,路由器的系统初始时钟为 08:00:00 1 1 1997。

3) 重新启动路由器

请在系统视图下进行下列设置。

reboot [reason *reason-string*]：重新启动路由器。
reboot mode interval {*hh*:*mm*|*time*}[*string*]：设置在一定时间后重新启动路由器。
reboot mode time *hh*:*mm* [*dd*/*mm*/*yy*][*string*]：设置在特定时间重新启动路由器。
reboot cancel：取消重新启动路由器设置。

4）显示路由器的系统信息

请在所有视图下使用下列命令。

display clock：显示路由器当前日期和时钟。
display duration：显示路由器启动直到执行该命令时的时间。
display sysname：显示路由器的名称。
display processes cpu：显示路由器 CPU 使用状况。
display base-information [*page*]：显示路由器基本信息。
display version：显示路由器软件版本信息。

2. 接口配置

1）进入指定以太网接口的视图

请在所有视图下使用下列命令。

interface ethernet *number*：进入指定以太网接口的视图。

2）设置网络协议地址

请在以太网接口视图下进行设置。

ip address *ip-address mask* [sub]：设置接口的 IP 地址。
undo ip address [*ip-address mask*][sub]：取消接口的 IP 地址。

当为一个以太网接口配置两个乃至两个以上的 IP 地址时，对第二个及以后的 IP 地址（即辅助的 IP 地址）可以用 sub 关键字加以指示。

3）设置 MTU

MTU(Maximum Transmission Unit，最大传输单元)参数影响 IP 报文的分片与重组。

请在以太网接口视图下进行设置。

mtu *size*：设置 MTU。
undo mtu：恢复 MTU 的默认值。

默认情况下，采用 Ethernet_II 帧格式时，size 的值为 1500B；采用 Ethernet_SNAP 帧格式时，size 的值为 1492B。

4）选择快速以太网接口的工作速率

快速以太网接口可以工作在 10Mbps、100Mbps 这两种速率下。请在以太网接口视图下进行下列设置来选择接口的工作速率。

speed {100|10|negotiation}：选择快速以太网接口的工作速率。

默认速率选择 negotiation 即系统自动协商最佳的工作速率。用户也可强制指定接口工作速率，但指定的速率值应与实际所连接网络的速率相同。

5）以太网接口的显示和调试

请在所有视图下使用下列命令。

display interfaces ethernet *number*：显示指定以太网接口的状态。

5.3 简单组网实验

5.3.1 实验目的

（1）掌握用路由器、交换机进行简单组网的方法。
（2）理解交换机、路由器的工作原理。

5.3.2 实验内容

使用路由器和交换机进行简单组网，实现各 PC 间的互联互通。

5.3.3 实验环境及分组

（1）Quidway 26 系列路由器 1 台，S3526 以太网交换机 2 台，PC 4 台，标准网线 6 根。
（2）每 4 名同学，各操作一台 PC，协同进行实验。

5.3.4 实验组网图

图 5-7 所示是简单组网实验的组网图。

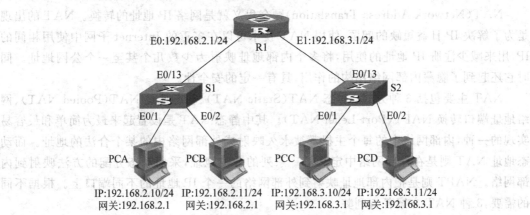

图 5-7　简单组网实验组网图

5.3.5 实验步骤

① 按照图 5-7 把设备连接好，设置好各个计算机的 IP 地址和默认网关。
② 配置路由器 R1 的接口 IP 地址，参考命令如下。
路由器 R1

```
<Router>system
[Router]sysname R1
[R1]interface e0
[R1-Ethernet0]ip add 192.168.2.1 24
[R1]interface e1
[R1-Ethernet1]ip add 192.168.3.1 24
```

在各台计算机上使用 ping 命令检查网络的连通情况。

5.3.6 实验总结

通过本次实验，熟悉华为公司路由器和交换机的基本配置命令，理解路由器和交换机的工作原理。

5.4 通过地址转换访问互联网

5.4.1 实验目的

(1) 体会通过路由器和交换机简单配置联通互联网的过程。
(2) 初步了解 NAT 原理和实现方法，以及 NAT 配置的过程。

5.4.2 实验内容

使用 NAT 技术完成路由器配置，使本地主机可以访问互联网。

5.4.3 实验原理

NAT(Network Address Translation)顾名思义就是网络 IP 地址的转换。NAT 的出现是为了解决 IP 日益短缺的问题，使用 NAT 技术可以在多重的 Internet 子网中使用相同的 IP，用来减少注册 IP 地址的使用，将多个内部地址映射为少数几个甚至一个公网地址。同时它还起到了隐藏内部网络结构的作用，具有一定的安全性。

NAT 主要包括 3 种方式：静态 NAT(Static NAT)、动态地址 NAT(Pooled NAT)、网络地址端口转换 NAPT(Port-Level NAT)。其中静态 NAT 是设置起来最为简单和最容易实现的一种，内部网络中的每个主机都被永久映射成外部网络中的某个合法的地址。而动态地址 NAT 则是在外部网络中定义了一系列的合法地址，采用动态分配的方法映射到内部网络。NAPT 则是把内部地址映射到外部网络的一个 IP 地址的不同端口上。根据不同的需要，3 种 NAT 方案各有利弊。

NAPT 是目前被大量使用的地址转换技术，它基于传输层端口进行地址转换。在 NAT 路由器中维护如下的一张地址和端口对表(如：192.192.169.2 和 1044,192.168.2.1 和 1001,见表 5-1)。在进行报文转发时通过查表进行地址转换。

表 5-1 地址和端口对表

公网地址	公网端口	本地地址	本地端口
192.192.169.2	1044	192.168.2.1	1001

但是，如果任意选择 IP 地址作为本地地址，那么在某种情况下可能会引起一些麻烦。比如，本地主机 A 的 IP 地址恰好与因特网上某台主机 B 的 IP 地址相同，而主机 B 需要与本地网络通信，那就会出现地址二义性的问题。为解决这个问题，[RFC 1918]指明了一些专用地址，规定它们只能用作本地地址而不能作为因特网地址，因特网中的路由器对目的地址为专用地址的数据报一律不进行转发。

这些专用地址是：10.0.0.0 到 10.255.255.255，172.16.0.0 到 172.31.255.255，192.168.0.0 到 192.168.255.255。

5.4.4 实验环境及分组

（1）Quidway 26 系列路由器 1 台，S3526 以太网交换机 2 台，PC 4 台，标准网线 6 根。
（2）每组 4 名同学，各操作 1 台 PC，协同进行实验。

5.4.5 实验组网图

图 5-8 所示为通过地址转换访问互联网实验的组网图。

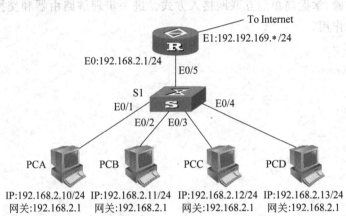

图 5-8 通过地址转换访问互联网组网图

注：为了避免 IP 地址冲突，路由器 E1 接口 IP 地址中的 * 为本组组号×10，每组配置的地址池范围定为组号×10～组号×10+5。如第 1 组，E1 的 IP 地址为 192.192.169.10，所配置的地址池为 192.192.169.10～192.192.169.15。以下实验步骤以第 1 组为例。

5.4.6 实验步骤

① 按照图 5-8 把设备连接好，设置好各个计算机的 IP 地址和默认网关。
② 配置路由器的接口的 IP 地址，以第 1 组为例，参考命令如下。

```
<Router>system
[Router]sysname R1
[R1]interface e0
[R1-Ethernet0]ip add 192.168.2.1 24
[R1]interface e1
[R1-Ethernet1]ip add 192.192.169.10 24
```

③ 配置地址转换，把所有内网地址转换成所配置的地址池中的地址，参考命令如下。

```
[R1]acl 1
[R1-acl-1]rule permit source 192.168.2.0 0.0.0.255
[R1-acl-1]rule deny source any
#这个访问控制列表定义了 IP 源地址为 192.168.2.0/24 的外出数据包
```

[R1]nat address-group 192.192.169.10 192.192.169.15 pool1
#这条命令定义了一个包含 6 个公网地址(10~15)的地址池,地址池名称为 pool1
[R1] interface e 1
[R1-Ethernet1] nat outbound 1 address-group pool1
[R1]ip route-static 0.0.0.0 0.0.0.0 192.192.169.1
#上面设置了路由器的 E0 和 E1 端口 IP 地址,并在路由表中添加默认路由

在各自的计算机上试着访问 Internet,检验配置是否成功。

5.4.7 实验总结

通过本次实验,掌握简单的互联网接入方式。进一步理解路由器和交换机在网络连接中所发挥的不同作用。

实验 6 链路层实验

实验内容
① 端口自适应测试。
② 电平测试。
③ 工作模式测试——半双工,全双工。

6.1 实验基础知识介绍

数据链路层的最基本的功能是向该层用户提供透明的和可靠的数据传送基本服务。透明性是指该层上传输的数据的内容、格式及编码没有限制,也没有必要解释信息结构的意义;可靠的传输使用户免去对丢失信息、干扰信息及顺序不正确等的担心。在物理层中这些情况都可能发生,在数据链路层中必须用纠错码来检错与纠错。数据链路层是对物理层传输原始比特流的功能的加强,将物理层提供的可能出错的物理连接改造成为逻辑上无差错的数据链路,使之对网络层表现为一无差错的线路。

端口自适应是指当开启网络端口的自适应功能时,网络端口能够根据网络的情况而自己选择合适的工作速率。

电平测试是测试网络中信号传输时使用的电平高低。

1. 全双工方式

当数据的发送和接收分流分别由两根不同的传输线传送时,通信双方都能在同一时刻进行发送和接收操作,这样的传送方式就是全双工制。在全双工方式(Full Duplex)下,通信系统的每一端都设置了发送器和接收器,因此,能控制数据同时在两个方向上传送。全双工方式无须进行方向的切换,因此,没有切换操作所产生的时间延迟,这对那些不能有时间延误的交互式应用(例如远程监测和控制系统)十分有利。这种方式要求通信双方均有发送器和接收器,同时,需要 2 根数据线传送数据信号。(可能还需要控制线和状态线,以及地线)

2. 半双工方式

若使用同一根传输线既作接收又作发送,虽然数据可以在两个方向上传送,但通信双方不能同时收发数据,这样的传送方式就是半双工制。采用半双工方式(Half Duplex)时,通信系统每一端的发送器和接收器,通过收/发开关转接到通信线上,进行方向的切换,因此,会产生时间延迟。收/发开关实际上是由软件控制的电子开关。

简要地讲,半双工就是在同一时刻只能进行单向数据的传输,双工则是在同一时刻可以进行双向数据的传输。

6.2 自适应测试

6.2.1 实验目的

学会在网络中测试端口的自适应。

6.2.2 实验内容

使用 DSP-4000 测试仪,测试交换机和路由器各个端口的工作模式的各种组合。并比较各种情况下,端口是否正确地自适应工作速率。

6.2.3 实验原理

自适应控制可以看做是一个能根据环境变化智能调节自身特性的反馈控制系统,使系统能按照一些设定的标准工作在最优状态。

一般地说,自适应控制在航空、导弹和空间飞行器的控制中很成功。可以得出结论,传统的自适应控制适合如下情况。①没有大时间延迟的机械系统。②对设计的系统动态特性很清楚。

但在工业过程控制应用中,传统的自适应控制并不如意。PID 自整定方案可能是最可靠的,广泛应用于商业产品,但用户并不怎么喜欢和接受。

传统的自适应控制方法,要么采用模型参考要么采用自整定,一般需要辨识过程的动态特性。它存在许多基本问题。①需要复杂的离线训练。②辨识所需的充分激励信号和系统平稳运行的矛盾。③对系统结构假设。④实际应用中,模型的收敛性和系统稳定性无法保证。

另外,传统自适应控制方法中假设系统结构的信息,在处理非线性、变结构或大时间延迟时很难。

自适应控制系统的一般结构如图 6-1 所示。

- 反馈是一条根本的系统学原理,是对付系统中不确定性的必要手段。
- 传统鲁棒控制和自适应控制结果的局限。
- 从深层次上理解和设计"复杂系统的智能控制"。

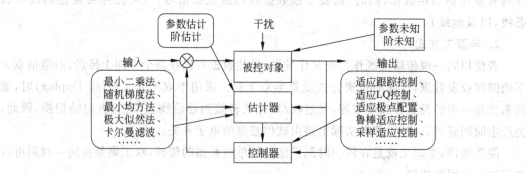

图 6-1 自适应控制系统结构

6.2.4 实验环境与分组及实验组网图

DSP-4000 测试仪 1 台,路由器 2 台,交换机 2 台,标准直通网线数根。
实验组网图如图 6-2 所示。

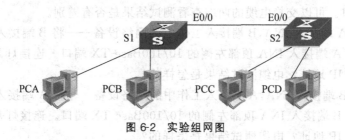

图 6-2 实验组网图

6.2.5 实验步骤

① 将测试仪与一台交换机连接好,并将计算机连接至交换机。
② 配置路由器及交换机的端口,用测试仪测试 5 根电缆的 8 种测试。
单击屏幕顶部的电缆测试(Cable Test)图标,或者单击首页的电缆测试窗口。
屏幕显示如图 6-3 所示窗口。

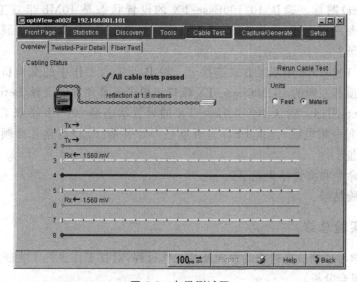

图 6-3 电缆测试图

每根电缆的两端都有标记,一端是 A 另一端是 B。在进行测试时,注意电缆是如何接入 INA 的。

对每根电缆进行以下测试,会提供一张带有每根电缆的每项测试的表格,在表格内的相应空格内填写测试结果。如果电缆测试通过,标明其长度;如果未通过,写出故障原因。这些信息度可以在测试仪屏幕和电缆测试(Cable Test)中的双绞线详情屏幕找到。

Test 1:将 A 端接入 INA,B 端空置——对于每一根电缆,将 A 端插入 INA 左边的连接器,该连接器带有 10/100Base-TX 标记。B 端甩空不做任何连接。

Test 2：将 B 端接入 INA，A 端空置——对于每一根电缆，将 B 端插入 INA 左边的连接器，该连接器带有 10/100Base-TX 标记。A 端甩空不做任何连接。

Test 3：Wire Mapped 环接。按照以下方式连接电缆会获得最佳测试结果。先将 B 端接入 INA 顶部右侧的接线图（Wire Mapper）端口，然后将 A 端接入 INA 顶部左侧的 10/100Base-TX 端口。可以交换电缆的两端查看测试结果是否有差别。

Test 4：将 A 端接入 INA，B 端接入工作中的网络设备——将 B 端接入工作中的交换机或是 HUB，将 A 端接入 INA 顶部左侧的 10/100Base-TX 端口。连接灯是否点亮？INA 是否获得了一个 IP 地址？电缆测试结果是怎样的？

Test 5：将 B 端接入 INA，A 端接入工作中的网络设备——将 A 端接入工作中的交换机或是 HUB，将 B 端接入 INA 顶部左侧的 10/100Base-TX 端口。连接灯是否点亮？INA 是否获得了一个 IP 地址？电缆测试结果是怎样的？

Test 6：以自检测方式连接——将 B 端接入工作中的交换机或是 HUB，将 A 端接入 INA 顶部左侧的 10/100Base-TX 端口。单击屏幕顶部的设置（Setup）图标。单击以太网（Ethernet）图标。确认 10/100Base-TX 的设置状态是自动（Automatic）。对于每一根电缆，连接 LED 是否点亮？如果是，LED 灯是什么颜色？INA 是否可以获得 IP 地址？

Test 7：以 10Mbps 半双工方式连接——将 B 端接入工作中的交换机或是 HUB，将 A 端接入 INA 顶部左侧的 10/100Base-TX 端口。单击屏幕顶部的设置（Setup）图标。单击以太网（Ethernet）图标。确认 10/100Base-TX 的设置状态是 10Mb 半双工（10 Mb Half Duplex）。对于每一根电缆，连接 LED 是否点亮？如果是，LED 灯是什么颜色？INA 是否可以获得 IP 地址？

Test 8：以 100Mbps 半双工方式连接——将 B 端接入工作中的交换机或是 HUB，将 A 端接入 INA 顶部左侧的 10/100Base-TX 端口。单击屏幕顶部的设置（Setup）图标。单击以太网（Ethernet）图标。确认 10/100Base-TX 的设置状态是 100Mb 半双工（100 Mb Half Duplex）。对于每一根电缆，连接 LED 是否点亮？如果是，LED 灯是什么颜色？INA 是否可以获得 IP 地址？

③ 将配置命令和测量结果记下。

④ 分析实验结果。

6.2.6 实验总结

本次实验学习了端口自适应的原理及其工作过程，对其工作进行了验证，并对各种不同的情况进行了组合分析。

6.3 电平测试

6.3.1 实验目的

学会测试 Cat5/Cat5E 线缆的信号的电平。

6.3.2 实验内容

使用 DSP-4000 测试仪，测试 4 线对铜质双绞线缆的信号电平。

6.3.3 实验原理

什么是"电平"?"电平"就是指电路中两点或几点在相同阻抗下电量的相对比值。这里的电量自然指"电功率"、"电压"、"电流"并将倍数化为对数,用"分贝"表示,记作"dB",分别记作:10lg(P2/P1)、20lg(U2/U1)、20lg(I2/I1)。上式中 P、U、I 分别是电功率、电压、电流。

使用"dB"有两个好处。其一,读写、计算方便。如多级放大器的总放大倍数为各级放大倍数相乘,用分贝则可改用相加。其二,能如实地反映人对声音的感觉。实践证明,声音的分贝数增加或减少一倍,人耳听觉响度也提高或降低一倍。即人耳听觉与声音功率分贝数成正比。例如蚊子叫声与大炮响声相差 100 万倍,但人的感觉仅有 60 倍的差异,而 100 万倍恰是 60dB。

电平对网络的传输有很大的影响,包括误码率、传输距离等参数都有直接的影响。双绞线传输 2km,$1V_{P-P}$ 信号衰减到了 $25\mu V$,即电平为 28dB,已经可以和电路噪声电平接近了。仅用末端补偿,信噪比会严重变坏,出路只能是提高前端电平,这就是目前双绞线传输必须采用的"前推后拉"技术方案,要求前后设备的补偿提升总能力必须大于 92dB,实际应该做到 100dB。

6.3.4 实验环境与分组

DSP-4000 测试仪一台,交换机 2 台,路由器 2 台,标准直通网线数根。

6.3.5 实验步骤

① 将测试仪与一台交换机连接好,并将计算机连接至交换机。
② 通过测试仪测出待测双绞线的长度。
③ 通过测试仪测试双绞线的电阻。
④ 通过测试仪器测试双绞线的电平。
⑤ 观察测试结果。

6.3.6 实验总结

本次实验学习了双绞线中的电平对双绞线的一些性能的影响。

6.4 工作模式测试——半双工和全双工

6.4.1 实验目的

学会测试交换机、路由器的端口的半双工、全双工工作模式。

6.4.2 实验内容

使用 DSP-4000 测试仪,测试交换机、路由器工作模式。

6.4.3 实验原理

1. 串行通信的基本概念

与外界的信息交换称为通信。基本的通信方式有并行通信和串行通信两种。

一条信息的各数据位被同时传送的通信方式称为并行通信。并行通信的特点是：各数据位同时传送，传送速度快、效率高，但有多少数据位就需多少根数据线，因此传送成本高，且只适用于近距离(相距数米)的通信。

一条信息的各数据位被逐位按顺序传送的通信方式称为串行通信。串行通信的特点是：数据位传送按位顺序进行，最少只需一根传输线即可完成，成本低但传送速度慢。串行通信的距离可以从几米到几千米。

根据信息的传送方向，串行通信可以进一步分为单工、半双工和全双工3种。信息只能单向传送为单工，信息能双向传送但不能同时双向传送称为半双工，信息能够同时双向传送则称为全双工。

串行通信又分为异步通信和同步通信两种方式。在单片机中，主要使用异步通信方式。MCS_51单片机有一个全双工串行口。全双工的串行通信只需要一根输出线和一根输入线。数据的输出又称发送数据(TXD)，数据的输入又称接收数据(RXD)。串行通信中主要有两个技术问题，一个是数据传送，另一个是数据转换。数据传送主要解决传送中的标准、格式及工作方式等问题。数据转换是指数据的串并行转换。具体说，在发送端，要把并行数据转换为串行数据；而在接收端，却要把接收到的串行数据转换为并行数据。

2. 单工、半双工和全双工的定义

单工、半双工和全双工的含义如表6-1所示。

如果在通信过程的任意时刻，信息只能由一方A传到另一方B，则称为单工。

如果在任意时刻，信息既可由A传到B，又能由B传A，但只能有一个方向上的传输存在，称为半双工传输。

表6-1 单工、半双工和全双工的含义

------>	<------>	------>
A------B	A------B	A------B
		<------
单工	半双工	全双工

如果在任意时刻，线路上存在A到B和B到A的双向信号传输，则称为全双工。电话线就是二线全双工信道。由于采用了回波抵消技术，双向的传输信号不致混淆不清。双工信道有时也将收、发信道分开，采用分离的线路或频带传输相反方向的信号，如回线传输。

- 双工不匹配的以太网连接是造成许多网络速度下降的原因。
- OptiView是重要的识别是否有双工问题和对此问题进行定位的设备。
- 定位双工问题的第一步是在搜寻屏幕的交换器部分选择交换机。

6.4.4 实验环境与分组

DSP-4000测试仪和OPV测试仪各1台，交换机2台，路由器2台，标准直通网线数根。

6.4.5 实验步骤

① 将测试仪与一台交换机连接好,并将计算机连接至交换机。
② 配置交换机及路由器的端口,使其分别工作在不同的模式下
③ 用测试仪进行各个端口的测试,分别测定其工作方式。
④ 分析测试结果。

在 OptiView 软件界面的 Devices 选项卡下选择 Switches,然后在界面的右边选择所要测试的交换机,最后单击 Host Detail 按钮,操作如图 6-4 所示。

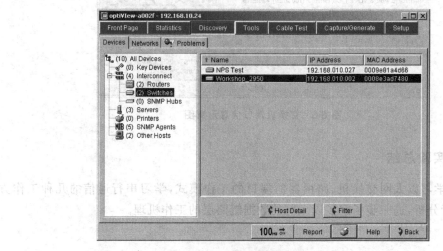

图 6-4 主机详细信息示意图

图 6-5 为交换机的详细信息,查看交换机接口的详细信息。单击接口表有双工问题的端口会显示大量的 FCS/CRC 错误,这些错误可以通过平均错误加以分类。实验中交换机接口的详细信息如图 6-6 中界面所示,交换机的第 6 号端口有错误。

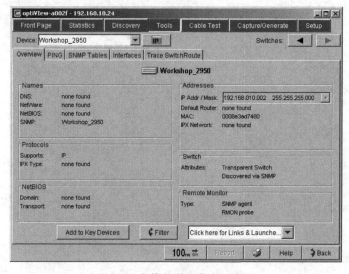

图 6-5 交换机详细信息示意图

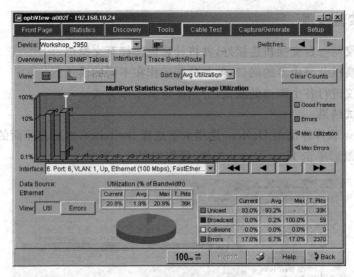

图 6-6 交换机端口信息示意图

6.4.6 实验总结

本次实验学习以太网交换机、路由器的端口的工作模式,学习串行通信的几种工作方式,并对其进行分析,进一步了解了以太网的数据链路层的工作机理。

实验7 以太网数据链路层流量分析

实验内容

① 帧流量分析。
② 单播数据帧格式的分析。
③ 广播数据帧格式分析。
④ 错误帧的分析(长帧、错帧、FCS 错误)。
⑤ 帧冲突。

7.1 实验基础知识介绍

以太网这个术语一般是指数字设备公司(Digital Equipment Corp.)、英特尔公司(Intel Corp.)和 Xerox 公司在 1982 年联合公布的一个标准。它是当今 TCP/IP 采用的主要的局域网技术。它采用 CSMA/CD(Carrier Sense,Multiple Access with Collision Detection)的媒体接入方法。

1985 年,IEEE(美国电气和电子工程师协会)802 委员会公布了一个稍有不同的标准集,其中 802.3 针对整个 CSMA/CD 网络,802.4 针对令牌总线网络,802.5 针对令牌环网络。这三者的共同特性由 802.2 标准来定义,那就是 802 网络共有的逻辑链路控制(LLC)。但是,802.2 和 802.3 定义了一个与以太网不同的报文格式。

在 TCP/IP 世界中,以太网 IP 数据报的封装是在 RFC 894 中定义的,IEEE 802 网络的 IP 数据报封装是在 RFC 1042 中定义的。

最常使用的封装格式是 RFC 894 定义的格式。图 7-1 显示了两种不同形式的封装格式。图中每个方框上面的数字是它们的字节长度。

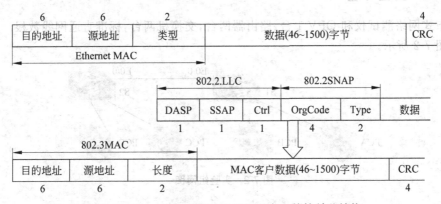

图 7-1 Ethernet 和 IEEE 802.3/802.2 定义的帧封装结构

两种报文格式都采用 48b(6 字节)的目的地址和源地址(802.3 允许使用 16b 的地址,但一般是 48b 地址)。

接下来的 2 个字节在两种报文格式中互不相同。在 802 标准定义的报文格式中,长度字段是指它后续数据的字节长度,但不包括 CRC 检验码。以太网的类型字段定义了后续数据的类型。在 802 标准定义的报文格式中,类型字段则由后续的子网接入协议(Sub-network Access Protocol,SNAP)的首部给出。幸运的是,802 定义的有效长度值与以太网的有效类型值无一相同,这样,就可以对两种报文格式进行区分。

在以太网报文格式中,类型字段之后就是数据;而在 802 报文格式中,跟随在后面的是 3 字节的 802.2 LLC 和 5 字节的 802.2 SNAP。目的服务访问点(Destination Service Access Point,DSAP)和源服务访问点(Source Service Access Point,SSAP)的值都设为 0xaa。Ctrl 字段的值设为 3。随后的 3 个字节 Org Code 都置为 0。再接下来的 2 个字节类型字段和以太网报文格式一样。

CRC 字段用于报文内后续字节差错的循环冗余码检验(检验和)。(它也被称为 FCS 或报文检验序列)

802.3 标准定义的报文和以太网的报文都有最小长度要求。802.3 规定数据部分必须至少为 38 字节,而对于以太网,则要求最少要有 46 字节。为了保证这一点,必须在不足的空间插入填充(Pad)字节。在开始观察线路上的分组时将遇到这种最小长度的情况。

在本次和以后的实验中,去掉正确的是以太网的封装格式,因为这是以太网中实际使用的封装格式。

7.2 帧流量分析

7.2.1 实验目的

学会以太网中 MAC 层帧流量的分析。

7.2.2 实验内容

使用分布式网络测试仪和 OPV 进行帧流量分析。

7.2.3 实验环境

分布式网络测试仪和 OPV 1 台,路由器两台,交换机两台,标准直通网线数根。实验组网图如图 7-2 所示。

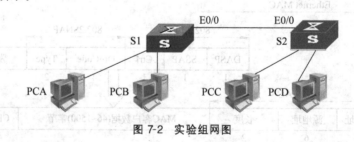

图 7-2 实验组网图

7.2.4 实验步骤

① 将测试仪与一台交换机连接好,并将计算机连接至交换机。

② 配置路由器及交换机的端口,观察交换机各端口的流量。测试设备的工作原理如图 7-3 所示。设备选择示意图如图 7-4 所示。选择通信对示意图如图 7-5 所示。流量监控示意图如图 7-6 所示。

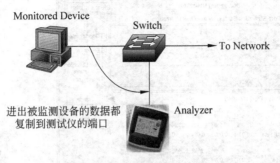

图 7-3 测试设备工作原理图

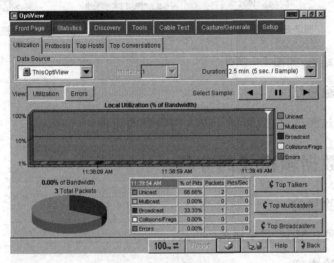

图 7-4 设备选择示意图

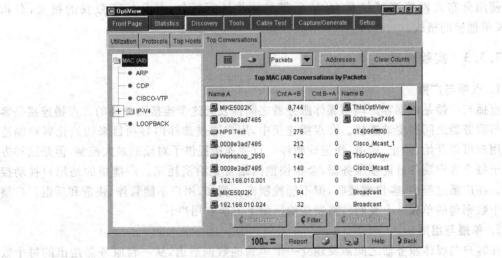

图 7-5 选择通信对示意图

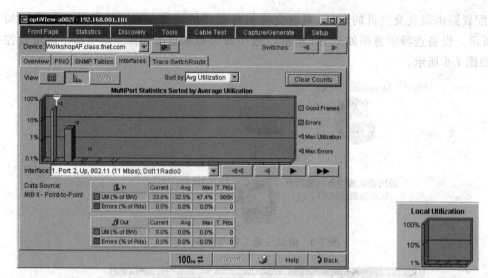

图 7-6 流量监控示意图

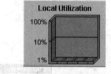

图 7-7 本地链路利用率示意图

③ 分析实验结果,如图 7-7 所示。

7.2.5 实验总结

本次实验通过测试仪,观察到了以太网设备的流量。

7.3 单播数据帧格式的分析

7.3.1 实验目的

学会在以太网中 MAC 层单播帧的格式。

7.3.2 实验内容

使用分布式网络测试仪和 OPV 所带的软件进行抓包,并分析所截获的报文,分析 MAX 单播帧的格式。

7.3.3 实验原理

1. 点播与广播

点播与广播是根据客户端与媒体服务器之间谁发起这个连接而分类的。点播连接是客户端与服务器之间的主动连接。在点播连接中,用户通过选择内容项目来初始化客户端连接。用户可以开始、停止、后退、快进或暂停。点播连接提供了对流的最大控制,但是这种方式由于每个客户端各自连接服务器,会很快把网络带宽给消耗完。广播指的是用户被动接受流。在广播过程中,客户端接收,但不能控制流。例如,用户不能暂停、快进和后退。广播方式中数据包的单独一个复制件将发送给网络上的所有用户。

2. 单播与组播

在客户与媒体服务器之间需要建立一个单独的数据通道,从一台服务器送出的每个数据包只能传送到一个客户机,这种传送方式称为单播。每个客户必须分别对媒体服务器发送单独的查询,而媒体服务器必须向每个用户发送所申请的数据包复制件。这种巨大冗余首先造成服务器沉重的负担,响应时间很长,甚至停止播放,管理人员也被迫购买硬件和带宽来保证一定的服务质量。

IP 组播技术构建了一种具有组播能力的网络,允许路由器一次将数据包复制到多个通道上。采用组播方式,一台服务器能够对几十万台客户机同时发送连续数据流而无延时。媒体服务器只需要发送一个信息包,而不是多个;所有发出请求的客户端共享同一信息包。信息可以发送到任意地址的客户机,减少网络上传输的信息包的总量。

IP 组播是 IP 的一个扩展,IETF 建议的标准,用来在局域网或广域网内从一个源到许多目标传播 IP 数据包的协议。应用 IP 组播,成组的接收者加入组播连接,应用系统能够发送一个复制件到一组地址,信息到达所有组接收者。

7.3.4 实验环境与分组

分布式网络测试仪和 OPV 1 台,路由器两台,交换机两台,标准直通网线数根。实验组网图如图 7-8 所示。

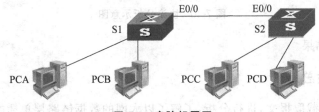

图 7-8 实验组网图

7.3.5 实验步骤

① 将测试仪与一台交换机连接好,并将计算机连接至交换机。

② 配置路由器及交换机的端口,以及计算机的 IP 地址,使其能够相互通信。View Capture 屏幕包含两个窗口。顶部的窗口是概览窗口,底部的是细节窗口。

③ 用测试仪检查设备的连通性,用 Ping 命令进行检查,如图 7-9 所示,并截获报文。

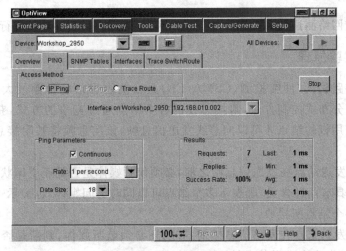

图 7-9 Ping 命令功能示意图

④ 打开截获的报文并进行分析，如图 7-10 所示。

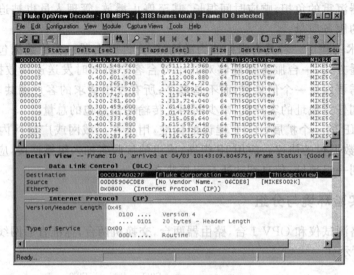

图 7-10 协议分析示意图

⑤ 分析实验结果。

7.3.6 实验总结

本次实验通过截取报文，进行分析，了解了以太网的数据链路层单播帧的基本格式。

7.4 广播数据帧格式分析

7.4.1 实验目的

分析以太网广播数据帧的基本格式，了解广播的基本原理。

7.4.2 实验内容

使用分布式网络测试仪和 OPV，截获以太网的广播数据帧，并对其进行仔细的分析。

7.4.3 实验原理

载波侦听多路访问/冲突检测（CSMA/CD）是目前占据市场份额最大的局域网技术。CSMA/CD 采用分布式控制方法，附接总线的各个结点通过竞争的方式，获得总线的使用权。只有获得使用权的结点才可以向总线发送信息帧，该信息帧将被附接总线的所有结点感知。

载波侦听：发送结点在发送信息帧之前，必须侦听媒体是否处于空闲状态。

多路访问：具有两种含义，既表示多个结点可以同时访问媒体，也表示一个结点发送的信息帧可以被多个结点所接收。

冲突检测：发送结点在发出信息帧的同时，还必须监听媒体，判断是否发生冲突（同一时刻，有无其他结点也在发送信息帧）。

IEEE 802.3 或者 ISO 8802/3 定义了 CSMA/CD 的标准。

(1) 帧格式及最小长度要求。
(2) 基带传输冲突检测。
(3) 宽带传输冲突检测。
(4) 帧实际传输时间的估算。
(5) CSMA/CD 控制方案。
(6) CSMA/CD 的特点。
(7) 以太网。

CSMA/CD 控制方案如下。CSMA/CD 方式的数据接收过程相对简单：网上每个结点的 MAC 实体都监听媒体，如果有信号传输，则收集信息，得到 MAC 帧，实体分析和判断帧中的接收地址；如果接收地址为本结点地址，复制接收该帧；否则，简单丢弃该帧。由于 CSMA/CD 控制方式的数据发送具有广播的特点，对于具有组播地址或者广播地址的数据帧，同时具有多个结点复制和接收该帧。

CSMA/CD 的特点如下。
- 竞争，各结点抢占对共享媒体的访问权。
- 轻负载时，效率较高。
- 重负载时，冲突概率加大，效率低。
- 所有结点共享媒体，任何时刻只有一个结点在发信息。
- 不适合实时传输。

7.4.4 实验环境与分组

分布式网络测试仪和 OPV 1 台，集线器 1 台，标准直通网线数根。

7.4.5 实验步骤

① 将测试仪与一台 Hub 连接好，并将计算机连接至 Hub。
② 通过测试仪截取网络中的广播报文，并对其进行分析。
③ 观察测试结果。

7.4.6 实验总结

本次实验学习了以太网的广播。

7.5 错误帧的分析（长帧、错帧、FCS 错误）

7.5.1 实验目的

学会用测试仪测试以太网中的错误帧的产生及类型。

7.5.2 实验内容

使用分布式网络测试仪和 OPV，测试以太网中错误帧的产生及其种类。

7.5.3 实验环境与分组

分布式网络测试仪和 OPV 1 台,路由器两台,交换机两台,标准直通网线数根。

7.5.4 实验步骤

① 将测试仪与一台交换机连接好,并将计算机连接至交换机。
② 设置交换机的端口工作模式为不匹配。错误统计信息的界面如图 7-11 所示,平均错误示意图如图 7-12 所示,统计示意图如图 7-13 所示。

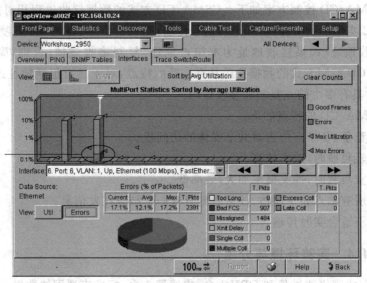

图 7-11　错误统计信息示意图

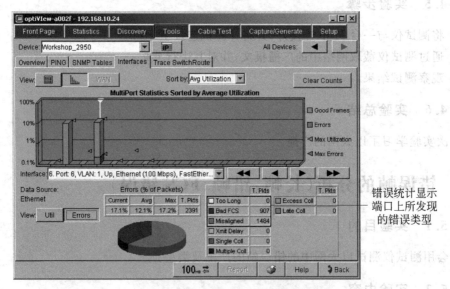

图 7-12　平均错误示意图

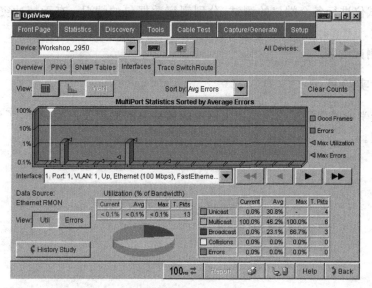

图 7-13 统计示意图

③ 用测试仪进行各个端口的测试,分别观察数据包的情况:有无错误帧,以及错误帧的产生原因是什么。

④ 分析测试结果。

7.5.5 实验总结

本次实验学习了用测试仪测试网络中数据帧总数和错误帧的数量,并对这些测试的错误帧进行分析,学习了测试仪的使用和网络中的错误帧的概率等。

7.6 帧冲突

7.6.1 实验目的

学会用分布式网络测试仪和 OPV 测试仪测试以太网中的帧冲突的原因及产生频率。

7.6.2 实验内容

测试以太网中的帧冲突的原因及产生频率。

7.6.3 实验环境与分组

分布式网络测试仪和 OPV 测试仪 1 台,集线器 1 台。

7.6.4 实验步骤

① 将测试仪与一台 Hub 连接好,并将计算机连接至 Hub。
② 使 Hub 处于忙碌状态(发送大量的数据)。

③ 用测试仪进行各个端口的测试,分别观察数据包的情况:有无帧冲突,帧冲突的产生频率等参数。

④ 分析测试结果。

7.6.5 实验总结

本次实验学习了用测试仪测试以太网中的帧冲突的原因及产生频率,了解了以太网的基本工作原理。

实验 8 IP 测 试

实验内容
① 设备搜索清单。
② IP 地址配置和掩码配置错误。
③ 网络结构地址规划报告。

8.1 实验基础知识介绍

8.1.1 IP 地址的概念

因特网是全世界范围内的计算机联为一体而构成的通信网络的总称。联在某个网络上的两台计算机之间在相互通信时,在它们所传送的数据包里都会含有某些附加信息,这些附加信息就是发送数据的计算机的地址和接收数据的计算机的地址。像这样,人们为了通信的方便给每一台计算机都事先分配一个类似我们日常生活中的电话号码一样的标识地址,该标识地址就是 IP 地址。根据 TCP/IP 协议规定,IP 地址是由 32 位二进制数组成,而且在 Internet 范围内是唯一的。例如,某台联在因特网上的计算机的 IP 地址为:11010010 01001001 10001100 00000010。

很明显,这些数字对于人来说不太好记忆。人们为了方便记忆,就将组成计算机的 IP 地址的 32 位二进制数分成 4 段,每段 8 位,中间用小数点隔开,然后将每 8 位二进制数转换成十进制数,这样上述计算机的 IP 地址就变成了:210.73.140.2。

8.1.2 IP 地址的编址方式

IP 地址是给每个连接在因特网上的主机分配一个全球范围内唯一的 32 位标识符。IP 地址的编址方法共经历过 3 个阶段。

首先,第 1 阶段是分类的 IP 地址,这是一种基于分类的两级 IP 地址编制方法。IP 地址被分为"网络号"和"主机号"。IP 地址空间的利用率极低、路由表变得太大以及两级 IP 地址不够等原因导致了掩码的引入,进入了划分子网的第 2 阶段,采用网络号加子网号加主机号的三级 IP 地址的编址方法。然后根据第 2 阶段的问题,提出了无分类域间路由选择 CIDR 的第 3 阶段 IP 地址采用网络前缀加主机号的编址方法。

目前 CIDR 是应用最广泛的编址方法,它消除了传统的 A 类、B 类、C 类地址和划分子网的概念,提高了 IP 地址资源的利用率,并使得路由聚合的实现成为可能。

8.1.3 IP 子网掩码

1. 子网掩码的概念

子网掩码是一个 32 位地址,用于屏蔽 IP 地址的一部分以区别网络标识和主机标识,并说明该 IP 地址是在局域网上还是在远程网上。

2. 确定子网掩码数

用于子网掩码的位数决定于可能的子网数目和每个子网的主机数目。在定义子网掩码前,必须弄清楚本来使用的子网数和主机数目。

定义子网掩码的步骤如下。

① 确定哪些组地址可供使用。比如申请到的网络号为"210.73.a.b",该网络地址为 C 类 IP 地址,网络标识为"210.73",主机标识为"a.b"。

② 根据现在所需的子网数以及将来可能扩充到的子网数,主机号的一些位用来定义子网掩码。比如现在需要 12 个子网,将来可能需要 16 个。用第 3 个字节的前 4 位确定子网掩码,前 4 位都置为"1",即第 3 个字节为"11110000",这个数暂且称作新的二进制子网掩码。

③ 把对应初始网络号的各个位都置为"1",即前两个字节都置为"1",第四个字节都置为"0",则子网掩码的间断二进制形式为:"11111111.11111111.11110000.00000000"。

④ 把这个数转化为间断十进制形式为:"255.255.240.0"。这个数为该网络的子网掩码。

8.1.4 ARP 的原理

ARP(Address Resolution Protocol)是地址解析协议的简称。在实际通信中,物理网络使用的是物理地址进行报文传输,IP 地址不能被物理网络所识别,所以必须建立两种地址的映射关系,这一过程称为地址解析。用于将 IP 地址解析成硬件地址的协议就被称为地址解析协议(ARP 协议)。ARP 是动态协议,就是说这个过程是自动完成的。

在每台使用 ARP 的主机中,都保留了一个专用的内存区(称为缓存),存放最近的 IP 地址与硬件地址的对应关系。一旦收到 ARP 应答,主机将获得的 IP 地址和物理地址的对应关系存到缓存中。当发送报文时,首先去缓存中查找相应的项,如果找到相应项后,便将报文直接发送出去;如果找不到,再利用 ARP 进行解析。ARP 缓存信息在一定时间内有效,然后就会被删除。

ARP 协议在解析同一网段内和不同网段内的主机时,解析过程不同。在解析同一网段内的主机时,源主机直接发送广播报文,目的主机回答广播报文即可。如图 8-1 中所示,主机 A 需要发报文给主机 B,就必须先解析主机 A 的硬件地址。主机 A 首先在网段内发出广播报文,主机 B 收到后,判断报文的目的 IP 地址是自己的 IP 地址,便将自己的 MAC 地址写入应答报文,返回主机 A。解析成功,然后才将报文发往主机 B。

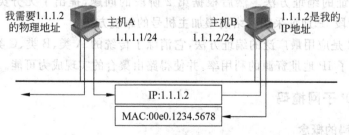

图 8-1 同一网段内的 ARP 解析实例

在解析不同网段内的主机的硬件地址时,源主机只需解析自己的默认网关地址即可。如图 8-2 中所示,主机 A 要发报文给主机 B,首先主机 A 分析目的地址不在同一网段,便向默认网关发送 ARP 请求报文,请求默认网关的硬件地址。默认网关收到之后,将自己的硬件地址写入应答报文,返回主机 A。然后,主机 A 到主机 B 的报文首先被送到默认网关。默认网关发起另一次 ARP 解析,解析主机 B 的硬件地址,将报文送到主机 B 中。主机 B 到主机 A 的报文以相反的顺序发送。

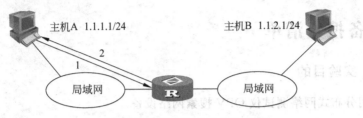

图 8-2 不同网段内的 ARP 解析实例

8.1.5 Ping 程序的工作原理

Ping 命令的目的是为了测试另一台主机是否可达。该程序发送一份 ICMP 回显请求报文给主机,并等待返回 ICMP 回显应答。下面看看 Ping 命令的工作过程到底是怎么样的。

假定主机 A 的 IP 地址是 192.168.1.1,主机 B 的 IP 地址是 192.168.1.2,都在同一子网内。则当在主机 A 上运行"Ping 192.168.1.2"后,都发生了些什么呢?

首先,Ping 命令会构建一个固定格式的 ICMP 请求数据包,然后由 ICMP 协议将这个数据包连同地址"192.168.1.2"一起交给 IP 层协议。IP 层协议将以地址"192.168.1.2"作为目的地址,本机 IP 地址作为源地址,加上一些其他的控制信息,构建一个 IP 数据包,并在一个映射表中查找出 IP 地址 192.168.1.2 所对应的物理地址,一并交给数据链路层。后者构建一个数据帧,目的地址是 IP 层传来的物理地址,源地址则是本机的物理地址,还要附加上一些控制信息,依据以太网的介质访问规则,将它们传送出去。

主机 B 收到这个数据帧后,先检查它的目的地址,并和本机的物理地址对比,如符合则接收,否则丢弃。接收后检查该数据帧,将 IP 数据包从帧中提取出来,交给本机的 IP 层协议。同样,IP 层检查后,将有用的信息提取后交给 ICMP 协议,后者处理后,马上构建一个 ICMP 应答包,发送给主机 A,其过程和主机 A 发送 ICMP 请求包到主机 B 一模一样。

8.1.6 Traceroute 程序的原理

Traceroute 工具可找出至目的 IP 地址经过的路由器。Traceroute 工具利用的是 IP 报头的 TTL 域和 ICMP 报文。Traceroute 首先将目的计算机发送的 IP 数据报报头的 TTL 值设为 1。接收这个数据报的第一个路由器将 TTL 值减 1。设置 TTL 的目的是为了防止在路由选择的途中数据报进入无限循环。因此,路由器一接收到 IP 数据报就将 TTL 值减 1,在 TTL 值变为 0 时,IP 数据报就被抛弃。

另外,路由器抛弃 IP 数据报的同时,将 ICMP 的超时报告的文返回 IP 数据报的信源机。这时,返回的 IP 数据报把这个路由器的地址作为信源地址记录下来。然后,Traceroute 发送 TTL 值为 2 的 IP 数据报。由于第 2 个路由器要返回超时报文,所以就可以知道第 2 个路由器的 IP 地址。这个操作要一直循环到 IP 数据报到达目的计算机为止。

为了了解是否到达了目的地,Traceroute 使用一个无效的端口号。因此,数据报到达计算机时,目的计算机返回一个 ICMP 端口不可到达报文。Traceroute 接收到这个报文就可以知道 IP 数据报到达了目的计算机。

8.2 设备搜索清单

8.2.1 实验目的

学会使用分布式网络测试仪 OPV 搜索网络设备。

8.2.2 实验内容

使用分布式网络测试仪 OPV,按实验组网图搜索网络设备。

8.2.3 实验环境与分组

分布式网络测试仪一台,路由器两台,交换机两台,PC 4 台,标准直通网线数根。实验组网图如图 8-3 所示。

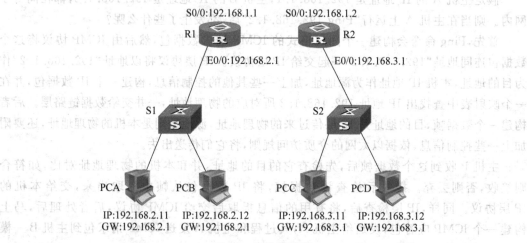

图 8-3 实验组网图

8.2.4 实验步骤

① 按实验组网图组网。
② 将分布式网络测试仪接入网络。
③ 等待几分钟以使测试仪可以进行搜索。
④ 搜索完毕后,在 FrontPage 界面下的 Device Discovery 视图中可看到网络中存在的设备,如图 8-4 所示。

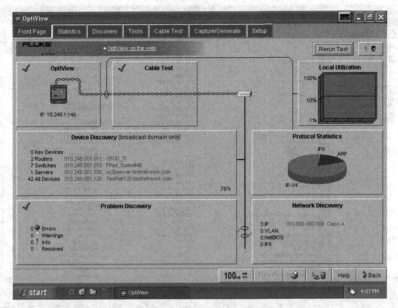

图 8-4 OPV 主界面

⑤ 在 Discovery 界面的 Devices 视图中可看到设备搜寻测试结果,如图 8-5 所示。

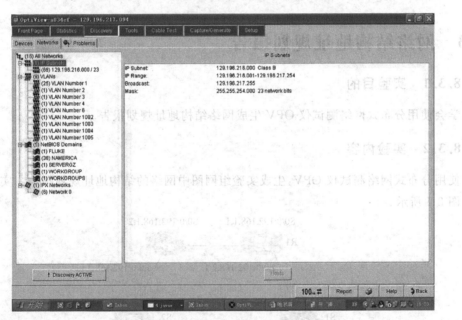

图 8-5 设备搜寻测试结果

⑥ 在 Tools 界面的 Overview 视图中可看到设备的详细信息,如图 8-6 所示。

8.2.5 实验总结

本次实验将仪器接入网络后会立即查找一个 IP 地址并开始搜寻本地广播域内的设备。许多搜寻到的信息都会以概览的形式显示在仪器的首页上。

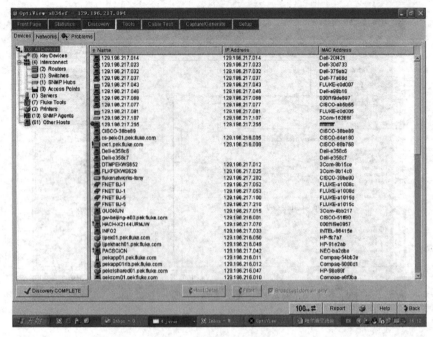

图 8-6 设备的详细信息图

8.3 网络结构地址规划报告

8.3.1 实验目的

学会使用分布式网络测试仪 OPV 生成网络结构地址规划报告。

8.3.2 实验内容

使用分布式网络测试仪 OPV,生成实验组网图中网络的结构地址规划报告。实验组网图如图 8-7 所示。

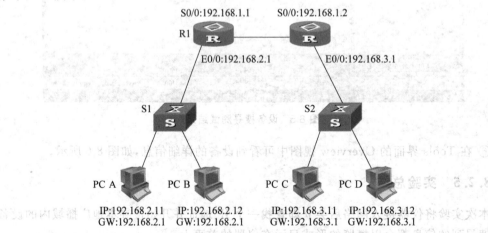

图 8-7 实验组网图

8.3.3 实验环境与分组

分布式网络测试仪一台,路由器两台,交换机两台,PC 4 台,标准直通网线数根。

8.3.4 实验步骤

① 按实验组网图组网。
② 将分布式网络测试仪接入网络。
③ 等待几分钟以使测试仪可以进行搜索。
④ 单击 Discovery 界面右下方的 Report 按钮,OPV 自动生成的网络结构地址规划报告以.html 的格式保存在 Report 文件夹中。图 8-8 和图 8-9 分别示出了网络发现图和 IP 子网图。

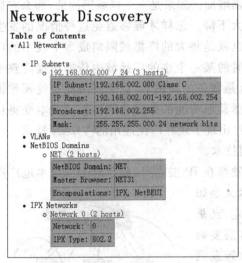

图 8-8 网络发现图

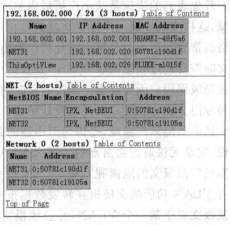

图 8-9 IP 子网图

8.3.5 实验总结

本次实验学习了 OPV 自动生成网络结构地址规划报告的功能,此功能极大地便利了网络技术人员。

实验 9　VLAN 测试

实验内容
① VLAN 配置报告。
② 验证 VLAN 配置。

9.1　实验基础知识介绍

随着网络规模的增大，网络内主机数量会急剧增加。如果是一个局域网的话，那么它们都属于同一个广播域，这样网络的利用率就会大大下降。怎样才能够避免这种情况的发生呢？首先想到的应该是减小广播域内的主机量，也就是将大的广播域隔离成多个较小的广播域，这样主机发送的广播报文就只能在自己所属的某一个小的广播域内传播而提高整个网络的带宽利用率。最早用来隔离广播的设备就是常见的路由器，但是路由器在处理数据报文时需要经过烦琐的软件处理，并且由于路由器其他功能的兼顾使路由器的成本变得让一般局域网用户无法接受。经过一段时间的发展，出现了现在广泛应用的 VLAN 技术——一种专门为隔离二层广播报文设计的虚拟局域网技术。

路由器隔离广播域，是因为路由器的数据转发都在 IP 层进行，所以对于二层本地广播来说，它是无法通过路由器的。那么 VLAN 技术又是如何实现广播报文的隔离呢？在 VLAN 技术中规定，凡是具有 VLAN 功能的交换机在转发数据报文时，都需要确认该报文属于某一个 VLAN，并且该报文只能被转发到属于同一 VLAN 的端口或主机。即是说每一 VLAN 代表了一个广播域，不同的 VLAN 用户属于不同的广播域，它不能接收来自于不同 VLAN 用户的广播报文，如图 9-1 所示。

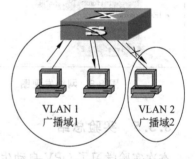

图 9-1　VLAN 划分广播域

虚拟局域网将一组位于不同物理网段上的用户在逻辑上划分在一个局域网内，在功能和操作上与传统 LAN 基本相同，可以提供一定范围内终端系统的互联。VLAN 与传统的 LAN 相比，具有以下优势。

- 限制广播包，提高带宽的利用率。
- 减少移动和改变的代价。
- 虚拟工作组。
- 用户不受物理设备的限制，VLAN 用户可以处于网络中的任何地方。
- LAN 对用户的应用不产生影响。
- 增强通信的安全性。
- 增强网络的健壮性。

9.2 VLAN 配置报告

9.2.1 实验目的

学会使用分布式网络测试仪和 OPV 生成 VLAN 配置报告。

9.2.2 实验内容

使用分布式网络测试仪和 OPV 生成 VLAN 配置报告。

9.2.3 实验原理

VLAN 技术将同一 LAN 上的用户在逻辑上分成了多个虚拟局域网(VLAN),只有同一 VLAN 的用户才能相互交换数据。但是,建设网络的最终目的是要实现网络的互联互通,VLAN 技术是为了隔离广播报文,提高网络带宽的有效利用率而设计的。所以虚拟局域网之间的通信成为关注的焦点。在使用路由器隔离广播域的同时,实际上也解决了 LAN 之间的通信,但是这还是与讨论的问题有微小区别:路由器隔离二层广播时,实际上是将大的 LAN 用三层网络设备分割成独立的小 LAN,连接每一个 LAN 都需要一个实际存在的物理接口。为了解决物理接口需求过大的问题,在 VLAN 技术的发展中,出现了另一种路由器——独臂路由器,是用于实现 VLAN 间通信的三层网络设备路由器,它只需要一个以太网接口,通过创建子接口可以承担所有 VLAN 的网关,而在不同的 VLAN 间转发数据。如图 9-2 所示,图中路由器仅仅提供一个以太网接口,而在该接口下提供 3 个子接口分别作为 3 个 VLAN 用户的默认网关。当 VLAN 100 的用户需要与其他 VLAN 的用户进行通信时,该用户只需将数据包发送给默认网关,默认网关修改数据帧的 VLAN 标签后再发送至目的主机所在 VLAN,即完成了 VLAN 间的通信。

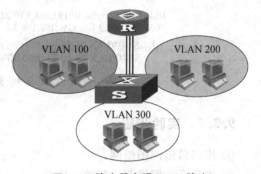

图 9-2 路由器实现 VLAN 路由

在上述通信过程中,可以看出,VLAN 间的通信受到路由器和交换机之间的链路带宽限制,并且这种分离的网络设备使得网络建设成本大大增加。为了简化上述通信过程,降低网络建设成本,专门为此研究开发了一种新的网络设备——三层交换机,也称路由交换机。它综合实现了路由和二层交换的功能。

存在于交换机中的一个路由软件模块实现三层路由转发,而交换机相当于二层交换模块,实现 VLAN 内的二层快速转发。其用户设置的默认网关就是三层交换机中虚拟 VLAN 接口的 IP 地址。

三层交换机在转发数据包时,效率上有大大的提高,因为它采用了一次路由多次交换的转发技术。即同一数据流(VLAN 通信),只需要分析首个数据包的 IP 地址信息,进行路由查找等等,完成第一个数据包的转发后,三层交换机会在二层上建立快速转发映射,当同一数据流的下一个数据包到达时,直接按照快速转发映射进行转发。从而省略了绝大部分的数据报三层包头信息的分析处理,提高转发效率。其数据包转发示意如图 9-3 所示(图中实线表示第一个数据包的转发,虚线表示后续数据报的转发)。

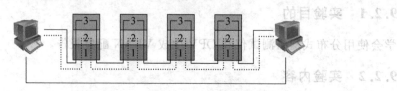

图 9-3 三层交换机转发数据示意图

9.2.4 实验环境与分组

分布式网络测试仪一台,交换机两台,PC 4 台,标准直通网线数根。
实验组网图如图 9-4 所示。

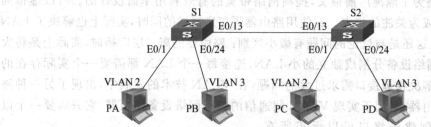

图 9-4 实验组网图

9.2.5 实验步骤

① 按实验组网图组网。
② 将分布式网络测试仪接入网络。
③ 等待几分钟以使测试仪可以进行搜索。
④ 搜索完毕后,在 Discovery 界面下的 Networks 视图中可看到网络中存在的 VLAN,如图 9-5 所示。
⑤ 在 Tools 界面的 Overview 视图中可看到各个 VLAN 的设置,如图 9-6 所示。
⑥ 单击 Discovery 界面右下方的 Report 按钮,OPV 自动生成的 VLAN 配置报告以 .html 的格式保存在 Report 文件夹中。

9.2.6 实验总结

本次实验将仪器接入网络后会查找出网络中存在的 VLAN,并在相关页面显示 VLAN 的设置。

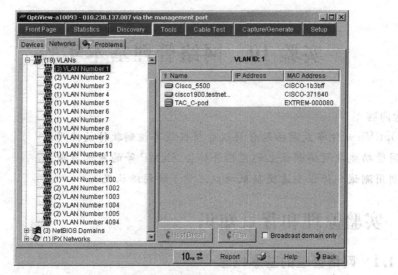

图 9-5　VLAN 列表

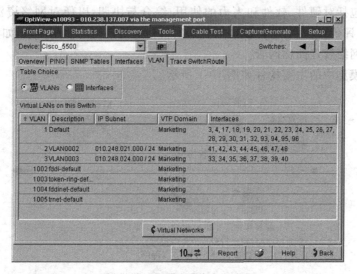

图 9-6　VLAN 设置信息示意图

实验10 网络管理基本实验

实验内容

① OptiView 分布式网络综合协议分析仪及其控制软件的使用。
② 网管功能在网络测试上的应用并体会 SNMP 等的基本原理。
③ 利用测试分析仪查看交换机端口流量了解网络状况。

10.1 实验原理和背景知识

10.1.1 网络管理的基本概念

网络管理虽然还没有精确的定义,但可将其内容归纳为:

网络管理包括对硬件、软件和人力的使用、综合与协调,以便对网络资源进行监视、测试、配置、分析、评价和控制,这样就能以合理的价格满足网络的使用需求,如实时运行性能、服务质量等。网络管理简称网管。

网络管理模型中的主要构件如图 10-1 所示。

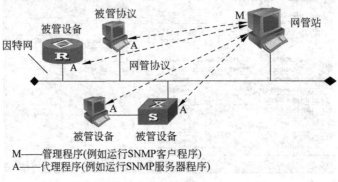

M——管理程序(例如运行SNMP客户程序)
A——代理程序(例如运行SNMP服务器程序)

图 10-1 网络管理一般模型

网管站是整个网络管理系统的核心,它通常是个有良好图形界面的高性能的工作站,并由网络管理员直接操作和控制。所有向被管设备发送的命令都是从管理站发出的。管理站也常称为网络运行中心 NOC(Network Operations Center)。网管站中的关键构件是管理程序,管理程序在运行时就成为管理进程。管理站(硬件)或管理程序(软件)都可称为管理者(Manager),这里的 Manager 不是指人而是指机器或软件。网络管理员(Administrator)才是指人。

在网络中有很多的被管设备,它们可以是主机、路由器、打印机、集线器、网桥或调制解调器等。在每一个被管设备中可能有许多被管对象(Managed Object)。被管设备有时可称为网络元素或网元。被管对象必须维持可供管理程序读写的若干控制和状态信息。这些信息总称为管理信息库 MIB(Management Information Base),而管理程序就使用 MIB 中这些信息的值对网络进行管理(如读取或重新设置这些值)。有关 MIB 的详细信息将在下面讨论。

每一个被管设备中都要运行一个程序以便和管理站的管理程序进行通信。这些运行着的程序叫做网络管理代理程序,简称代理(Agent)。

网管中还有一个重要的构件就是网络管理协议,简称网管协议。需要注意,并不是网管协议本身来管理网络,网管协议就是管理程序和代理程序之间进行通信的规则。除了定义交换报文的格式和含义以及这些报文中名字和值的表示以外,网络管理协议也定义被管路由器的管理关系。也就是说,他们提供了管理系统的授权管理。一般情况下,管理程序和代理程序按客户/服务器方式工作。例如管理程序运行 SNMP 客户程序,向某个代理程序发出请求(或命令),代理程序运行 SNMP 服务器程序,返回响应(或执行某个动作)。

OSI 很早就在其总体标准中提出了网络管理标准的框架,即 ISO 7498-4。在 OSI 网络管理标准中,将网络管理分为系统管理、层管理和层操作。在系统管理中,提出了管理的 5 个功能域:故障管理、配置管理、计费管理、性能管理、安全管理。这 5 个管理功能域简称为 FCAPS,基本上覆盖了整个网络管理的范围。

10.1.2 SNMP 概述

关于网络管理有一个基本原则:若要管理某个对象,就必然会给该对象添加一些软件或硬件,但这种添加必须对原有对象的影响尽量小些。简单网络管理协议(Simple Network Management Protocol,SNMP)正是按照这样的基本原则来设计的。

简单网络管理协议是最早提出的网络管理协议之一,是专门设计用于 IP 网络中管理网络结点(服务器、工作站、路由器、交换机及 HUBS 等)的一种标准协议,它是一种应用层协议。SNMP 的前身是简单网关监控协议(SGMP),用来对通信线路进行管理。随后,人们对 SGMP 进行了很大的修改,特别是加入了符合 Internet 定义的 SMI 和 MIB 体系结构,改进后的协议就是著名的 SNMP。SNMP 的目标是管理 Internet 上众多厂家生产的软硬件平台,因此 SNMP 受 Internet 标准网络管理框架的影响也很大。它一推出就得到了广泛的应用和支持,目前 SNMP 已成为网络管理领域中事实上的工业标准。

利用 SNMP 可以从设备上远程收集管理数据和远程配置设备,自从 1990 年推出之后,其使用迅猛增长,主要原因在于其简单性,它只有 4 个操作:两个用于获取数据,一个用于设置数据及一个用于对设备发出异步通知。其复杂性在于 SNMP 访问的管理数据,网络设备可能包含有大量的管理数据,这些数据涉及网络各方面的信息,但也不是全部有用,于是查看哪些管理数据及如何进行分析则成为理解 SNMP 的难点。实际上,对 SNMP 的理解可分为 3 部分。

(1) SNMP 协议:包括理解 SNMP 操作、SNMP 消息的格式及如何在应用程序和设备之间交换消息。

(2) 管理信息结构(Structure of Management Information,SMI):它是用于指定一个设备维护的管理信息的规则集。管理信息实际上是一个被管理对象的集合,这些规则用于命名和定义这些被管对象。

(3) 管理信息库(MIB):设备所维护的全部被管理对象的结构集合,被管理对象按照层次式树形结构组织。

目前,SNMP 有 3 种:SNMPv1、SNMPv2、SNMPv3。第 1 版和第 2 版没有太大差距,但 SNMPv2 是增强版本,包含了其他协议操作。与前两种相比,SNMPv3 则包含更多安全和远程配置。为了解决不同 SNMP 版本间的不兼容问题,RFC3584 中定义了三者共存策略。

SNMP 还包括一组由 RMON、RMON2、MTB、MTB2、OCDS 及 OCDS 定义的扩展协议。

10.1.3 SNMP 工作方式

SNMP 在体系结构上分为被管设备(Managed Device)、SNMP 管理器(SNMP Manager)和 SNMP 代理(SNMP Agent)3 个部分。

SNMP 代理是一个驻留在被管理设备上的软件进程,它收集本地被管设备的管理信息并将这些信息翻译成兼容 SNMP 协议的形式。它将侦听 UDP 端口 161 上的 SNMP 消息,发送到代理上的每个 SNMP 报文都含有想要读取或修改的管理对象的列表,它还包含有一个密码(叫做共同体名 Community)。如果共同体名与 SNMP 代理所期望的不匹配,该消息将被丢弃,并给网管站发送一条通知,指示有人试图非法访问该代理;如果共同体名与 SNMP 代理的共同体名一致,它将试图处理该请求。

如果所监视的被管设备支持 MIB-Ⅱ,则该设备将维护关于其每个接口的管理信息。这些信息可能包含如下一些内容:接口类型,传输速率,在该接口上接收了多少字节的运行计数,从该接口上发送了多少字节的运行计数,该接口是否可选以及它在当前状态已经持续了多长时间。这些特定的信息将存储在一个表中,表的每一行按照接口号排序。网管应用程序可以访问这个表中特定接口的信息,或遍历该表,收集关于所有接口的信息。

通过计算特定时间间隔内在一个接口上接收和发送了多少字节,我们可以计算以太网利用率:将字节数除以时间间隔便得到该接口的速率,将它除以接口的线速度并乘以 100,将得到该接口利用率的百分数。

网管程序所要做的就是定期请求被管设备的信息,这个功能通过探询操作来实现,它通过周期性地用一个 UDP 数据报给被管设备的 IP 地址发送一个 SNMP 请求报文(Request)来完成。UDP 数据报使用熟知端口 161,SNMP 请求报文含有它想要获取的被管理对象的参数值的列表,并将其值都设为 Null。然后被管设备在响应报文中将相应的被管对象的值填入,并发给网管站。由于 UDP 是不可靠的,所以发送的 SNMP 请求不一定能到达被管设备。(类似的,它的响应也不一定能回到网管站)需要通过定义 SNMP 超时和重试来解决。一般情况下,超时值在 2~5s 之间,并且两次重试,就认为被管设备无法连接。如果网管程序发送一个请求而没有收到响应,则可能由于是这样几种原因:UDP 包丢失、请求发送到其上的设备无法到达,停机或太忙以至于无法处理 SNMP 请求或请求中使用的共同体名不正确。

图 10-2 是 SNMP 的典型配置。整个系统必须有一个管理站。管理进程和代理进程利用 SNMP 报文进行通信,而 SNMP 报文又使用 UDP 来传送。图中有两个主机和一个路由器。这些协议栈中带有阴影的部分是原来这些主机和路由器所具有的,而没有阴影的部分则是为实现网络管理而增加的。

若网络元素使用的不是 SNMP 而是另一种网络管理协议,SNMP 协议就无法控制该网

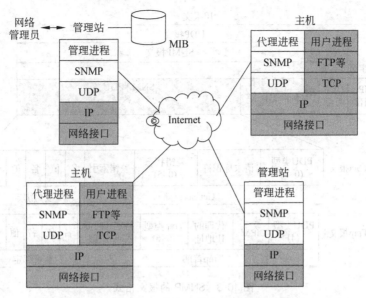

图 10-2 SNMP 的典型配置

元。这时可使用委托代理(Proxy Agent)。委托代理能提供如协议转换和过滤操作等功能对被管对象进行管理。

10.1.4 SNMP 的协议数据单元

SNMPV1 规定了 5 种协议数据单元 PDU,用来在管理进程和代理进程之间交换信息。实际上,SNMP 的操作只有两种基本的管理功能,即:

- "读"操作,用 get 报文来检测各被管对象的状况。
- "写"操作,用 set 报文来改变各被管对象的状况。

SNMP 的这些功能是通过探询操作来实现的,即 SNMP 管理进程定时向被管设备周期性地发送探询信息。探询的好处是:第一,可使系统相对简单;第二,能限制通过网络所产生的管理信息的通信量。但 SNMP 不是完全的探询协议,它允许不经过询问就能发送某些信息。这种信息称为陷阱(Trap),表示它能够捕捉事件。这种方法的好处是:第一,仅在严重事件发生时才发送陷阱;第二,陷阱信息很简单且所需的字节数较少。

总之,使用探询以维持对网络资源的实时监视,同时也采用陷阱机制报告特殊事件,使得 SNMP 成为一种有效的网络管理协议。

SNMPv1 定义的 5 种类型的协议数据单元如下。

- Get-Request:从代理进程处提取一个或多个参数值。
- Get-Next-Request:从代理进程处提取一个或多个参数值的下一个参数值。
- Set-Request:设置代理进程的一个或多个参数值。
- Get-Response:返回一个或多个参数值,此操作由代理进程发出。
- Trap:代理进程主动发出的报文,通知管理进程有某些事情发生。

当 SNMP 管理站收到 Trap 报文后,会产生相应的动作来诊断故障,并采取恢复措施。

图 10-3 给出了 SNMPv1 的报文格式。

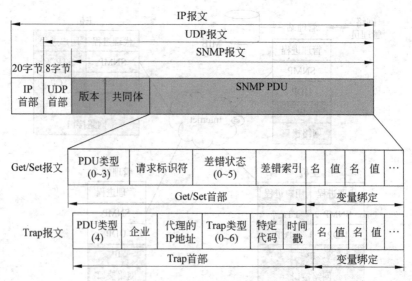

图 10-3 SNMP 的报文格式

可以看出,一个 SNMP 报文由 3 个部分组成,即版本、共同体(Community)和 SNMP PDU。版本字段写入的值为版本号减 1,对于 SNMPv1 则应写入 0。共同体字段就是一个字符串,作为管理进程和代理进程之间的明文口令,常用的是 6 个字符"public"。SNMP PDU 由 3 个部分组成,即 PDU 类型、Get/Set 首部或 Trap 首部以及变量绑定(Variable-Bindings)(变量绑定指明一个或多个变量的名和对应的值。在 Get 或 Get-Next 报文中,变量的值设为 Null)。

Get/Set 首部有如下字段。

(1) 请求标识符(Request ID):由管理进程设置的一个整数值。管理进程可同时向许多代理发出 Get 报文,这些报文使用 UDP 传送,先发送的有可能后到达。设置了请求标识符可使管理进程能够识别返回的响应报文对应于哪一个请求报文。

(2) 差错状态(Error Status):由代理进程回答时填入 0~5 中的一个数字。具体意义见表 10-1。

表 10-1 差错状态数字的具体意义

差错状态	名 字	说 明
0	NoError	一切正常
1	TooBig	代理无法将回答装入到一个 SNMP 报文中
2	NoSuchName	操作指明了一个不存在的变量
3	BadValue	一个 Set 操作指明了一个无效值或无效语法
4	ReadOnly	管理进程试图修改一个只读变量
5	GenErr	某些其他的差错

(3) 差错索引(Error Index):当出现 NoSuchName、BadValue 或 ReadOnly 的差错时,由代理进程在回答时设置一个整数,它指明有差错的变量在变量列表中的偏移。

Trap 报文的首部字段如下。

(1) 企业(Enterprise)填入产生陷阱报文的网络设备的对象标识符。此对象标识符肯定在对象命名树上的 Enterprises 结点{1.3.6.1.4.1}(见后面图 10-4)下面的一棵子树上。

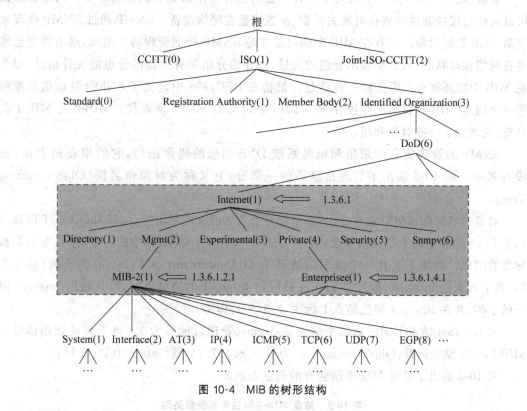

图 10-4 MIB 的树形结构

(2) 陷阱类型:此字段正式名称为 Generic-Trap,可分为 7 种,如表 10-2 所示。

表 10-2 陷阱类型具体意义

陷阱类型	名 字	说 明
0	ColdStart	代理进行了初始化
1	WarmStart	代理进行了重新初始化
2	LinkDown	一个接口的工作状态变为故障状态
3	LinkUp	一个接口从故障状态变为工作状态
4	AuthenticationFailure	从 SNMP 管理进程接收到具有一个无效共同体的报文
5	EgpNeighborLoss	一个 EGP 相邻路由器变为故障状态
6	EnterpriseSpecific	代理自定义的事件,需要用后面的"特征代码"来指明

说明:当使用上述类型 2、3、5 时,在报文后面变量部分的第一个变量应标识相应的接口。

(3) 特定代码(Specific-Code)指明代理自定义的事件,(若陷阱类型为 6)否则为 0。

(4) 时间戳(TimeStamp)指明自代理进程初始化到陷阱报告的事件所经历的时间,单位为 ms。

10.1.5 管理信息库

管理信息库 MIB 是一个网络中所有可能的被管对象的集合的数据结构。网络管理员可以通过直接控制这些数据对象去控制、配置或监控网络设备。SNMP 通过 SNMP 代理来控制 MIB 数据对象。只有在 MIB 中的对象才是 SNMP 所能管理的。例如，路由器应当维持各网络接口状态、入分组和出分组的流量、丢弃的分组和有差错的分组的统计信息，那么在 MIB 中就必须有上面这样一些信息。最初在 RFC1156 中定义了 SNMP 管理信息库的第一个版本 MIB-1，目前已经被在 RFC1213 中定义的 MIB-2 所取代。MIB-2 是 MIB-1 的补充，它增加了一些对象和组。

SNMP 的管理信息库采用和域名系统 DNS 相似的树形结构，它的根在最上面，根没有名字。图 10-4 画出了管理信息库的一部分，它又称为对象命名树（Object Naming Tree）。

对象命名树的顶级对象有 3 个，都是世界上著名的标准制定单位，即 ISO、CCITT（现在已是 ITU-T）和这两个组织的联合体。在 ISO 下面有 4 个结点，其中的一个(标号为 3)是被标志的组织。在其下面有一个美国国防部 DoD（Department of Defense）的子树（标号为 6），再下面就是 Internet（标号为 1）。在只讨论 Internet 中的对象时，可只画出 Internet 以下的子树，并在 Internet 旁边结点上标注{1.3.6.1}即可。

在 Internet 结点下面的第二个结点是 Mgmt（管理），标号为 2。再下面是管理信息库 MIB-2，其对象表示符（Object Identifier）为{1.3.6.1.2.1}，或{internet(1).2.1}。

表 10-3 给出了结点 MIB-2 所包含的信息类别。

表 10-3 结点 MIB-2 所包含的信息类别

类别	标号	所包含的信息
System	(1)	主机或路由器的操作系统
Interfaces	(2)	各网络接口
Address Translation	(3)	地址转换（如 ARP 映射）
IP	(4)	IP 软件
ICMP	(5)	ICMP 软件
TCP	(6)	TCP 软件
UDP	(7)	UDP 软件
EGP	(8)	EGP 软件

MIB 的定义与具体的网络管理协议无关。

图 10-4 所示的对象命名树的大小并没有限制。下面给出若干 MIB 变量的例子，以便更好地理解 MIB 的意义。这里的"变量"是指一个特定对象的一个实例，如表 10-4 所示。

表 10-4 MIB 变量的含义

MIB 变量	所属类型	意义
SysUpTime	System	距上次重启动的时间
IfNumber	Interfaces	网络接口数
IfMtu	Interfaces	特定接口的最大传输单元 MTU
IPDefaultTTL	IP	IP 在生存时间字段中使用的值
IPFormDataGrams	IP	转发的数据报数目
IPRoutingTable	IP	IP 路由表
ICMPInEchos	ICMP	收到 ICMP 回送请求数目
TCPRtoMin	TCP	TCP 允许的最小重传时间
TCPInSegs	TCP	已收到的 TCP 报文段数目
UDPInDatagrams	UDP	已收到的 UDP 数据报数目

上面举例中大多数项目的值可用一个整数来表示。但 MIB 定义了更复杂的数据结构。例如,MIB 变量 IPRoutingTable 则定义了一个完整的路由表。MIB 变量只给出了每个数据项的逻辑定义,而一个路由器使用的内部数据结构可能与 MIB 的定义不同。当一个查询到达路由器时,路由器上的代理软件负责 MIB 变量和路由器用于存储信息的数据结构之间的映射。

值得注意的是,MIB 中的对象{1.3.6.1.4.1},即 Enterprises(企业),其所属结点数已超过 3000。例如,IBM 为{1.3.6.1.4.1.2},Cisco 为{1.3.6.1.4.1.9},Novell 为{1.3.6.1.4.1.23}等。世界上任何一个公司、学校只要用电子邮件发往 iana-mib@isi.edu 进行申请即可获得一个结点名。这样,各厂家就可以定义自己的产品的被管对象名,使它能用 SNMP 进行管理。因此,从理论上讲,全世界所有的连接到 Internet 的设备都可以纳入到 MIB 的数据结构中。

在实际的网络管理中,驻留在被管设备上的 Agent 从 UDP 端口 161 接受来自网络管理站的串行化报文,经解码、共同体名验证、分析得到管理变量在 MIB 树中对应的结点,从相应的模块中得到管理变量的值,再形成响应报文,编码发送回管理站。管理站得到响应报文后,再经同样的处理,最终显示结果。

10.1.6 管理信息结构

管理信息结构(Structure of Management Information,SMI)是 SNMP 的另一个重要组成部分,SMI 标准指明了所有的 MIB 变量必须使用抽象语法记法 1(ASN.1)来定义。ASN.1 有两个主要作用:一个是人们阅读的文档使用的记法,另一个是同一信息在通信协议中使用的紧凑编码表示。这种记法使得数据的含义不存在任何二义性。当网络中的计算机对数据都不使用相同的表示时,采用这种精确的记法就尤其重要。下面结合 SNMP 对 ASN.1 进行简单的介绍。

1. 抽象语法记法 ASN.1 的要点

ASN.1 的词法有如下约定。

(1) 标识符(即值的名或字段名)、数据类型名和模块名由大写或小写字母、数字以及连字符组成。

(2) ASN.1 固有的数据类型全部由大写字母组成。

(3) 用户自定义的数据类型名和模块名的第一个字母用大写,后面至少要有一个非大写字母。

(4) 标识符(Identifier)的第一个字母用小写字母,后面可用数字、连字符以及一些大写字母以增加可读性。

(5) 多个空格或空行都被认为是一个空格。

(6) 注释由两个连字符(--)表示开始,由另外两个连字符或行结束符表示结束。

ASN.1 把数据类型分为简单类型和构造类型两种,表 10-5 所示为 SNMP 所用到的 ASN.1 的部分类型名称及其主要特点。

表 10-5　SNMP 所用到的 ASN.1 的部分类型名称及其主要特点

分类	标　记	类型名称	主　要　特　点
简单类型	UNIVERSAL 2	INTEGER	取整数值数据类型
	UNIVERSAL 4	OCTET STRING	取八位位组序列值的数据类型
	UNIVERSAL 5	NULL	只取空值的数据类型(用于尚未获得数据的情况下)
	UNIVERSAL 6	OBJECT IDENTIFIER	与信息对象相关联的值的集合
构造类型	UNIVERSAL 16	SEQUENCE	取值为多个数据类型的按序组成的值
	UNIVERSAL 16	SEQUENCE-OF	取值为同一数据类型的按序组成的值
	无标记	CHOICE	可选择多个数据类型中的某一个数据类型
	无标记	ANY	可描述事先还不知道的任何类型的任何值

在上表中的第二列是标记(Tab)。ASN.1 规定每一个数据类型应当有一个能够唯一被识别的标记,以便能无二义性地标识各种数据类型。标记有两个分量,一个分量是标记的类(Class),另一个分量是非负整数。标记共划分为以下 4 类(Class)。

(1) 通用类(Universal):由 ASN.1 分配给所定义的最常用的一些数据类型,它与具体的应用无关。表 10-5 中给出的类型都是通用类。

(2) 应用类(Application-wide):与某个特定应用相关联的类型(被其他标准所定义)。

(3) 上下文类(Context-specific):上下文所定义的类型,它属于一个应用的子集。

(4) 专用类(Private):保留为一些厂家所定义的类型,在 ASN.1 标准中未定义。

2. ASN.1 的基本编码规则

ASN.1 规定了对各种数据值都采用所谓的 TLV 方法进行编码。这种方法把各种数据元素表示为以下 3 个字段组成的 8 位位组序列,如图 10-5 所示。

(1) T 字段,即标识符 8 位位组(Identifier Octet),用于标识标记。

(2) L 字段,即长度用 8 位位组(Length Octet),用于标识后面 V 字段的长度。

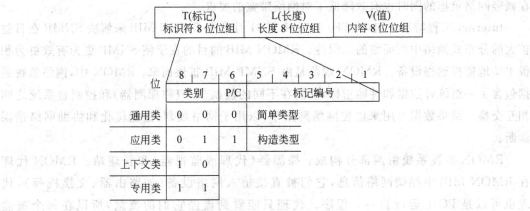

图 10-5 用 TLV 方法进行编码

(3) V 字段，即内容 8 位位组(Content Octet)，用于标识数据元素的值。

T 字段的位 8～7 代表类别，即用 00、01、10 和 11 分别代表通用类、应用类、上下文类和专用类。位 6 是 P/C 位。P/C=0 为简单类型，而 P/C=1 为构造类型。位 1～5 为标记的编号，编号的范围是 0～30。当编号大于 30 时，T 字段就扩展为多个字节。

表示数据元素长度的 L 字段由一个或多个字节组成。当 L 字段仅为一字节时，其位 8 为 0，因而长度指示最多为 126(字节)(127 暂不用，为保留值)。当长度超过 126 时，L 扩展为多个字节。此时第 1 个 L 字节的位 8 置为 1，而位 7～1 表示后续字节的字节数(用二进制整数表示)，位 7 为最高位。这时所有的后续字节并置起来的二进制整数，即为所指示的数据元素的长度。例如，当长度为 133 字节时，L 字段由两个字节组成，其值为 L=1000000110000101。若用十六进制写出时，L=81 85。当写出一串十六进制数字时，常常在每两个数字之间加一个空格，以改进可读性。TLV 方法中的 V 字段可嵌套其他数据元素的(T, L, V)字段，并可多重嵌套。

10.1.7 RMON 管理

远程网络监视(Remote Monitoring, RMON)是对 SNMP 最重要的增强，它是 Internet 管理上的一个巨大进步。利用 RMON，可以更有效地降低对网络带宽的要求，实现网络数据的增值分析，减轻网管站和网络的负担。

在 RMON 出现以前，网络管理中的性能告警是这样产生的：设备端提供一定周期的统计数据，网管端定时取得这些数据，数据在网管端经过计算或直接与其门限进行比较，当超过门限时则由网管端产生告警。这种方法有很大的缺陷，尤其是当网络设备、统计项很多时，网管采集的数据会产生很大的网络流量，影响网络的正常运行。即使流量不是很大，在网络正常的情况下，网管采集的大部分数据是属于正常数据，这部分数据用户可能并不关心，这样就造成了网络流量的浪费。RMON 正是在这样的背景下提出的，它的原理是把一部分原来在网管端实现的功能放到设备上去进行，例如由网管端配置设备 Agent 统计和计算某一个或几个监视对象的值，然后将这些值与设定的门限进行比较。只有当统计值超过门限时，设备端才会向网管端发出告警。显然，这种方法避免了网络上许多不必要的流量，在减轻网络负担的同时也有效降低了对网络带宽的要求。

Internet 工程特别小组（IETF）于 1991 年 11 月公布 RMON MIB 来解决 SNMP 在日益扩大的分布式网络中所面临的局限性。RMON MIB 的目的在于使 SNMP 更为有效更为积极主动地监控远程设备。RMON 规范是由 SNMP MIB 扩展而来。RMON 中，网络监视数据包含了一组统计数据和性能指标，它们在不同的监视器（或称探测器）和控制台系统之间相互交换。结果数据可用来监控网络利用率，以用于网络规划、性能优化和协助网络错误诊断。

RMON 监视系统由两部分构成：探测器（代理或监视器）和管理站。RMON 代理在 RMON MIB 中存储网络信息，它们被直接植入网络设备（如路由器、交换机等），代理也可以是 PC 上运行的一个程序。代理只能看到流经它们的流量，所以在每个被监控的 LAN 段或 WAN 链接点都要设置 RMON 代理，网管工作站用 SNMP 获取 RMON 数据信息。

RMON MIB 有不少变种。例如，令牌网 RMON MIB 提供了针对令牌网网络管理的对象。SMON MIB 是由 RMON 扩展而来，主要用来为交换网络提供 RMON 分析。

当前 RMON 有两种版本：RMON v1 和 RMON v2。RMON v1 在目前使用较为广泛的网络硬件中都能发现，它定义了 9 个 MIB 组服务于基本网络监控；RMON v2 是 RMON 的扩展，专注于 MAC 层以上较高的流量层，主要强调 IP 流量和应用程序层流量。RMON v2 允许网络管理应用程序监控所有网络层的信息包，这与 RMON v1 不同，后者只允许监控 MAC 及其以下层的信息包。

RMON v2 标准能将网管员对网络的监控层次提高到网络协议栈的应用层。因而，除了能监控网络通信与容量外，RMON v2 还提供有关各应用所使用的网络带宽量的信息，这是在客户机/服务器环境中进行故障排除的重要因素。

RMON v1 在网络中查找物理故障，RMON v2 进行的则是更高层次的观察。它监控实际的网络使用模式。RMON 探测器观察的是由一个路由器流向另一个路由器的数据包，而 RNOM v2 则深入到内部，它观察的是哪一个服务器发送数据包，哪一个用户预定要接受这一数据包，这一数据包表示何种应用。网管员能够使用这种信息，按照应用带宽和响应时间要求来区分用户，就像过去他们使用网络地址生成工作组一样。

RMON v2 没有取代 RMON v1，而是它的补充技术。RMON v2 在 RMON v1 标准基础上提供一种新层次的诊断和监控功能。事实上，RMON v2 能够监控执行 RMON v1 标准的设备所发出的意外事件报警信号。

在客户机/服务器网络中，安放妥当的 RMON v2 探测器能够观察整个网络中的应用层对话。最好将 RMON v2 探测器放在数据中心或工作组交换机或服务器集群中的高性能服务器之中。原因很简单，因为大部分应用层通信都经过这些地方。物理故障最可能出现在工作组层，实际上用户是从这里接入网络的。因而目前布置在工作组位置的 RMON v1 最为有用，且使用起来最为经济有效。

表 10-6 显示了 RMON v2 如何能够对现有的 RMON v1 管理解决方案进行补充，并从多个角度来解决一系列网络管理问题。

表 10-6 RMON 和 RMON Ⅱ 的比较

网络管理问题	相关 OSI 层	管理标准
物理故障与利用	介质访问控制层（MAC）	RMON v1
局域网网段	数据链路层	RMON v1
网络互联	网络层	RMON v2
应用程序的使用	应用层	RMON v2

10.2 实验

10.2.1 实验环境及分组

（1）Quidway26 系列路由器 2 台，S3526 以太网交换机 2 台，Optiview 分布式网络综合协议分析仪 1 台，PC 4 台，标准网线 6 根。

（2）每组 4 名同学，各操作 1 台 PC 协同进行实验。

10.2.2 实验组网

图 10-6 所示为实验组网图。

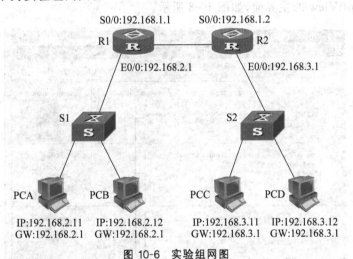

图 10-6 实验组网图

10.2.3 实验步骤

① 按照图 10-6 连接好各设备，正确配置各 IP 地址和网关。

② 在交换机和路由器上配置 SNMP 代理程序，并打开设备。参考配置命令如下：

```
[Router]snmp-agent
[Router]snmp sys-info version v1
[Router]snmp community write private
[Router]snmp community read public
```

③ 在各 PC 的 Windows 环境下选择"开始"→"程序"→Fluke Networks→OptiView 菜单项,启动 OptiView Analyzer Remote,将会显示如图 10-7 所示的界面。所有在本地广播域内的 INA 和 WGA 都会被列出,单击有关设备即可。每台 INA 都可支持多达 7 个远程接入连接。

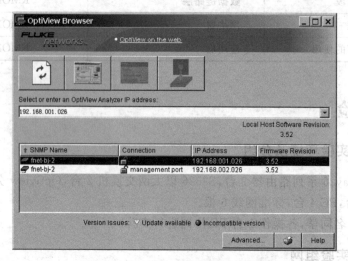

图 10-7 OptiView 的主界面连接界面

④ 进入 OptiView 的主界面,如图 10-8 所示。

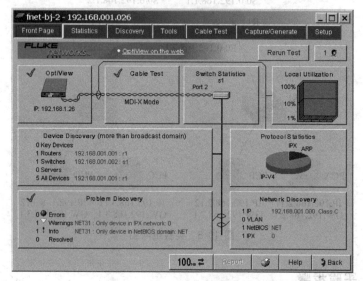

图 10-8 OptiView 的主界面

安全选项中 SNMP Community Strings 的配置如图 10-9 所示。

⑤ 在 Device Discovery 中,显示如图 10-10 所示的界面,即利用网管功能发现了两个互连设备:一个路由器和一个交换机,并且有 3 个 SNMP Agent,表明网络状况发现操作成功。

⑥ 单击界面中 Switch Statistics 按钮,或者单击界面顶部 Tools 工具按钮,进入如图 10-11 所示界面,在 Device 下拉列表框选择需要查看的交换机。

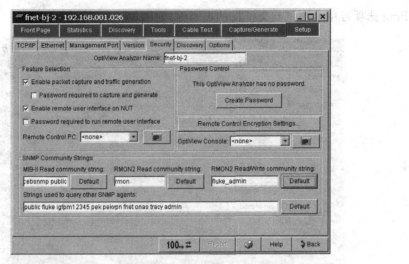

图 10-9 SNMP Community Strings 的配置

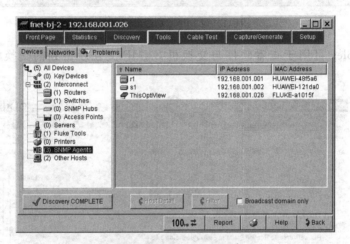

图 10-10 SNMP Agents 示意图

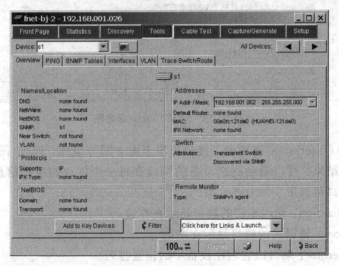

图 10-11 交换机选择图

· 103 ·

Ping 选项可用于测试与交换机的连通性，如图 10-12 所示。

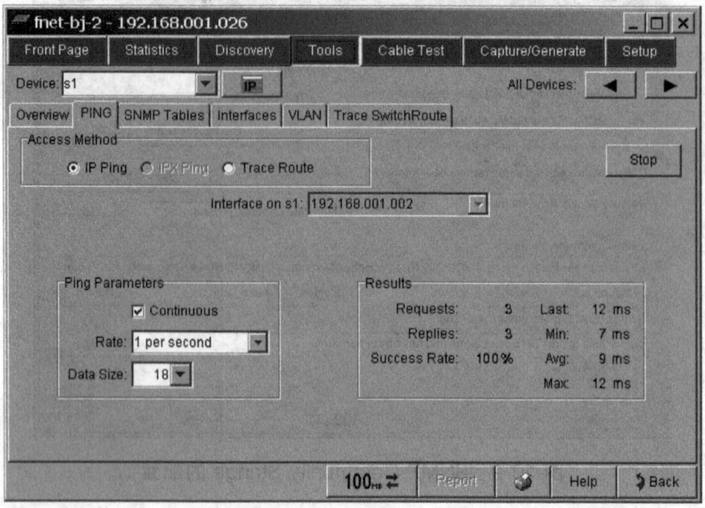

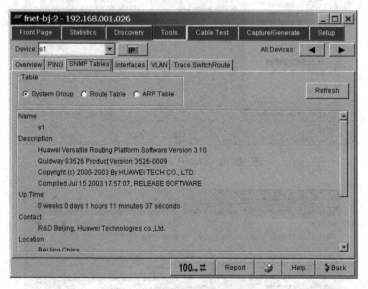

图 10-12 Ping 命令示意图

SNMP Tables 可用于查看软件与交换机 SNMP 交互后得到的交换机网管信息，如图 10-13 所示。

图 10-13 SNMP Table 示意图

⑦ 选择接口(Interfaces)选项卡。接口选项卡由 3 部分组成：列表，图形和 WAN。此处使用的是图形结果。可以看到所选设备的端口和每一个端口的统计信息，如图 10-14 所示。设备上的端口可以用 3 种方式分类。

- Avg Utilization：利用率高的端口显示在左边。
- Avg Errors：错误多的端口显示在左边。
- Port/Interface：端口以它们在设备中的位置排列。

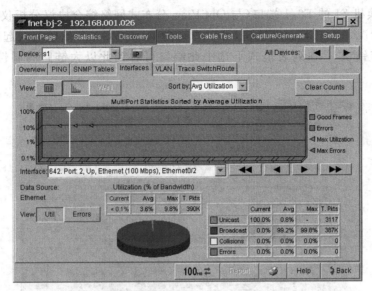

图 10-14 端口统计信息示意图

如果选中某一端口时出现了 History Study 图标,这说明该端口开启了 RMON 功能。单击 History Study 图标进入统计/利用率选项卡,将 OPV 指向所选设备并选择与接口选项卡中相同的接口。

⑧ 在接口选项卡的列表模式下,Tabular View 显示所选设备上每一个端口的详细信息。

选中一个端口,所有接入该端口的设备都会在右侧屏幕中显示出来,如图 10-15 所示。

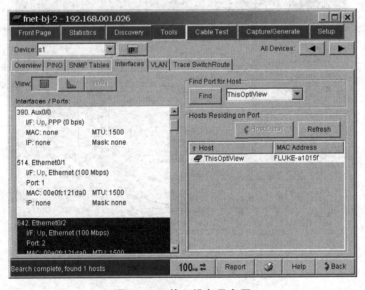

图 10-15 接入设备示意图

如果不知道设备所接入的端口,可以通过查询主机端口的下拉列表框选择设备。选中了主机,与其相连的端口会在屏幕左侧显示出来。

⑨ 在交换机 S1 的 E0/1 端口（与 OptiView 分布式网络综合协议分析仪相连的接口）上查看流量状况。单击 Errors 按钮,可以看到自 INA/WGA 开始监测时起的 E0/1 端口所发现的所有错误。在列表模式下选中此端口可看到此以太链路的属性,如图 10-16 所示。

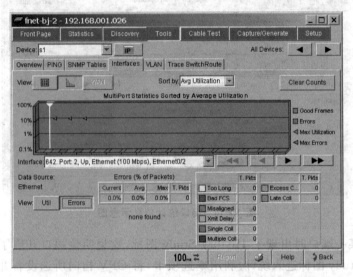

图 10-16　以太链路属性图

⑩ 为了看到端口不同流量下的状况,利用 OptiView 分布式网络综合协议分析仪的流量产生功能产生流量,如图 10-17 所示。

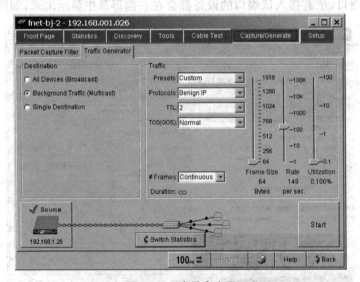

图 10-17　流量产生图

⑪ 以下就可看到不同流量下交换机端口的状况,如图 10-18 和图 10-19 所示。

⑫ Trace Switchroute 会搜索在交换式网络中两个设备间数据包的传输路径。如果设备开启了 SNMP,通过 Trace Switchroute 还可以显示所使用的端口。

⑬ 此时可用 Ethereal 软件截包进行分析,查看有何种报文在交互网管信息以及如何交

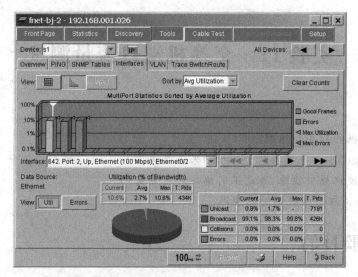

图 10-18 不同流量下交换机端口的状况图（1）

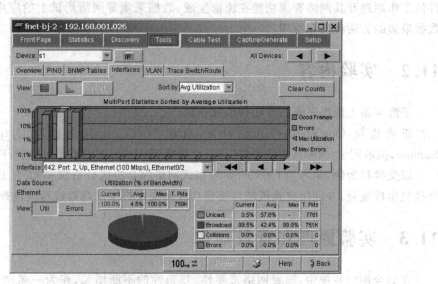

图 10-19 不同流量下交换机端口的状况图（2）

互网管信息，请结合 SNMP、MIB、RMON 等知识简要分析其过程，并确定分别有哪些报文参与。

10.3 实验总结

  通过实验，了解了 Fluke Networks 公司的 OptiView 分布式网络综合协议分析仪、OPV 远程控制软件的配置使用及其网络管理功能在网络测试上的应用。初步了解和体会了 SNMP 协议、MIB 库及 RMON 等网络管理功能在网络测试上的作用和意义。

实验 11　交换机端口流量测试

实验内容
① 采集数据的种类和原理。
② 利用 OptiView 从交换机(Switch)采集数据。
③ 配置交换机端口镜像,查看不同端口的流量变化。
④ OptiView 在采集数据时的应用。

11.1　实验目的

掌握 Fluke Networks 公司的 OptiView 分布式网络综合协议分析仪、OPV 远程控制软件的工作原理及其网络管理功能在流量生成、数据采集等网络测试上的应用。了解网络上数据采集的方法种类和原理。

11.2　实验内容

了解网络上数据采集的方法种类和原理。

正确连接 OptiView 与其他设备,启动 OptiView 控制软件 OptiView Analyzer Remote,抓取网卡(NIC)、集线器(Hub)、交换机(Switch)上的数据包,进行网络测试。

以交换机为例,学习用 OptiView 分布式网络综合协议分析仪和 OPV 远程控制软件对交换机生成流量,并利用交换机端口镜像功能对交换机不同端口进行流量查看。

11.3　实验原理和背景知识

在如今网络系统中,随着网络重要性、复杂性的不断增长,作为一名网络工程师、监测者、分析者或者是网络性能的评估者,这些角色对计算机网络技术的成功是至关重要的。为了更好地完成工作,需要透视整个网络,识别关键的性能问题——从应用的响应时间到带宽的瓶颈以至于识别网络每一层所出现的问题。在每天的工作中,常常会着眼于未来,用新的技术和应用扩展网络。以太网的数据传输是基于"共享"原理的:所有的同一本地网范围内的计算机共同接收到相同的数据包。这意味着计算机直接的通信都是透明可见的。正是因为这样的原因,以太网卡都构造了硬件的"过滤器"。这个过滤器将忽略掉一切和自己无关的网络信息。事实上是忽略掉了与自身 MAC 地址不符合的信息。网卡也叫"网络适配器",英文全称为 Network Interface Card,简称 NIC。网卡是局域网中最基本的部件之一,它是连接计算机与网络的硬件设备。无论是双绞线连接、同轴电缆连接还是光纤连接,都必须借助于网卡才能实现数据的通信。网卡的主要工作原理是整理计算机上发往网线上的数据,并将数据分解为适当大小的数据包之后向网络上发送出去。对于网卡而言,每块网卡都有一个唯一的网络结点地址,它是网卡生产厂家在生产时烧入 ROM(只读存储芯片)中的,我们把它叫做 MAC 地址(物理地址)。日常使用的网卡都是以太网网卡。目前网卡按其传输速度来分可分为 10Mbps 网卡、10/100Mbps 自适应网卡以及千兆(1000Mbps)网卡。如果只是作为一般用途,如日常办公等,比较适合使用 10Mbps 网卡和 10/100Mbps 自适应网卡两种。

集线器(Hub)在 OSI 模型中属于数据链路层。价格便宜是它最大的优势,但由于集线器属于共享型设备,导致了在繁重的网络中,效率变得十分低下,所以我们在中、大型的网络中看不到集线器的身影。如今的集线器普遍采用全双工模式,市场上常见的集线器传输速率普遍都为 100Mbps。共享型集线器最大的特点就是采用共享型模式,就是指在由一个端口向另一个端口发送数据时,其他端口就处于"等待"状态。我们可以理解为集线器内部只有一条通道(即公共通道),然后在公共通道下方就连接着所有端口。集线器在发送数据给下层设备时,不分原数据来自何处,将所得数据发给每一个端口,如果其中有端口需要源数据,就会处于接收状态,而不需要的端口就处于拒绝状态。

交换机(Switch)是所有计算机网络,包括统一 IP 网络的核心。它们可以是将组件连接到网络,为将一个数据单元发送到下一目的地选择路径的简单设备,也可像路由器一样为数据单元选择路由和网络传输点。交换机提供了出色的容量和速度,可用于连接网络,方便地传输低带宽和高带宽数据。交换机在统一网络上提供了多种高级服务和应用,节省了构建和维护多个网络的成本。以前通常使用的集线器(Hub)采用共享原理,也就是网络中所有机器共享一条数据通道,因此网络中任何机器的数据,其他机器都可以得到。但是交换机采用交换方式来传输数据,这样一台机器就无法得到与其无关的网络数据了。随着网络监控的需要日益强烈,交换机的厂商为了允许网络管理人员在 Switch 环境下仍然可以得到其他任何一台机器的网络数据,采用了端口镜像技术(Port Mirroring)。该技术的基本原理就是网络管理员指定一个特殊端口,交换机就会把所有的网络数据都向该端口复制一份。这样在该端口上的机器就和以前一样,能够得到任何数据了。现在大多数 Switch 产品都支持此项技术。

11.4 实验步骤

11.4.1 实验环境及分组

(1) Quidway26 系列路由器 2 台,S3526 以太网交换机 2 台,PC 4 台,标准网线 6 根。
(2) 每组 4 名同学,各操作 1 台 PC 协同进行实验。

11.4.2 实验组网

实验组网图参考实验 10 中图 10-6。

11.4.3 实验步骤

① 按照实验组网图连接好各设备,正确配置各 IP 地址和网关。
② 在交换机或路由器上配置 SNMP 代理程序,并打开设备。参考配置命令如下:

```
[Router]snmp-agent
[Router]snmp sys-info version v1
[Router]snmp community write private
[Router]snmp community read public
```

③ 启动 OptiView 分布式网络综合协议分析仪。启动程序控制软件 OptiView Analyzer Remote，如图 11-1 所示。软件刷新后将会显示如图 11-2 所示的界面。所有在本地广播域内的 INA 和 WGA 都会被列出，单击有关设备即可。每台 INA 都可支持多达 7 个远程接入连接。

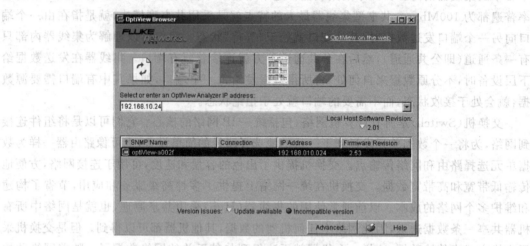

图 11-1 OPV Remote 启动图

单击选中设备，进入该设备的配置主界面，如图 10-2 所示。

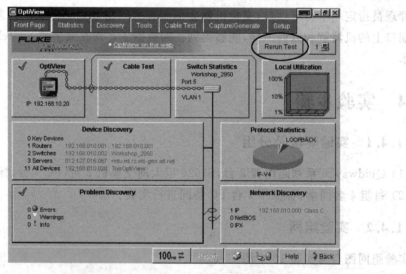

图 11-2 OPV Remote 配置主界面

在此界面中，可单击在顶部的多种工具按钮，也可以单击屏幕上相关功能的区域。这里，选择 Setup 选项卡。配置安全选项（Security）中 SNMP Community Strings，如图 11-3

所示。

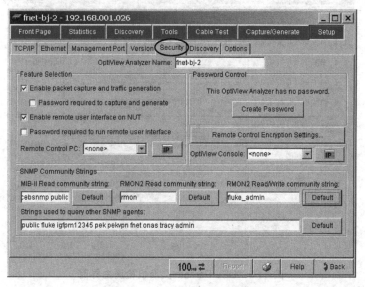

图 11-3 OPV Remote 安全主界面

④ 选择 Discovery 选项卡查看所有连接的设备，如图 11-4 所示。发现了两个互连设备：一个路由器和一个交换机，并且有 3 个 SNMP Agents，表明网络状况发现成功。

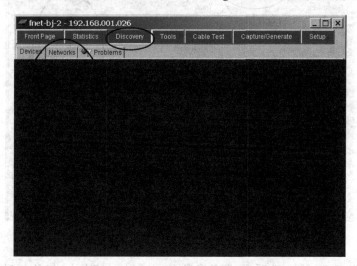

图 11-4 OPV Remote 设备主界面

⑤ 在交换机 S1 的 E0/2 端口（与 OptiView 分布式网络综合协议分析仪相连的接口）和 E0/24 端口（与路由器相连的接口）上查看流量状况，可以看到当前两个接口的流量情况都几乎为零。单击 Errors 图标，可以看到自 INA/WGA 开始监测时起的 E0/1 端口所发现的所有错误，如图 11-5 所示。在列表模式下选中此端口可看到此以太链路的属性。

⑥ 利用 OptiView 分布式网络综合协议分析仪的流量产生功能，可以看到各端口产生不同流量。单击 Capture/Generate，可看到如图 11-6 所示的 OPV Remote 流量产生主界面。

· 111 ·

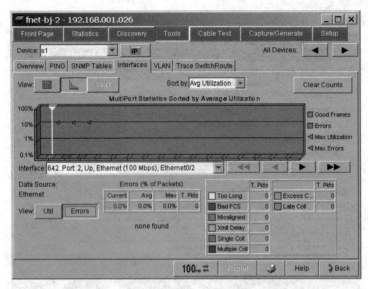

图 11-5　OPV Remote 交换机检测主界面

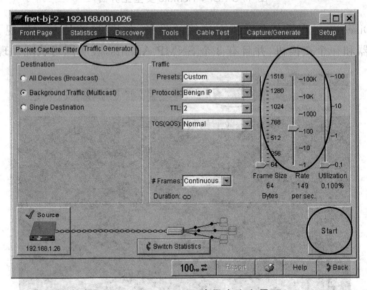

图 11-6　OPV Remote 流量产生主界面

进入 Traffic Generator 选项卡,调整参数 Frame Size(帧大小)与 Rate(传输速率),单击 Start 按钮开始传输。

⑦ 进入 Tools 选项卡,如图 11-7 所示,调整 Device 为交换机,选中 Interfaces 选项卡可查看交换机流量,可以改变数据包产生参数来观察,如图 11-7 所示。可以发现,E0/2 端口(与 OptiView 分布式网络综合协议分析仪相连的接口)的流量情况随⑥所产生的流量大小而变化。

⑧ 保持数据包发送情况不变,将连接 Optiview 分析仪的端口镜像到交换机上连接路由器的端口。即在 S1 上配置端口镜像,将 E0/2 端口镜像到 E0/24,命令如下:

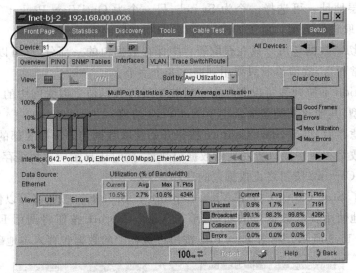

图 11-7　OPV Remote 常用工具主界面

[S1]acl number 200
[S1-acl-link-200]rule permit ingress inter e0/2
[S1-acl-link-200]quit
[S1]mirrored-to link-group 200 interface e0/24

⑨ 查看此时的 E0/24 端口流量情况，可看到什么变化？并说明原因。

⑩ 调整⑥的流量发生大小，观察交换机 E0/24 端口的流量有什么变化。

⑪ 选中 Capture/Generate 选项卡，进入 Packet Capture Filter 选项卡，如图 11-8 所示。通过选择在屏幕左侧的协议类型和下拉列表框中的设备可以改变过滤器的参数。

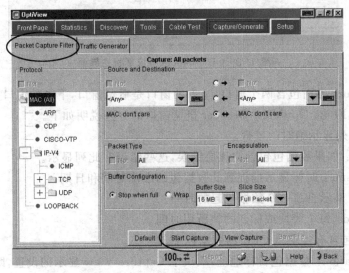

图 11-8　OPV Remote 包过滤主界面

Source and Destination 下拉列表框可以用于生成特定的过滤器。如果左侧的协议类型是数据链路协议，会使用所选设备的 MAC 地址。如果协议类型是网络层协议，会使用所选设备的网络层地址。可选择一个为 Switch,另一个为 OptiView Packet Type 下拉列表框,用于选择获取包的类型。由于 OPV 可以获取物理层的错误。

Slice Size 切割数据包可以只在获取缓存中保存数据包的一部分,这可以增加获取数据包的数量。通常而言,故障诊断只要用到前 128 个字节。

Encapsulation 下拉列表可以获取指定封装类型的数据包。以太网中的 IP 流量一般是 Ethernet Ⅱ 类型,其他封装类型通常用于 NetWare 协议。

设置好过滤器后,单击 Start Capture 按钮开始获取数据包。屏幕底部的状态会显示获取到的数据包数量和网络接口所发现的数据包数量,同时还显示所占用缓存空间的百分比。

单击 Stop Capture 按钮终止数据包的获取。

一旦单击了 Stop Capture 按钮,View Capture 和 Save File 按钮将可以使用。

如果在本地使用获取数据包的功能,单击 View Capture 按钮将调用 Fluke OptiView 解码窗口,如图 11-9 所示。单击 Save File 按钮将缓存中的数据包存入本地磁盘中。

图 11-9　OPV Remote 协议解析主界面

View Capture 界面包含两个窗口,上方的窗口是概览窗口,下方的窗口是细节窗口。

图 11-9 中,Fluke OptiView Decoder 概览窗口的一些说明如下。

(1) ID:此列显示绝对的帧数。

(2) Status:如果数据包包含物理层错误,这些错误在此列显示。

(3) Abs Time:时标显示捕捉到此数据包的准确时间和日期。

(4) Delta:显示自前一个数据包起的时间。

(5) Elapsed:每个模块或标记的帧所用时间。

(6) Size:包含有 4 字节 CRC 的数据包字节大小。

(7) Destination:数据包目标地址,取决于 Capture View 显示的设置,既可以是数据链路层地址,也可以是网络层地址。

(8) Source:数据包源地址,取决于 Capture View 显示的设置,既可以是数据链路层地址,也可以是网络层地址。

(9) Cumulative Bytes：每个模块或是标记的帧的所有数据包长度。

(10) Throughput：此列等于 Cumulative Bytes 数除以 Elapsed 时间值，结果是平均的数据流量。

(11) Summary：显示数据包概况的一行内容。所显示的概况层受 Capture View 显示面板的控制。

通过显示选项窗口更改显示列，重置所需时间，或是选择最高层的解码。

11.4.4 实验总结

通过实验，了解了网络上数据采集的方法种类和原理，了解了 OptiView 分布式网络综合协议分析仪及其 OPV 远程控制软件的网络管理功能在流量生成、数据采集等网络测试上的应用。OptiView 工具可查看连接到其上的相关网络设备的详细信息，可以容易地对设备进行实时监察，监控网络上的信息传输，对网络的排错和日常维护提供了方便性。

实验 12 交换机端口长期流量测试

实验内容
① OPV(OptiView Console Viewer)软件的使用。
② 网络文档备案基准测试的内容和意义。
③ 使用监测控制台软件生成交换机端口长期流量趋势报告。

12.1 实验目的

了解和使用 Fluke Networks 公司的 OPV(OptiView Console Viewer)软件在网络文档备案基准测试方面的功能。利用该软件对网络中的设备进行长期的检测,并生成各种报告,以用于网络维护。了解网络文档备案基准测试的内容和意义。

12.2 实验内容

学习理解网络文档备案基准测试的内容和意义,学习对 OPV 软件进行设置,从而对网络进行长期监控。以交换机为例,学习用 OPV 软件生成交换机端口长期流量趋势报告,了解网络状况以用于网络的维护。

12.3 实验原理和背景知识

12.3.1 Fluke Networks 公司的 OPV 软件概述

监测控制台软件增强了用户的透视能力。即时查找网络上的每台设备——显示配置信息、速度、类型、MTU、插槽和端口,24 小时持续监测。监测控制台软件监视每一个结点、服务器、交换机、路由器和打印机,以确保每个部分都能正常工作。图 12-1 所示为监测控制台软件的运行界面。

监测控制台软件是一款功能强大的网络监测、故障诊断和数据分析解决方案软件。它专门为交换以太局域网设计,可以动态监测和诊断 TCP/IP、IPX、NetBIOS 网络环境下的故障。它可以迅速识别问题是出在服务器、客户端、交换机、路由器还是打印机上,并生成详细的测试报告。该报告将显示局域网中所有设备以及它们所提供的服务,同时提供一系列工具和报告用于数据分析。

监测控制台软件同时具备强大的文档备案功能,无论用户需要带详细配置信息的设备报告还是快速创建网络精确的拓扑图,它都可以提供快速、自动的文档来满足需求。OPV 5.0 版本中的新功能可以自定制测试报告,加入公司的 JPEG 或 BMP 格式的 LOGO。

自动绘制的网络拓扑图如图 12-2 所示。

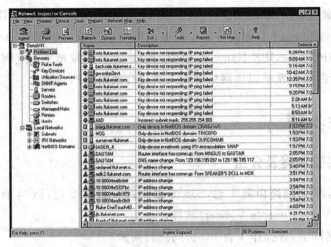

图 12-1　监测控制台软件运行界面

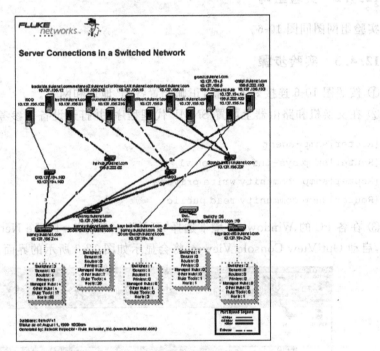

图 12-2　自动绘制的网络拓扑图

12.3.2　网络文档备案测试

在网络管理和维护过程中建立完整的网络文档备案,对了解网络情况、加速故障诊断过程、预防网络故障的发生都具有重大的意义。通过网络文档备案测试,帮助用户建立规范的网络布线标识,设计网络设备命名规范,绘制网络功能方框图,提供所有活动网络设备的名称对照列表(NetBIOS、IP、IPX、MAC 名称)。

网络文档备案测试的内容包括:建立规范的网络布线标识,设计网络结点命名规范,绘制网络功能方框图或网络拓扑图。

网络文档备案测试从 NetBIOS 解析（NetBIOS Inventory）、IP 解析（IP Inventory）以及 IPX 解析（IPX Inventory）3 个方面给出了完整的网络上所有活动站点的名称对照表（包括 NetBIOS Name、IP Name、IPX Name 和 MAC Address），以及每个站点所配置的协议、提供的 IP 服务及运行的操作系统以供网络管理人员进行网络文档备案。

12.4 实验步骤

12.4.1 实验环境及分组

（1）Quidway26 系列路由器 1 台，S3526 以太网交换机 2 台，PC 4 台，标准网线 6 根，Fluke OPV（OptiView Console Viewer）软件。

（2）每组 4 名同学，各操作 1 台 PC 协同进行实验。

12.4.2 实验组网

实验组网图同图 10-6。

12.4.3 实验步骤

① 按照图 10-6 连接好各设备，正确配置各 IP 地址和网关。
② 在交换机和路由器上配置 SNMP 代理程序，并打开设备。参考配置命令如下。

```
[Router]snmp-agent
[Router]snmp sys-info version v1
[Router]snmp community write private
[Router]snmp community read public
```

③ 在各 PC 的 Windows 环境下选择"开始"→"程序"→Fluke Networks→OptiView 菜单项，启动 OptiView Console Viewer，将会显示如图 12-3 所示的界面。

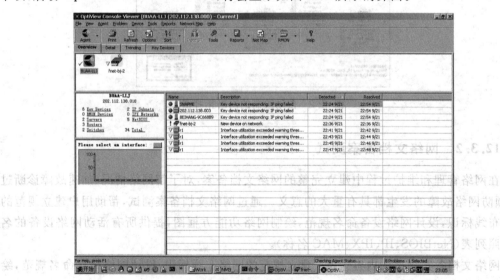

图 12-3 OPV 主界面

④ 选择 View→Agents→Configure Local Agent 菜单项,如图 12-4 所示。

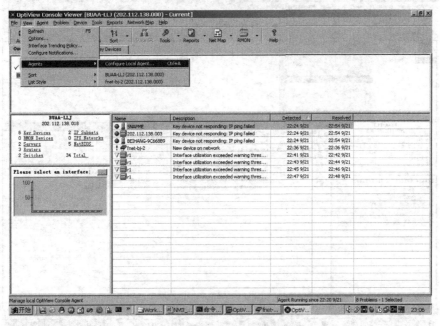

图 12-4　启动 Local Agent

确认所有的服务都已启动,如图 12-5 所示。

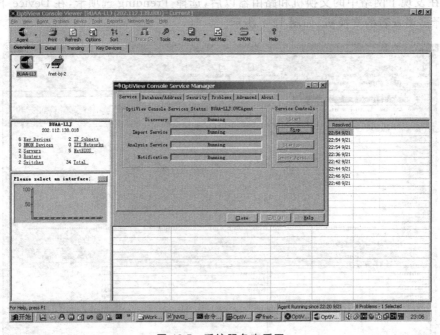

图 12-5　系统服务查看图

⑤ 选择 Device→Re-discover All 菜单项,如图 12-6 所示,重新发现网络中的所有设备。

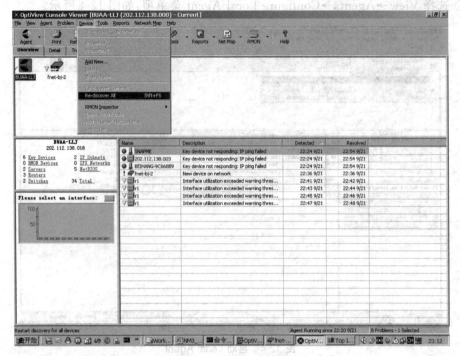

图 12-6 发现设备图

⑥ 在发现了网络中的交换机和路由器以后,选择 Trending 选项卡,在 Device 下拉列表框中选择需要查看的交换机,如图 12-7 所示。

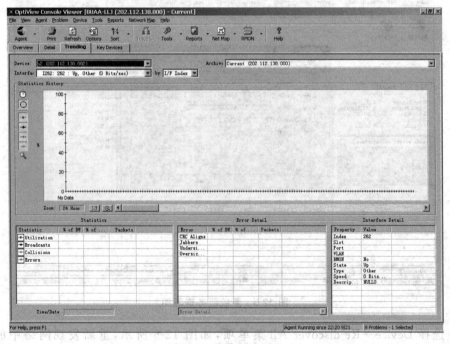

图 12-7 交换机查看图

然后在工具栏 Reports 按钮下选择产生不同的文档备案报告,如图 12-8 所示。

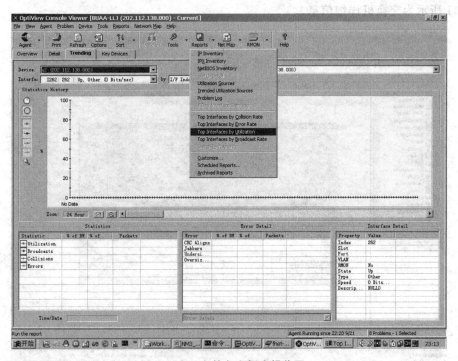

图 12-8 文档备案报告操作图

⑦ 或者在发现了网络中的交换机和路由器以后,单击其 Detail 标签,如图 12-9 所示,在左侧的下拉列表中选择需要查看的交换机。

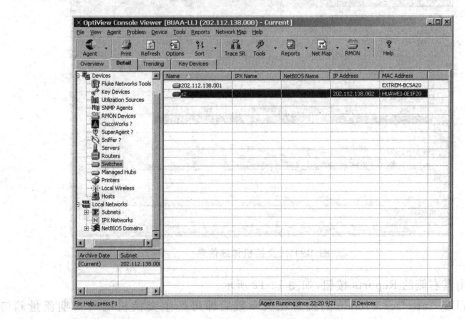

图 12-9 交换机选择图

· 121 ·

双击 S2,可以看到交换机 S2 的所有相关信息,图 12-10 所示为交换机 IP 信息图,图 12-11 所示为交换机详细信息。

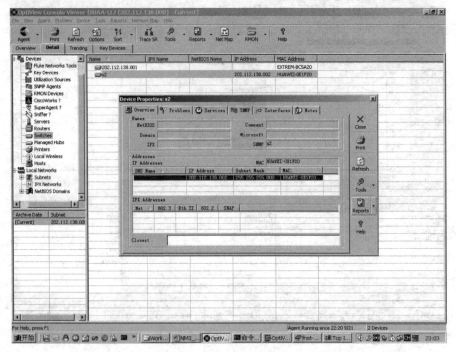

图 12-10 交换机 IP 信息图

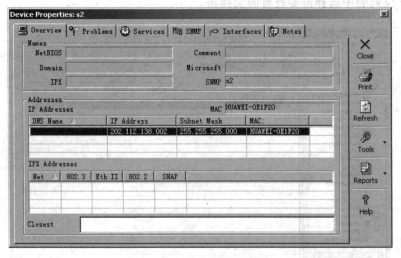

图 12-11 交换机详细信息

⑧ 单击其右侧的 Reports 按钮,如图 12-12 所示。

选择 7Day Interface Trending,设置相关参数后即可产生交换机端口长期流量趋势报告,不过这个需要长期地监视交换机的流量。图 12-13 所示是交换机端口流量监测生成图。

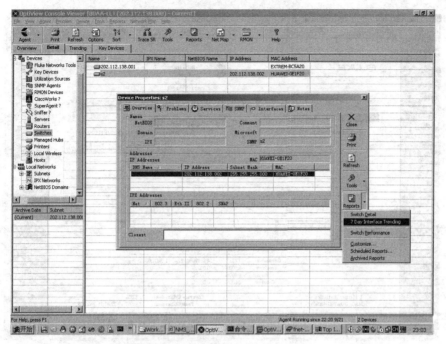

图 12-12　交换机流量监测生成图

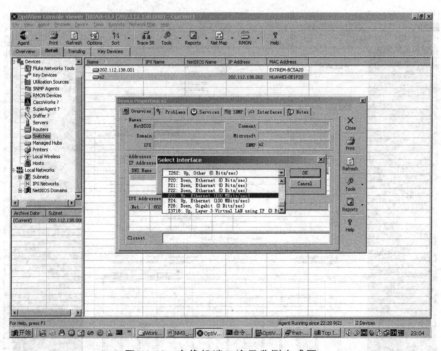

图 12-13　交换机端口流量监测生成图

图 12-14、图 12-15、图 12-16 和图 12-17 所示均为交换机端口流量监测报告。

⑨ 为了产生更明显的流量,可以使用上几节所使用的 OptiView Analyzer Remote 来产生流量,如图 12-18、图 12-19、图 12-20 和图 12-21 所示。

· 123 ·

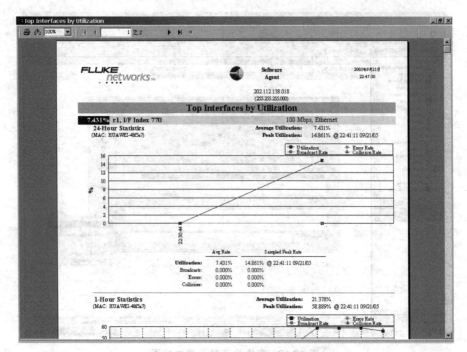

图 12-14 交换机端口流量监测报告（1）

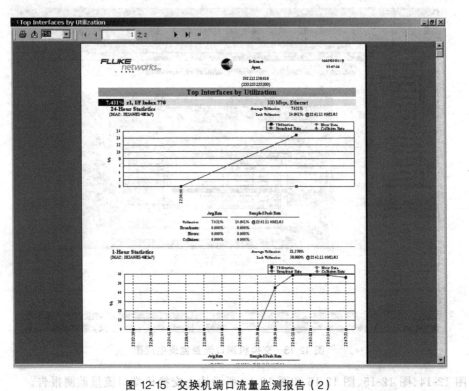

图 12-15 交换机端口流量监测报告（2）

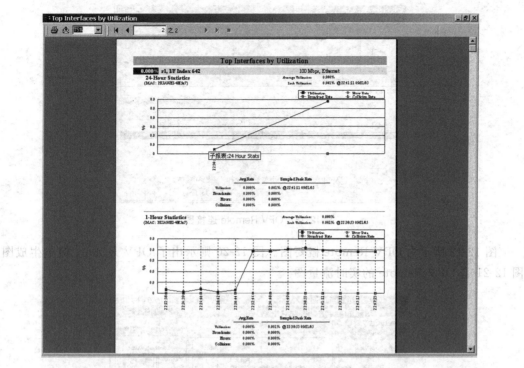

图 12-16 交换机端口流量检测报告（3）

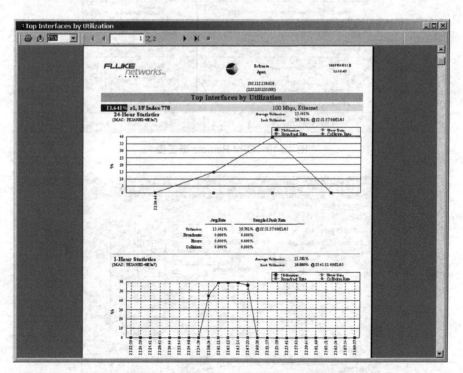

图 12-17 交换机端口流量监测报告（4）

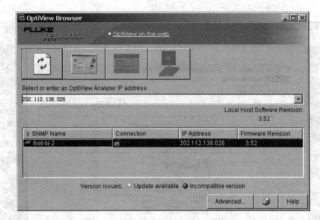

图 12-18　OPV Remote 连接图

图 12-19 所示为 OPV Remote 概要图。图 12-20 则示出了 OPV Remote 流量生成图。图 12-21 是 OPV Remote 的实时流量图。

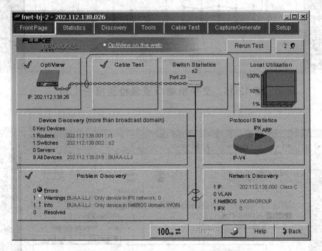

图 12-19　OPV Remote 概要图

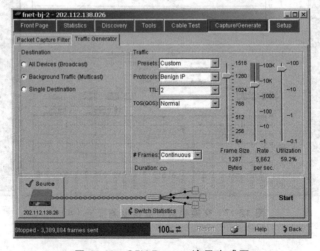

图 12-20　OPV Remote 流量生成图

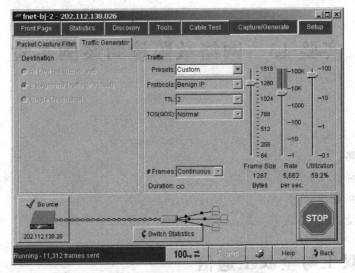

图 12-21　OPV Remote 实时流量图

12.5　实验总结

通过实验,初步了解了 OPV(OptiView Console Viewer)软件的基本功能,了解和体会了网络文档备案基准测试的内容和意义。

实验 13 网络故障诊断案例实验

实验内容
① 全双工/半双工。
② 路由环路。
③ 端口扫描原理。
④ 计算机病毒。
⑤ 网络流量。

13.1 半双工与全双工通信

13.1.1 实验目的

(1) 了解半双工、全双工原理。
(2) 了解半双工与全双工通信时的故障与检测。

13.1.2 实验内容

将通信的两端分别设置为半双工与全双工,通过观察其通信时所截获的报文,分析其所产生的故障,从而进一步加深对半双工与全双工的理解。

13.1.3 实验原理

在串行通信中,数据通常是在两个站(如终端和微机)之间进行传送,按照数据流的方向可分成 3 种基本的传送方式:全双工、半双工和单工。但单工目前已很少采用,下面仅介绍前两种方式。

1. 全双工方式(Full Duplex)

当数据的发送和接收分流分别由两根不同的传输线传送时,通信双方都能在同一时刻进行发送和接收操作,这样的传送方式就是全双工方式。在全双工方式下,通信系统的每一端都设置了发送器和接收器,因此,能控制数据同时在两个方向上传送。全双工方式无须进行方向的切换,因此,没有切换操作所产生的时间延迟,这对那些不能有时间延误的交互式应用(例如远程监测和控制系统)十分有利。这种方式要求通信双方均有发送器和接收器,同时,需要 2 根数据线传送数据信号(可能还需要控制线、状态线以及地线)。

比如,计算机主机用串行接口连接显示终端,而显示终端带有键盘。这样,一方面键盘上输入的字符送到主机内存;另一方面,主机内存的信息可以送到屏幕显示。通常,在键盘上按 1 个字符键以后,先不显示,计算机主机收到字符后,立即回送到终端,然后终端再把这个字符显示出来。这样,前一个字符的回送过程和后一个字符的输入过程是同时进行的,即工作于全双工方式。

2. 半双工方式（Half Duplex）

若使用同一根传输线既作接收又作发送，虽然数据可以在两个方向上传送，但通信双方不能同时收发数据，这样的传送方式就是半双工方式。采用半双工方式时，通信系统每一端的发送器和接收器，通过收发开关转接到通信线上，进行方向的切换，因此，会产生时间延迟。收发开关实际上是由软件控制的电子开关。

当计算机主机用串行接口连接显示终端时，在半双工方式中，输入过程和输出过程使用同一通路。有些计算机和显示终端之间采用半双工方式工作，这时，从键盘输入的字符在发送到主机的同时就被送到终端上显示出来，而不是用回送的办法，所以避免了接收过程和发送过程同时进行的情况。

目前多数终端和串行接口都为半双工方式提供了换向能力，也为全双工方式提供了两条独立的引脚。在实际使用时，一般并不需要通信双方同时既发送又接收。像打印机这类的单向传送设备，半双工甚至单工就能胜任，也无须倒向。

13.1.4 实验环境

图 13-1 所示为实验组网图。

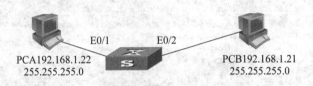

图 13-1 实验组网图

实验环境：PC 2 台，交换机 1 台，OPV 1 台，标准直通线 2 根。

13.1.5 实验步骤

① 查看当前默认情况下的连接状态，如图 13-2 所示。

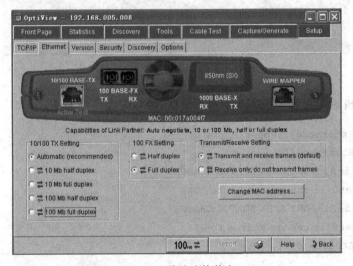

图 13-2 默认连接状态

可以清楚地看到目前OPV和交换机端口协商为100Mb全双工。

② 将交换机端口设置为半双工通信,参考配置命令如下。

```
<Quidway>sys
Enter system view, return user view with Ctrl+Z.
[Quidway]int e0/1
[Quidway-Ethernet0/1]duplex half
[Quidway-Ethernet0/1]
    L2INF-5-S1-PORT LINK STATUS CHANGE:
    Ethernet0/1: change status to DOWN
[Quidway-Ethernet0/1]
    L2INF-5-S1-PORT LINK STATUS CHANGE:
    Ethernet0/1: change status to UP
[Quidway-Ethernet0/1]
```

可以清楚地看到OPV根据链路状态和交换机端口协商为100Mb半双工,如图13-3所示。

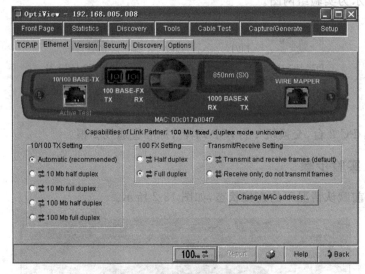

图13-3　100Mb半双工连接状态

③ 将交换机端口设置为10Mb半双工通信,参考配置命令如下。

```
[Quidway-Ethernet0/1]speed 10
[Quidway-Ethernet0/1]
    L2INF-5-S1-PORT LINK STATUS CHANGE:
    Ethernet0/1: change status to DOWN
    L2INF-5-S1-PORT LINK STATUS CHANGE:
    Ethernet0/1: change status to UP
[Quidway-Ethernet0/1]
```

可以清楚地看到,OPV根据链路状态和交换机端口协商为10Mb半双工,如图13-4所示。

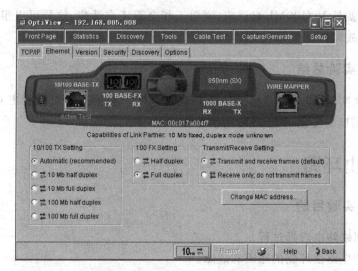

图 13-4　10Mb 半双工连接状态

④ 将交换机端口设置为 10Mb 全双工通信,参考配置命令如下。

[Quidway-Ethernet0/1]duplex full
[Quidway-Ethernet0/1]
　　L2INF-5-S1-PORT LINK STATUS CHANGE:
　　Ethernet0/1: change status to DOWN
　　L2INF-5-S1-PORT LINK STATUS CHANGE:
　　Ethernet0/1: change status to UP
[Quidway-Ethernet0/1]

可以清楚地看到,OPV 根据链路状态和交换机端口协商为 10Mb 全双工,如图 13-5 所示。

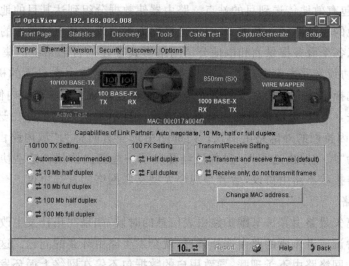

图 13-5　10Mb 全双工连接状态

以上实验说明,OPV 设备可以和网络设备端口,主要是交换机,自动协商到交换机配置的端口属性,也就是 10/100Mb 自适应、半双工和全双工自适应,这样可以很容易地排除端口半/全双工的故障。

13.1.6 实验总结

通过这一次实验,进一步了解了全双工和半双工通信的原理,可以看出 OPV 设备可以自动地检测到端口的变化,利于故障的诊断和排除。

13.2 路由环路

13.2.1 实验目的

(1) 理解网络路由选择过程。
(2) 了解产生路由环路的原因和故障。

13.2.2 实验内容

设计一个路由环路,通过环路外一网络设备访问环路中的网络设备,观察其现象。通过截获的报文分析其原因,从而进一步加深对网络路由的理解。

13.2.3 实验原理

1. 路由选择

路由选择是发生在互联网络(如通过路由器连接的独立网络)上的数据分组转发过程。当主机发送数据分组时,它或者是对同一网络上的本地主机或者是对远程网络上的主机发送。如果数据分组没有本地 IP 网络地址,则主机将它发送到默认路由器,该路由器再将它转发到其他网络。路由器的主要工作就是为经过路由器的每个数据包寻找一条最佳传输路径,并将该数据包有效地传送到目的站点。路由器使数据分组到达其目的地的下一跳,而不是寻找到目的地的完整路径。基本 IP 路由选择称为逐跳或者基于目的地的路由选择。

因特网是以各个服务提供商和电信公司网络形式存在的自治系统的集合,这些网络通过路由器、路由协议和路由策略相互连接起来。每个自治系统由它自己的机构管理并实现其内部的路由选择。一个自治系统基本上是一个路由选择域。在一个域内使用相同的内部路由协议和算法,OSPF 是最常用的内部路由协议。自治系统之间的路由选择称为外部路由选择,BGP 是因特网的外部路由协议。内部路由选择有时称为"域内路由选择",外部路由选择有时称为"域间路由选择"。目前已经开发了一些路由协议。这些协议包括距离-矢量路由协议和链接状态路由协议,后者是现今大型互联网络的首选协议。

2. 路由环路

在采用距离矢量路由算法来维护路由表信息的时候,如果在拓扑发生改变后,网络收敛缓慢产生了不协调或者矛盾的路由选择条目,就会发生路由环路的问题。这种条件下,路由器对无法到达的网络路由不予理睬,导致用户的数据包不停在网络上循环发送,最终造成网络资源的严重浪费。

一个典型的例子如下。

A、B、C这3个路由器,A到B有1跳,B到C有1跳。则C从B那里学到,它到A有2跳。后来A和B之间的链路断了,于是B就没有到A的路由了。但是在定期更新的时候,C又告诉B,它到A是2跳远(因为此时B到A之间的链路断了的消息还没传到C,C还以为B到A还是1跳远),所以B这个时候就以为它到A是2+1=3跳远。然后C又从B那里得知,B到A是3跳远,那么C就自动调整,它到A就是4跳远。这个时候再次路由更新,然后B又从C那里知道自己到A是5跳远……就这样循环下去,形成路由环路。

13.2.4 实验环境

Quidway 26系列路由器1台,华为S3526交换机2台,计算机4台,标准网线6根,Console线4根。实际环境图如图13-6所示。

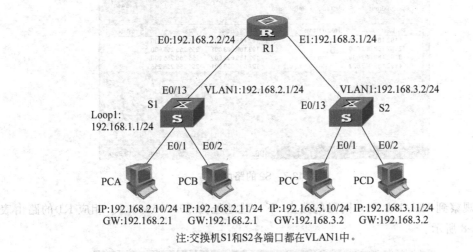

图13-6 路由环路的实验

13.2.5 实验步骤

按图13-6连接好设备,并为路由器和交换机配置好相应的接口 IP 地址、Loopback地址。

给S1添加静态路由,命令如下。

[S1]ip route- static 192.168.3.0 24 192.168.2.2

给S2添加静态路由,命令如下。

[S2]ip route-static 192.168.2.0 24 192.168.3.1
[S2]ip route-static 192.168.1.0 24 192.168.3.1

给R1添加静态路由,命令如下。

[R1]ip route-static 192.168.1.0 24 192.168.2.1

在3台设备S1、S2和R1上启动snmp代理,参考配置如下。

```
snmp-agent
snmp-agent community read public
snmp-agent community write private
snmp-agent sys-info version all
```

打开 OPV 设备,在 S2 的任意端口接入网络。经过设备的自动搜索,可以找到实验中的 3 台设备。在 Tools 选项卡的 Device 下拉列表框中选择 S2,可以查看当前的路由信息,如图 13-7 所示。

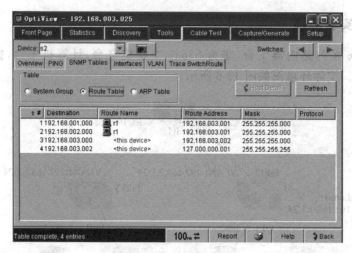

图 13-7 S2 的路由表

重点观察到 192.168.1.0 网段的路由,下一跳地址为 192.168.3.1。相应 R1 的路由表项如图 13-8 所示。

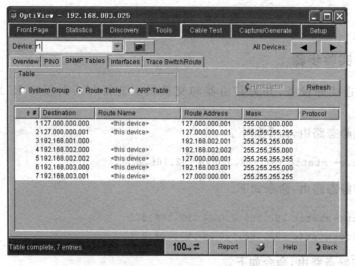

图 13-8 R1 的路由表

重点观察到 192.168.1.0 网段的路由,下一跳地址为 192.168.2.1。相应的 S1 的路由表项如图 13-9 所示。

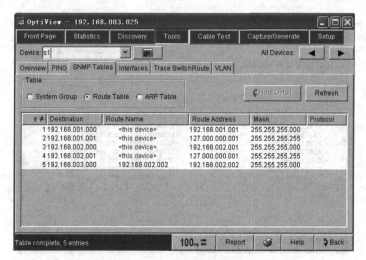

图 13-9　S1 的路由表

这时候,通过 PCC Ping 192.168.1.1 是可达的,是通过 192.168.3.1 转发到 192.168.2.1,然后到达目的地址。PCC Ping 192.168.1.1 的结果如图 13-10 所示。

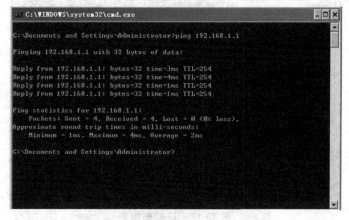

图 13-10　PCC Ping 192.168.1.1 的结果

下面在路由器 R1 上,更改静态路由如下。

[r1]undo ip route-static 192.168.1.0 24 192.168.2.1
[r1]ip route-static 192.168.1.0 24 192.168.3.2

通过设备查看 R1、S2 的路由表。R1 的路由表如图 13-11 所示。主要对比查看路由表的变化,到 192.168.1.0 网段的路由下一条地址为 192.168.3.2。

S2 的路由表如图 13-12 所示。主要对比查看路由表的变化,到 192.168.1.0 网段的路由下一条地址为 192.168.3.1。可以分析得到到达 192.168.1.0 网段的路径出现环路,也就是到达 192.168.3.1 后,下一跳为 192.168.3.2,而到达 192.168.3.2 后,下一跳为 192.168.3.1。因此 PCC 到达 192.168.1.1 是不可达的,如图 13-13 所示。

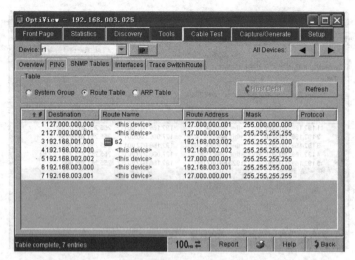

图 13-11 R1 的路由表

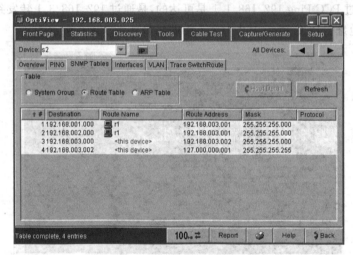

图 13-12 S2 的路由表

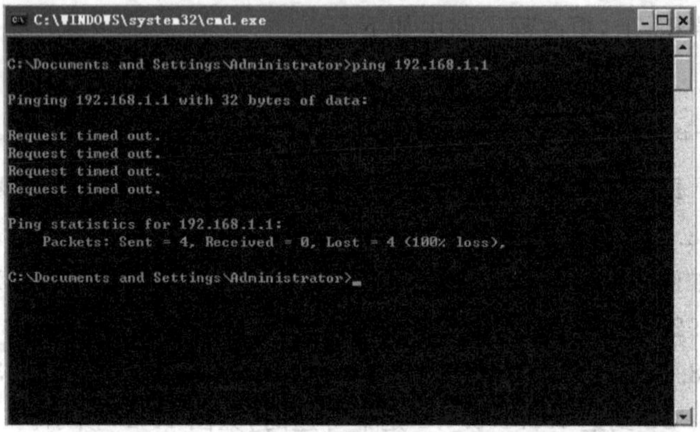

图 13-13 PCC Ping 192.168.1.1 的结果

13.2.6 实验总结

进一步加深对网络路由选择的理解,同时认识路由环路对网络的影响。学习通过 OPV 设备如何发现路由环路进行故障排除,降低路由算法。

13.3 端口扫描

13.3.1 实验目的

(1) 了解端口扫描的原理。
(2) 了解并使用端口扫描软件。

13.3.2 实验内容

通过了解端口扫描的基本原理,进而了解计算机入侵者是如何攻击计算机的,同时介绍相关的端口扫描软件,并用该软件进行扫描,发现主机上的漏洞。

13.3.3 实验原理

1. 端口扫描

端口扫描作为黑客入侵系统的必经之路,可以说自黑客产生之初,就开始了端口扫描技术的发展。当然,这一过程是随着各种操作系统的发展而发展的,也是随着事实上的网络协议标准 TCP/IP 协议簇的发展而发展的。端口扫描技术的实现原理具有相似性,都在于向目标主机的待探测端口发送一个 TCP 或 UDP 数据包并置不同的标志位。因为目标主机系统或 TCP/IP 协议簇本身的一些漏洞使得使用端口扫描软件的人可以根据不同的返回包的内容来分析判断待探测端口的开或者关的状态,一些精于攻击之道的黑客甚至可以分析出目标主机都有哪些漏洞,服务器的操作系统类型、版本和一些用户的登录信息。

计算机网络是计算机和通信技术相结合的产物,从物理结构上看,计算机网络可定义为:在协议控制下,由计算机、终端设备、数据传输设备和通信控制处理设备组成的系统集合。计算机与计算机之间通信是指在不同系统中实体之间的通信,这里的实体是指能发送或接收信息的终端、应用软件、通信进程等,这些实体之间通信需要遵守一些规则和约定,比如使用哪种编码格式,如何识别目的地址和名称,传送过程中出错了该如何处理,两台通信的计算机处理速度不一样怎么办。总而言之,在这里通信双方(不一定是计算机)需要遵守的一组规则和约定就是协议。

TCP/IP(Transmission Control Protocol/Internet Protocol)是传输控制协议/互联网协议的缩写,当初是为美国国防部研究计划局(DARPA)设计的,目的在于能让各种计算机都可以在一个共同的网络环境中运行。

TCP/IP 协议体系如图 13-14 所示。

如今的 TCP/IP 已成为一个完整的网络体系结构。其中包括了工具性协议、管理性协

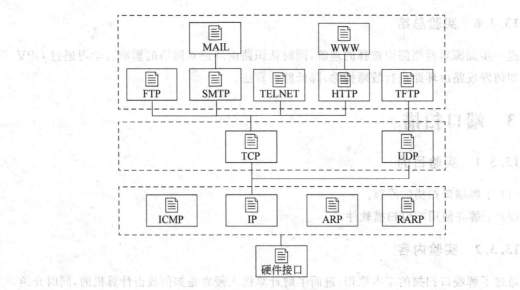

图 13-14 TCP/IP 协议体系

议及应用性协议。由于它的出现较 OSI 参考模型要早,所以并不符合 OSI 标准。大致来说,TCP 相当于 OSI 里面的传输层,IP 则相当于其中的网络层。经过了几十年的实践考验,TCP/IP 协议已成为事实上的国际标准和工业标准。

IP 协议(Internet Protocol)是网络层协议,TCP、UDP、ICMP、IGMP 数据包都是按照 IP 数据格式发送。IP 协议提供的是不可靠无连接的服务。IP 数据包由头部和正文部分构成。正文主要是传输的数据,分析 IP 数据包主要是分析和理解头部数据,可以从其理解 IP 协议。

IP 数据包头部格式(RFC791),由 20 字节的固定长度和一个可选任意长度部分构成。
IP 数据包的头部格式如图 13-15 所示。

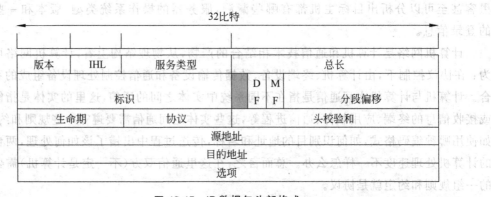

图 13-15 IP 数据包头部格式

TCP 协议(Transmission Control Protocol)是传输层协议,为应用层提供服务。和 UDP 不同的是,TCP 协议提供的是可靠的面向连接的服务。在 RFC793 中有基本的 TCP 协议描述,跟 IP 头部差不多,基本长度也是 20 字节。TCP 数据报文是包含在一个 IP 数据报文中的。

TCP 是一种可靠的、面向连接的字节流服务。源主机在传送数据前需要先和目标主机建立连接。然后,在此连接上,被编号的数据段按序收发。同时,要求对每个数据段进行确认,保证了可靠性。如果在指定的时间内没有收到目标主机对所发数据段的确认,源主机将再次发送该数据段。

TCP 数据报的头部格式如图 13-16 所示。

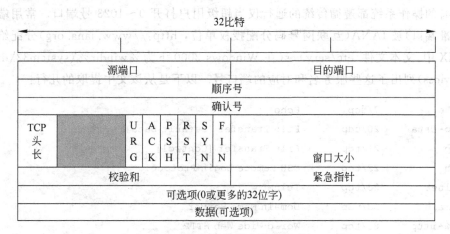

图 13-16 TCP 数据包头部格式

下面详细介绍 TCP 协议的 3 次握手过程。

TCP 会话通过 3 次握手来初始化。3 次握手的目标是使数据段的发送和接收同步,同时也向其他主机表明其一次可接收的数据量(窗口大小),并建立逻辑连接。3 次握手的过程可以简述如下。

源主机发送一个同步标志位(SYN)置 1 的 TCP 数据段,此段中同时标明初始序号(Initial Sequence Number,ISN)。ISN 是一个随时间变化的随机值。

目标主机发回确认数据段,此段中的同步标志位(SYN)同样被置 1,且确认标志位(ACK)也置 1,同时在确认序号字段表明目标主机期待收到源主机下一个数据段的序号(即表明前一个数据段已收到并且没有错误)。此外,此段中还包含目标主机的段初始序号。

源主机再回送一个数据段,同样带有递增的发送序号和确认序号。

至此为止,TCP 会话的 3 次握手完成。整个过程可用图 13-17 表示。接下来,源主机和目标主机可以互相收发数据。

端口扫描是一种攻击者用来发现如何进入服务器的很常用的侦察技术。所有局域网内或通过 Modem 连到 Internet 上的机器运行了很多监听常用和非常用端口的服务。攻击者通过端口扫描发现可用的端口(正处于监听状态的端

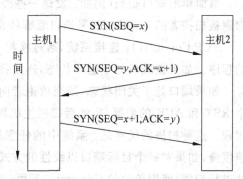

图 13-17 TCP 建立连接的 3 次握手过程

口)。事实上,端口的扫描是向每个端口一次发送一个消息的过程。根据端口的回应来确认

该端口是否可用和更进一步侦察它的漏洞。

端口号：端口号并没有被控制，但在过去的很长时间里已经形成了对一些特定的服务公认的端口号。端口号只在一个计算机系统中是唯一的，由 16 位无符号数组成。端口号被分为 3 段：常用端口（0～1023），保留端口（1024～49151）和动态/私有端口（49152～65535）。

所有的操作系统都遵循传统的通行仅当超级用户打开 0～1023 号端口。常用端口（又称为标准端口）被 IANA（互联网号码分配授权单位，http://www.iana.org）分配给服务。在 UNIX 中，文本文件/etc/services（在 Windows 2000 下为 %windir%\system32\drivers\etc\services）列出了这些服务名和对应的端口号。以下是从该文中提取的几行：

```
echo        7/tcp       Echo
ftp-data    20/udp      File Transfer [Default Data]
ftp         21/tcp      File Transfer [Control]
ssh         22/tcp      SSH Remote Login Protocol
telnet      23/tcp      Telnet
domain      53/udp      Domain Name Server
www-http    80/tcp      World Wide Web HTTP
```

试图用一个未授权用户程序打开一个在 0～1023 范围内的端口是不能成功的，用户程序可以打开任何一个未分配的 1023 以上的端口。

一个非标准端口，就是我们常常简单地认为的 1023 以上的端口。事实上在此范围内的端口号中，也有一些标准的端口，如下所示。

```
wins      1512/tcp        Microsoft Windows Internet Name Service
radius    1812/udp        RADIUS authentication protocol
yahoo     5010            Yahoo! Messenger
x11       6000-6063/tcp   X Window System
```

2. 简单端口扫描技术

最简单的端口扫描（例如：发送一些经过仔细挑选建立的包到选定的目标端口）是试图探测被扫描者的 0～65 535 号端口看哪些是打开的。

TCP Connect()：连接系统，通过唤起一个本机上提供的可以用来打开所有感兴趣端口的程序。如果该端口处于监听状态，连接将会成功，否则连接是无法通过的。

如果端口处于关闭状态，则当攻击者向目标主机发送探测数据包后，目标主机将返回一个 RST 和 ACK 的数据包，然后扫描主机再向目标主机发送一个 RST 回应，从而结束整个过程。这种扫描的优点是：系统中的任意用户可以进行连接调用。缺点如下：首先，它的速度慢，如果对每个目标端口以线性的方式（也可以用别的方式，如对一段端口用哈希的方式进行扫描）使用单独的 Connect()调用（单线程调用），那么将会花费相当长的时间。在多线程的操作系统中可以通过同时打开多个套接字进行扫描。其次，它很容易被目标系统检测到，如果对目标计算机的大量端口进行这种扫描，会在目标主机的日志文件中产生大量的连接记录，这样目标主机就比较容易发现这种入侵行为，并且这种连接很容易被防火墙发现和屏蔽。

Strobe：闸门扫描，是一个相对较窄的扫描，仅仅是寻找那些攻击者已经普遍知道如何去攻击的服务器。闸门这个名字来源于一个原始的 TCP 扫描程序，而现在已成为所有扫描工具的共同特征。

Ident 协议允许通过 TCP 连接到计算机上的任何进程来窥视计算机的用户名，即便是那个进程并没有被初始化。所以，可以通过连接 80 号端口然后用 Ident 来判断 HTTP 服务是否在 root 下运行。

3. 秘密扫描

从攻击者的角度来看，端口扫描存在的一个问题是，它很容易被在此端口监听的服务记录在访问日志里。他们会观察连进的程序，然后就登记一个错误。有很多的秘密扫描技术能够越过这个问题。秘密扫描工具是一种不会被审核工具发现到的扫描方法。

端口扫描器通过释放数据包到不同的端口来扫描一个主机。因此，慢速扫描（一天或者更久的时间）也就变成了一种秘密技术了。另外一种秘密扫描技术是反向映射，当试图在网络上搜索所有的主机时，通过产生主机不可到达的 ICMP 信息来确定哪些 IP 不存在。

IP 包分片：扫描器从 IP 分片中劈开 TCP 头，这样可绕过包过滤和防火墙，因为它看不到一个完整的 TCP 头所以不能对应相应的过滤规则。许多包过滤器和防火墙要求所有的 IP 碎片（例如 Linux 内核中的 CONFIG_IP_ALWAYS_DEFRAG 即是），但许多网络并不能提供避免队列中丢失信息的性能。

SYN 扫描：这种技术又称为半开连接扫描，因为 TCP 连接并没有完成。一个 SYN 包发送（就像准备打开一个连接），目标机器上返回 SYN 和 ACK 就表示该端口处于监听状态，返回 RST 表示没有监听。TCP 层并不会通知服务进程，因为连接并没有完成。

在这种扫描技术中，扫描主机发送 SYN 数据包到目标主机的待测端口，如果待测端口返回 RST 包，那么说明端口关闭；如果返回 SYN 和 ACK 数据包，说明目标端口处于打开状态。在扫描主机收到目标主机的返回包后不再发送 ACK 包确认而是发送 RST 包中断这次连接，所以在 SYN 扫描时，全连接尚未建立，因此这种技术通常被称为半开放扫描。这种扫描的优点是隐蔽性较全连接扫描（TCP Connect()扫描）好，一般的系统对这种半开放扫描比较少进行记录。缺点是在很多操作系统下，扫描主机需要构造适用于这种扫描的 IP 包，而一般情况下，构造自己的 SYN 数据包必须要有超级权限，所以一般用户进行不了这种扫描，所以在软件测试时登录用户必须具有超级用户权限。

FIN 扫描对目标主机选择端口发送一个 TCP FIN 数据包，如果主机没有任何反应，那么这个主机是存在的，而且正在监听这个端口；如果主机返回一个 RST 数据包，那么说明目标主机是存在的，但是没有监听这个端口。由于这种技术不包含标准的 TCP 3 次握手协议的任何部分，所以无法被记录，从而比 SYN 扫描隐蔽很多。这种扫描方法的算法思想是关闭的端口会用适当的 RST 数据包来回复 FIN 数据包。另一方面，打开的端口会忽略对 FIN 数据包的回复。这种方法和操作系统的类型有一定的关系，有的操作系统不管端口是否打开,都会对发送过来的 TCP FIN 数据包回复 RST 数据包,此时这种扫描方法就不适用了。TCP FIN 扫描的优点是能躲避防火墙和日志审计,从而知道目标端口的开放情况。因为没有包含 TCP 3 次握手协议的任何部分,所以无法被记录,因此比半连接扫描要更为隐蔽。它的缺点是,首先与 SYN 扫描类似,需要自己构造数据包,要求由超级用户或者授权用户访问专门的系统调用;通常适用于 UNIX 系统,在 Windows NT 环境下无效,因为在 Windows NT 环境下,无论目标端口是否打开,操作系统都返回 RST 包,这样扫描结果的不可靠性增大。当然,如果能提前知道目标主机的操作系统类型,这种方法是很好的。

在 XMAS 扫描中用到了一些其他的技术,它是把 TCP 包中的所有标志都设置好了,或所有标记都没有被设置的空扫描。但是,不同的操作系统对这些扫描的回应是不同的,所以识别不同的操作系统甚至操作系统的版本和补丁等级都很重要。

4. SOCKS 端口探测

SOCKS 是一种允许多台计算机共享公用 Internet 连接的技术。之所以攻击者会扫描 SOCKS,是因为大多数用户的 SOCKS 配置有错误。

许多产品都支持 SOCKS,一个典型的用户产品就是 WinGate。WinGate 是一个安装在个别机器上的软件,用来和 Internet 连接。所有其他在内网的机器连接 Internet 都要通过这台机器上运行的 WinGate。

SOCKS 错误配置将允许任意的源地址和目标地址通行。就像是允许内部的机器访问 Internet 一样,外面的机器也可以访问内部的机器。更重要的是,这可能允许攻击者通过你的系统访问其他的 Internet 上的机器,使得攻击者隐藏自己的真实地址。

IRC 聊天服务器经常扫描客户端以检查 SOCKS 服务是否打开。他们将通过发送一个消息给那些不知道如何解决这个问题的人而把他们剔出去。如果收到这样一个消息,可以查看客户端是否是 WinGate 执行的检查。在这种情况下,这看起来像是内部的机器在攻击 SOCKS 服务器。

5. 反弹扫描

对于攻击者来说隐藏他们行踪的能力是很重要的。因此,攻击者快速搜索 Internet,查找他们可以攻击的系统。

FTP 反弹扫描利用了 FTP 协议本身的弱点。它要求代理 FTP 连接支持。这种反弹通过 FTP 服务隐藏了攻击者来自哪里,与 IP 隐藏了攻击者地址的欺骗类似。例如,evil.com 与 target.com 建立了 FTP server-PI(协议解析器)控制连接,要求 server-PI 初始化一个活动的 server-DTP(数据传送进程)发送一个文件到 Internet 的任何地方。

一种端口扫描技术就是使用这种方法从 FTP 代理服务器来扫描 TCP 端口。因此可以在防火墙后与 FTP 服务建立连接,然后扫描那些很可能被封锁的端口(如:139)。如果 FTP 服务允许读出或写入数据进一个目录(如:/incoming),可以发送任意数据到这个被发现可以打开的端口。这种扫描技术是利用端口(FTP)命令来发现和记录一些虽然被动但却在监听目标机器特定端口的 user-DTP 用户。然后试着列出当前地址目录,结果被发送到 server-DTP。如果目标主机正在监听指定的端口,该传送就会成功

（产生一个 250 和一个 226 回应）。否则将得到 425 消息，不能建立数据连接。连接被拒绝，然后再向目标主机的下一个端口发送其他的 PORT 命令。用这种方法的优势很明显（很难追踪到，可绕开防火墙），主要的缺点是比较慢，并行许多 FTP 服务执行最终屏蔽代理的特征。

查找器：大部分的查找服务器允许命令转寄通过查找器支持递归查询。例如，rob@foo@bar 查询将向 bar 询问 rob@foo，引起向 bar 查询 foo。这种技术可以用来隐藏查询的原始来源。

E-mail：发送垃圾邮件的人试图通过 SMTP 服务器转发他们的垃圾邮件。因此，对 SMTP 试探的方法在网上就经常被使用。

Socks：Socks 允许几乎所有的协议穿过中介机器。因此，攻击者对 SOCKS 的探测扫描在网上是常见的。

HTTP Proxy：大多数网站服务都提供代理，便于所有的 Web 传输都可由个别带有过滤器的服务很好地管理以提高性能。但有许多这种服务都配置错误以至于允许 Internet 上的任何请求，允许攻击者通过第三方转发攻击。对 HTTP 代理的试探在今天很常见。

IRC BNC：攻击者喜欢通过用其他机器绕接他们的连接来隐藏自己的 IRC 标识。一个叫 BNC 的很特别的程序就是用了这种方式入侵机器。

6. UDP 扫描

端口扫描通常指对 TCP 端口的扫描，是定向连接的，因此给攻击者提供了很好的反馈信息。UDP 的应答有着不同的方式，为了发现 UDP 端口，攻击者们通常发送空的 UDP 数据包，如果该端口正处于监听状态，将发回一个错误消息或不理睬流入的数据包；如果该端口是关闭的，大多数的操作系统将发回 ICMP 端口不可到达的消息。这样，就可以发现一个端口到底有没有打开，通过排除方法确定哪些端口是打开的。ICMP 和 UDP 包都不是可靠的通信，所以这种 UDP 扫描器当出现丢包时（或者得到了一堆错误的位置）必须执行包重法。同样，这种扫描技术实现了 RFC1812 的意见和限制 ICMP 消息错误的发送速率所以也慢。例如：Linux 内核限制那些不可到达目的地的消息的速度是每 4 秒钟 80 次，当产生错误的速率超过以上标准时就会以 1/4 秒的延迟来作为加罚。

有些人认为 UDP 扫描是不完美的和没有意义的，并非如此！最近 Solaris Rpcbind (Sun Microsystems Security Bulletin Bulletin Number：#00167，April 8，1998)发现的漏洞 rpcbind, Solaris Rpcbind 能发现隐藏于 32770 以上的没有确定位置的 UDP 端口。所以端口 111 被防火墙封锁并不影响。但是能发现高于 30000 以上的端口是处于监听状态的吗？有了 UDP 扫描器，可以做到！

UDP recvfrom()和 write()扫描：非 root 用户不能直接读取 ICMP Port Unreach 消息，Linux 提供了一种方法可以间接通知到用户。例如：第 2 次对一个关闭的 UDP 端口调用 write()总是会失败。很多扫描器，如 netcat 和 pscan.c，都是这样。用 recvfrom()访问未封装的 UDP 套接字，一般都返回重试消息。如果没有收到 ICMP 错误报告，就会返回 ECONNREFUSED(连接拒绝)。

7. ICMP 扫描

ICMP 扫描并不是真正的端口扫描,因为 ICMP 并没有一个确切的端口。但是它常可以用来 Ping 网内的机器以确定哪台机器是联网的。ICMP 扫描也可并行执行,所以速度很快。

8. 端口扫描工具

端口扫描工具,通常称端口扫描器,很容易在 Internet 上找到,其中很多是基于 Linux 的,例如 Namp、Strobe、Netcat 是比较好的一类。也有许多基于 Microsoft Windows 的端口扫描器,其中比较好的端口扫描器是 Port Scanner,是单独使用的端口扫描工具,定义好 IP 地址范围和端口后便可开始实施扫描,本实验采用此端口扫描器。

有了端口扫描器后,对全部 TCP 和 UDP 端口进行一次完整的检查来确定哪些端口是打开的。将监测到的打开的端口与系统运行所需要用到的端口进行比较,关闭所有没有用到的端口。在 Microsoft 操作系统中关闭端口经常需要重新配置操作系统的服务或者修改注册表设置。UNIX 和 Linux 系统就简单一些,通常只是将配置文件中的某一行注释掉。

9. 关闭的端口

一般是在"控制面板"的"管理工具"中的"服务"中来配置。这里再介绍一种图形化界面工具 Active Ports,可以很方便地关闭端口。

Active Ports 为 SmartLine 出品,可以用来监视计算机所有打开的 TCP/IP/UDP 端口,不但可以将所有的端口显示出来,还显示所有端口所对应的程序所在的路径,本地 IP 和远端 IP(试图连接计算机的 IP)是否正在活动。

它还提供了一个关闭端口的功能,在用它发现木马开放的端口时,可以立即将端口关闭。这个软件工作在 Windows NT/2000/XP 平台下,可以在 http://www.smartline.ru/software/aports.zip 得到它。

其实使用 Windows XP 的用户无须借助其他软件即可以得到端口与进程的对应关系,因为 Windows XP 所带的 netstat 命令比以前的版本多了一个 O 参数,使用这个参数就可以得出端口与进程的对应来。

13.3.4 实验环境和分组

(1) 网线 4 根,PC 4 台,Quidway 系列交换机 2 台和 OPV 1 台。
(2) 每组 4 名同学,两两合作进行实验。

13.3.5 实验组网

图 13-18 所示为实验组网图。

图 13-18 实验组网图

13.3.6 实验步骤

① 按组网图连好设备并配好主机的 IP（注意：确保交换机的 E0/1 和 E0/2 在同一个 VLAN 中）。

② 打开端口扫描器，定义好要扫描的主机 IP 和扫描的端口范围，就可以开始扫描了。

有两种扫描方式，单个 IP 扫描和一组 IP 扫描。图 13-19 和图 13-20 分别为单个 IP 扫描和一组 IP 扫描的操作界面。

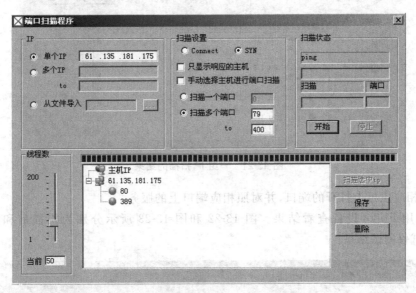

图 13-19 单个 IP 扫描的操作界面

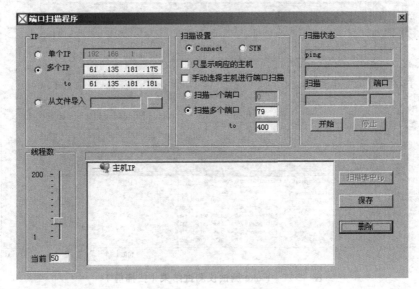

图 13-20 一组 IP 扫描的操作界面

单击操作界面中的"开始"按钮就可以开始扫描了。

③ 查看扫描结果。图 3-21 所示为一组 IP 扫描的结果。

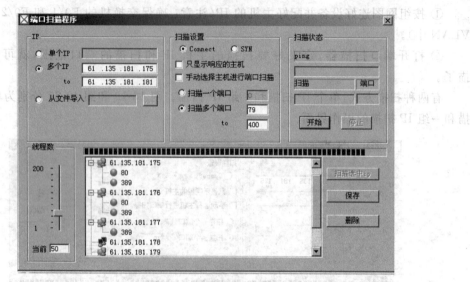

图 13-21　一组 IP 扫描的结果

查看相应主机上打开的端口,并对照相应端口上的服务。

④ 采用 Fluke 设备查看结果。图 13-22 和图 13-23 所示分别为扫描前和扫描后的 Fluke 测试仪测试结果。

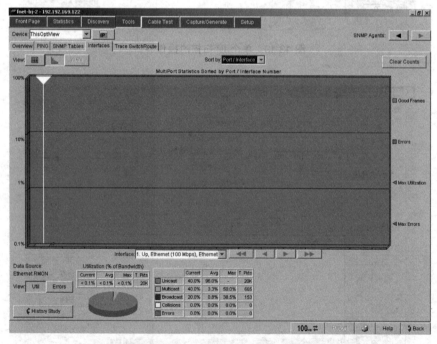

图 13-22　Fluke 测试仪测试结果(扫描前)

扫描前,单播流量统计和端口在合理范围内。

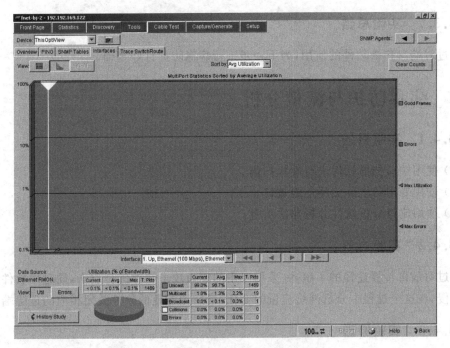

图 13-23　Fluke 测试仪测试结果（扫描后）

遭受端口扫描后，单播流量统计和端口显示在异常范围内。

通过 PE 软件进行截取数据分析，得到图 13-24 所示的实验截屏。

```
3 7.320065   192.168.0.4        61.135.181.175    ICMP   Echo (ping) request
4 7.340257   61.135.181.175     192.168.0.4       ICMP   Echo (ping) reply
5 7.340691   192.168.0.4        61.135.181.175    ICMP   Echo (ping) request
6 7.361525   61.135.181.175     192.168.0.4       ICMP   Echo (ping) reply
7 7.361833   192.168.0.4        61.135.181.175    ICMP   Echo (ping) request
8 7.381861   61.135.181.175     192.168.0.4       ICMP   Echo (ping) reply
```

图 13-24　实验截屏一：主机可达

以上截屏显示，通过 3 次 ICMP 包的发送和接收，表明主机可达。

图 13-25 和图 13-26 所示均为实验中数据包序号及发送时间的截屏。

图 13-25　实验截屏二：（1）数据包序　　　图 13-26　实验截屏三：（2）数据包序
　　　　　号 No 及发送时间 Time　　　　　　　　　　　号 No 及发送时间 Time

注：左侧为数据包序号，右侧为发送或接收数据包的时间。

从以上两个截屏可以看出，在从 7.3 秒到 43.8 秒的 36.5 秒的过程中，扫描主机和目标主机间共有 3590 个数据包被发送和接收，平均每秒发送和接收的数据包近一百条。很明显，这样的通信量是比较大的，且实验时使用的是默认线程数 50，如果加大扫描线程数量，每秒发送和接收的数据包将会更多。

13.3.7 实验总结

通过对端口扫描软件的使用,为下一步进行病毒防护打好基础。

13.4 病毒防护与流量分析

13.4.1 实验目的

(1) 使用端口扫描软件进行端口扫描。
(2) 使用专用的软件关闭危险端口。
(3) 使用流量分析软件分析非法流量。

13.4.2 实验内容

通过对病毒传播途径的了解,并采用专用的端口攻击软件进行攻击,同时用软件探测非法的入侵,在这个过程中分析网络流量的变化,最后用专业的软件关闭相应的危险端口。

13.4.3 实验原理

1. 病毒的特征及其危害

(1) 非授权可执行性。用户通常调用执行一个程序时,把系统控制交给这个程序,并分配给他相应系统资源,如内存,从而使之能够运行完成用户的需求。因此程序执行的过程对用户是透明的。而计算机病毒是非法程序,正常用户是不会明知是病毒程序,而故意调用执行。但由于计算机病毒具有正常程序的一切特性——可存储性、可执行性,它隐藏在合法的程序或数据中,当用户运行正常程序时,病毒伺机窃取到系统的控制权,得以抢先运行,然而此时用户还认为在执行正常程序。

(2) 隐蔽性。计算机病毒是一种具有很高编程技巧、短小精悍的可执行程序。它通常黏附在正常程序之中或磁盘引导扇区中,或者磁盘上标为坏簇的扇区中,以及一些空闲概率较大的扇区中,这是它的非法可存储性。病毒想方设法隐藏自身,就是为了防止用户察觉。

(3) 传染性。传染性是计算机病毒最重要的特征,是判断一段程序代码是否为计算机病毒的依据。病毒程序一旦侵入计算机系统就开始搜索可以传染的程序或者磁介质,然后通过自我复制迅速传播。由于目前计算机网络日益发达,计算机病毒可以在极短的时间内,通过像 Internet 这样的网络传遍世界。

(4) 潜伏性。计算机病毒具有依附于其他媒体而寄生的能力,这种媒体我们称之为计算机病毒的宿主。依靠病毒的寄生能力,病毒传染合法的程序和系统后,不立即发作,而是悄悄隐藏起来,然后在用户不察觉的情况下进行传染。这样,病毒的潜伏性越好,它在系统中存在的时间也越长,病毒传染的范围也越广,其危害性也越大。

(5) 表现性或破坏性。无论何种病毒程序一旦侵入系统都会对操作系统的运行造成不同程度的影响。即使不直接产生破坏作用的病毒程序也要占用系统资源(如占用内存空间,占用磁盘存储空间以及系统运行时间等)。而绝大多数病毒程序要显示一些文字或图像,影响系统的正常运行。还有一些病毒程序删除文件,加密磁盘中的数据,甚至摧毁整个系统和数据,使之无法恢复,造成无可挽回的损失。因此,病毒程序的副作用轻者降低系统工作效率,重者导致系统崩溃,数据丢失。病毒程序的表现性或破坏性体现了病毒设计者的真正意图。

(6) 可触发性。计算机病毒一般都有一个或者几个触发条件。满足其触发条件或者激活病毒的传染机制,使之进行传染,或者激活病毒的表现部分或破坏部分。触发的实质是一种条件的控制,病毒程序可以依据设计者的要求,在一定条件下实施攻击。这个条件可以是输入特定字符,使用特定文件,某个特定日期或特定时刻,或者是病毒内置的计数器达到一定次数,等等。

2. 病毒的传播途径

第 1 种途径——通过不可移动的计算机硬件设备进行传播,这些设备通常有计算机的专用 ASIC 芯片和硬盘等。这种病毒虽然极少,但破坏力却极强,目前尚没有较好的检测手段对付。

第 2 种途径——通过移动存储设备来传播,这些设备包括软盘、磁带等。在移动存储设备中,软盘是使用最广泛移动最频繁的存储介质,因此也成了计算机病毒寄生的"温床"。目前,大多数计算机都是从这类途径感染病毒的。

第 3 种途径——通过计算机网络进行传播。现代信息技术的巨大进步已使空间距离不再遥远,"相隔天涯,如在咫尺",但也为计算机病毒的传播提供了新的"高速公路"。计算机病毒可以附着在正常文件中通过网络中的易攻破的端口进入一个又一个系统,国内计算机感染一种"进口"病毒已不再是什么大惊小怪的事了。在我们信息国际化的同时,我们的病毒也在国际化,这种方式已经成为第一传播途径。

第 4 种途径——通过点对点通信系统和无线通道传播。目前,这种传播途径还不是十分广泛,但预计在未来的信息时代,这种途径很可能与网络传播途径成为病毒扩散的两大"时尚渠道"。

3. 流量检测软件

在端口扫描的同时用流量监视器监视端口扫描对网络流量的影响。

4. 关闭主机危险的端口

通过专用软件 Active Ports 实时检测主机的危险端口及其相应的服务,并且可以方便地关掉这些端口。

13.4.4　实验环境和分组

同上。

13.4.5　实验组网

同上。

13.4.6　实验步骤

① 按组网图连好设备并配好主机的 IP(注意:确保交换机的 E0/1 和 E0/2 在同一个 VLAN 中)。

② 打开 OPV 流量监视准备监视网络流量变化情况。

该软件分为服务器端和客户端,先启动服务器端,然后再启动客户端。

根据提示配好客户端，如图 13-27 所示。

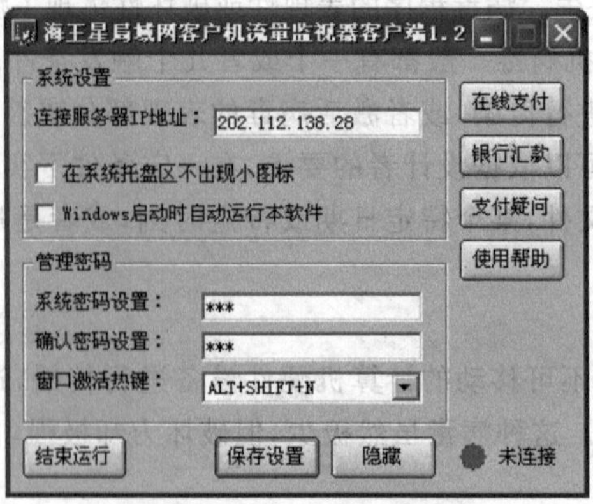

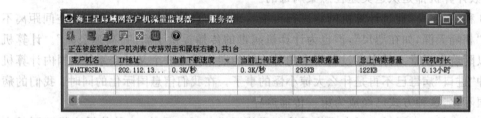

图 13-27 流量监视客户端配置

服务器端就会出现如图 13-28 所示画面。

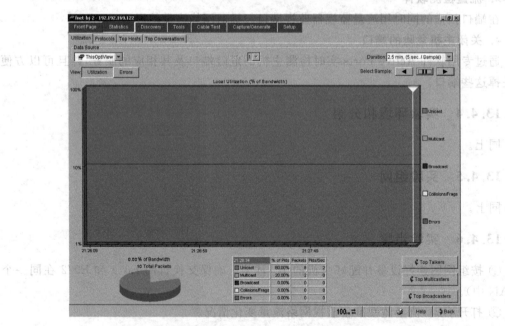

图 13-28 流量监视服务器端

从图 13-28 可以看出，刚开始主机没有什么网络进程时，流量很小。

③ 打开端口扫描软件对主机进行扫描，流量会发生如图 13-29 和图 13-30 所示变化。

图 13-29 Fluke 测试仪测试结果（扫描前）

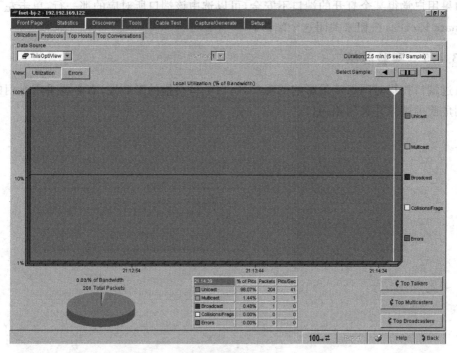

图 13-30　Fluke 测试仪测试结果（扫描后）

④ 如图 13-30 所示，可以看出端口扫描对主机的流量还是有影响的，但是这个流量很小，不是很容易觉察出来的，因此有必要采用专门的软件关掉危险的端口。

⑤ 通过专用软件 Active Ports 探测端口并关掉危险的端口，如图 13-31 所示。

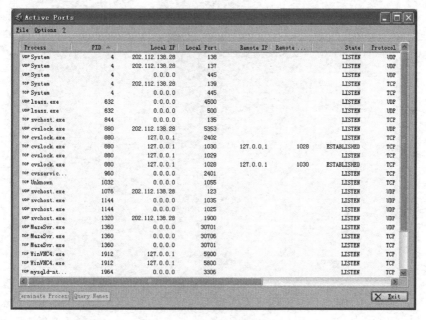

图 13-31　活动窗口信息列表

如果用户觉得某个打开的端口不安全,可以选中该端口所对应的那一行,单击左下角的 Terminate Process 按钮来关闭这个端口。

13.4.7 实验总结

通过端口扫描对网络流量影响的观察,明白端口扫描的隐蔽性,有必要采用专门的软件去探测危险的端口并关闭该端口。

实验 14 NetFlow 网络流量监测与分析

实验内容
① 网络审计。
② 网络病毒异常流量分析。
③ 应用端口扫描分析。

14.1 NetFlow 技术及工具的介绍

14.1.1 "流"的定义及 NetFlow 的提出

网络的流(Flow)是一系列在相同源和目的之间传输的单向数据包,也就是说,具有相同源 IP、目的 IP、源端口号、目的端口号、传输层协议类型(TCP 或者 UDP)、服务类型 Tos 以及输入的逻辑接口 IfIndex 7 个属性值的数据包序列构成一个网络流(Flow)。换句话说,只要有一个属性值不同就表示不同的网络流。

NetFlow 就是一种以"流"为采集单位的网络流量采集技术。NetFlow 技术最早是于 1996 年由 Cisco 公司的 Darren Kerr 和 Barry Bruins 发明的,并于同年 5 月注册为美国专利。NetFlow 技术首先被用于网络设备加速对数据的交换,并可同步实现对高速转发的 IP 数据流进行测量和统计。经过多年的技术演进,NetFlow 原来用于加速数据交换的功能已经逐步由网络设备中的专用 ASIC 芯片实现,而对流经网络设备的 IP 数据流进行测量和统计的功能则更加成熟,并成为当今互联网领域公认的最主要的 IP/MPLS 流量分析、统计和计费行业标准。目前这项技术已经在大多数 Cisco 路由器中采用,并成为业界标准,得到了主流厂商(Juniper、Foundry、Extreme 等)的支持,国内华为推出的 NetStream 技术也与 NetFlow 技术兼容,在原理上与 NetFlow 技术类似,在实现机制上增加了出方向流统计功能(NetFlow 只支持入方向的流统计)。

在 NetFlow 技术的演进过程中,Cisco 公司一共开发出了 NetFlow V1、NetFlow V5、NetFlow V7、NetFlow V8 和 NetFlow V9 等 5 个主要的实用版本。

NetFlow V1:是 NetFlow 技术的第一个实用版本。支持 IOS 11.1、IOS 11.2、IOS 11.3 和 IOS 12.0,但在如今的实际网络环境中已经不建议使用。

NetFlow V5:增加了对数据流 BGP AS 信息的支持,是当前主要的实际应用版本。支持 IOS 11.1CA 和 IOS 12.0 及其后续 IOS 版本。

NetFlow V7:思科 Catalyst 交换机设备支持的一个 NetFlow 版本,需要利用交换机的 MLS(Multi-Layer Switching,多层交换)或 CEF(Cisco Express Forwarding,Cisco 快速转发)处理引擎。

NetFlow V8:增加了网络设备对 NetFlow 统计数据进行自动汇聚的功能(共支持 11 种数据汇聚模式),可以大大降低对数据输出的带宽需求。支持 IOS12.0(3)T、IOS 12.0

(3)S、IOS 12.1 及其后续 IOS 版本。

NetFlow V9：一种全新的灵活和可扩展的 NetFlow 数据输出格式，采用了基于模板（Template）的统计数据输出。方便添加需要输出的数据域和支持多种 NetFlow 新功能，如 Multicase NetFlow、MPLS Aware NetFlow、BGP Next Hop V9、NetFlow for IPv6 等。支持 IOS12.0(24)S 和 IOS 12.3T 及其后续 IOS 版本。

其中被广泛使用的是 NetFlow V5。在 2003 年，思科公司的 NetFlow V9 还被 IETF 组织从 5 个候选方案中确定为 IPFIX(IP Flow Information Export)标准。

14.1.2 NetFlow 数据报文的格式

NetFlow 输出数据报文通过 UDP 协议发送给 NetFlow 采集器。NetFlow 数据报文格式因其版本而有所不同，而各版本之间的差异主要表现在对流采用的汇聚方法不同。但无论哪个版本，NetFlow 报文都是由两部分构成，即报头和多个流记录。如在 V5 格式中，路由器发送到接收主机的每个 UDP 包中包含一个 Flow 包头和最多 30 条 Flow 记录。NetFlow 数据格式如图 14-1 所示。

NetFlow Header	Flow Record	Flow Record	…	Flow Record

图 14-1 NetFlow 数据报文格式

报头含有版本号、序列号、流记录数、系统启动时间等信息，流记录中包括 IP 地址、端口号等详细的流信息。

这里就以 NetFlow V5 和 NetFlow V9 为例详细介绍 NetFlow 的数据格式。

NetFlow V5 的报头格式和流记录格式分别如图 14-2 和图 14-3 所示。

```
0 1 2 3 4 5 6 7 8 9 10 11 12 13 14 15
|      version      |       count      |
|             Sysuptime               |
|             unix_secs               |
|             unix_nsecs              |
|           flow_sequence             |
| engine_type | engine_id |  reserved  |
```

图 14-2 NetFlow V5 的报头格式

version：NetFlow 数据格式的版本号。
count：数据流记录的个数。
sysuPtime：自路由器被启动后，到当前的时间，以毫秒为单位。
unix_secs：自 0000UTC1970 开始，到当前的秒数。
unix_nsecs：自 0000UTC1970 开始，到当前残余的纳秒数。
flow_sequence：已经看到的所有数据流的序列计数器。
engine_type：流交换引擎类型(RP 为 0，LC 为 1)。
engine_id：流交换引擎槽数。

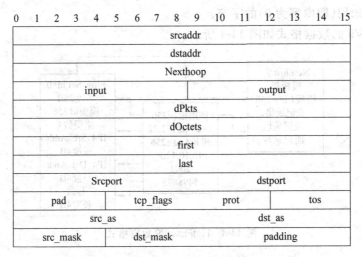

图 14-3 NetFlow V5 的流记录格式

reserved：保留的字节。

其中，flow_sequence 用来作为校验信息，当前数据报的 flow_sequence 值等于前一个数据报 flow_sequence 值加上前一个数据包中流记录条数，即当前序列号＝前一个 UDP 报的流序列号＋前一个 UDP 报的流数。由于 NetFlow 数据以 UDP 数据包的形式输出，在传输过程中有可能丢失数据包，利用 flow_sequence 值以及 count 值就可以校验传输中是否有数据包丢失。

srcaddr：源 IP 地址。
dstaddr：目的 IP 地址。
nexthop：下一跳 IP 地址。
input：输入逻辑端口号。
output：输出逻辑端口号。
dPkts：Flow 中的数据包数目。
dOctets：Flow 中所有数据包中的字节数。
first：Flow 开始的时间。
last：Flow 结束的时间。
srcport：TCP/UDP 源端口号。
dstport：TCP/UDP 目的端口号。
pad：未用（即内容为 0）的字节。
tcp_flags：TCP 标记。
prot：IP 协议号。（ICMP 为 1，TCP 为 6，UDP 为 17）
tos：IP 服务类型。
src_as：源自治域号。
dst_as：目的自治域号。
src_mask：源地址掩码。
dst_mask：目的地址掩码。

padding：未用（即内容为0）的字节。

NetFlow V9 的数据格式如图 14-4 所示。

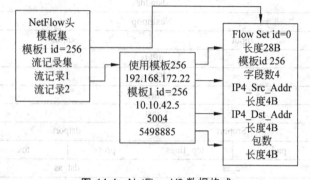

图 14-4　NetFlow V9 数据格式

从图 14-4 中可以看出，V9 的数据输出格式与 V5 有较大区别，主要是因为 V9 采用了基于模板式的数据输出方式。网络设备在进行 V9 格式的数据输出时会向数据接收端分别发送数据包模板和数据流记录。数据包模板确定了后续发送的数据流记录中数据包的格式和长度，便于数据接收端对后续数据包的处理。同时为避免传输过程中出现丢包或者错误，网络设备会定期重复发送数据包模板给接收端。

14.1.3　NetFlow 工作原理

当路由器启动 NetFlow 功能后，就开始抓取路由器上发生的流量信息。启动 NetFlow 功能的路由器会为 NetFlow 开启一块缓冲区，即 NetFlow Cache，用来存储当前所有活动的 IP 流的信息。当路由器处理第一条流的第一个数据包时，缓冲区开始建立，并在缓冲中创建一条新的 IP 流的流记录（Flow Record）。每一条流记录包含了关于这个流的各种统计信息，如流中包含的数据包数目、流中的所有字节数等，也包含了这个流的属性信息，如源/目的 IP 地址等。

当后继的数据包到达，NetFlow 检查新到达的数据包的属性是否满足缓冲中已有流的定义，如果满足，则对缓冲中的流记录进行计数，包括更新流的数据包数目、字节数等；否则，为该流新建流记录，并存储于 NetFlow 缓冲中。

NetFlow 采用主动式数据推送机制。当 NetFlow 缓冲区期满时，NetFlow 将期满的流记录组合在一起，按照 NetFlow 数据报文的格式封装成一个 NetFlow 输出数据包，以 UDP 方式发送给 NetFlow 采集器，并将期满的流从缓冲区删除。NetFlow 缓冲区期满的规则如下。

(1) 一条流已经存在，而且 15 秒内没有新的数据包产生，会被判定为期满。

(2) 一条流长时间处于活动状态后，会被判定为期满（默认情况下，流的活动时间跨度不允许超过 30 分钟）。

(3) 当缓冲区满时，一系列的启发式规则将被同时应用于满足相同条件的一组流。

(4) 对于 TCP 连接，当 FIN（TCP 连接中标志着连接结束的最后一个比特流）或者 RST（重新建立连接的标志）发生时，原流被判定为期满。

NetFlow 可捕获的数据包类型如下。

- IP 到 IP 的数据包。
- IP 到 MPLS 的数据包。
- Frame Relay 终端数据包。
- ATM 终端数据包。

14.1.4　NetFlow 的应用

从以上介绍可知，NetFlow 流记录能为网络管理员或分析者提供用户、协议、端口以及服务类型等丰富的网络数据流信息，因此，NetFlow 技术被广泛应用于高端网络流量测量技术的支撑，以提供网络审计、用户与应用监控、网络规划、异常流量分析（如 DDos、蠕虫病毒、应用端口扫描攻击等）、网络计费、流量工程等。

1．用户监控

利用 NetFlow 流数据中的源和目的地址字段，可以得到一个用户使用网络和应用程序的详细情况，利用这些信息，网络管理员就可以更有效地计划和分配网络资源，同时也可以让管理员检测潜在的安全和策略的侵犯。

2．网络审计

利用 NetFlow 流数据中的端口信息，网络管理员可以得到网络中每个应用的详细流量信息，据此可以了解业务和非业务应用占用的网络资源情况，节省不必要的带宽升级，为业务应用分配更多的带宽；或是当网络拥塞时，侦测出对网络带宽影响较大的应用，并限制其资源使用。

3．网络规划

通过长时间使用 NetFlow 监视网络状况，网络管理员就可以预测网络流量的涨幅，并且针对涨幅进行规划并升级系统与网络设备。针对流量小的网络，降低其设备需求，优化网络需求与网络设备的配比。使用最小的消耗，利用最多的网络资源。同时，它还可以检测到 WAN 数据流、可用带宽及 QoS 的使用情况，这使得网络管理员能够分析并测试新的网络应用程序。

4．异常流量分析

拒绝服务攻击（DoS）、分布式拒绝服务攻击（DDoS）、蠕虫病毒、应用端口扫描等恶意网络行为会直接导致网络流量的异常变化，这种变化将在 NetFlow 数据中明显地显示出来。网络管理员通过对 NetFlow 数据的分析，有助于及时发现网络中出现的异常流量，迅速分析出异常流量的具体属性，进而可以实时快速地确认是否为上述网络安全攻击，确定安全攻击的类型，评估本次攻击的危险程度及能造成的影响范围，以便采用相应技术手段实施事故应急处理。

5．IP 网络计费

通过分析 NetFlow 流数据，网络服务供应商可以得到一个用户的以下流量信息。

(1) 该用户流入、流出的总的字节数。
(2) 该用户每个应用流入、流出的字节数。
(3) 该用户流入、流出的总的数据包数。
(4) 该用户每个应用流入、流出的数据包数。

然后可以按照每日使用时间、带宽使用情况、应用使用情况或服务类型来对用户进行计费。

6. 流量工程

NetFlow 提供了自治域流量的详细信息，网络管理员可以使用基于 NetFlow 的分析工具来获得源与目的所属自治域的信息及其间的流量趋势。收集到的数据可以用来在链路繁忙时实施负载均衡。

14.1.5 NetFlow Tracker 工具

1. NetFlow Tracker 简介

NetFlow Tracker（简称 NFT）是 Fluke 网络公司推出的一个利用 Cisco NetFlow 和 IPFIX 数据进行 IP 流量管理的软件产品，它可无须使用检测探针即可为用户提供广泛和全面的网络流量透视能力。NFT 可以捕获来自路由器和核心交换机的所有 NetFlow/IPFIX 流量数据，支持非常深入的 LAN/WAN 故障诊断和报告生成。NFT 可以提供基于用户、用户组、对话、系统和应用等的流量数据。NFT 适用于信息安全、服务质量（QoS）、流量分析等应用。NFT 提供实时的基于 NetFlow 数据的流量监测，可以同时从多种设备收集数据：Cisco IOS NetFlow、IPFIX、J-Flow、cflowd 和 sFlow，让网络管理员可以从已经存在的设备中得到深入的流量数据。NetFlow Tracker 支持 NetFlow V1、NetFlow V3、NetFlow V7、NetFlow V9 4 个版本的 NetFlow。

NetFlow Tracker 能够非常容易地回答以下关于网络管理的关键问题。

- 什么业务在什么时候占据了网络的资源？
- 利用这些资源的用户是谁？
- 他们在何时使用什么应用？
- 网络安全守则是否被遵守？
- 网络中是否有蠕虫和病毒？在什么地方？来自于哪里？以及向哪里散步？

而且，NetFlow Tracker 能够对网络进行深入的全网分析。

- 各工作组（多个用户组合）利用什么网络资源？经过什么路径？
- 在具有多接入线路的数据中心所支持的应用、用户的汇总利用状态如何？
- 在整个网路上，每一个业务占用资源的趋势如何？是否与时/日/周/月有关系？

NetFlow Tracker 能够存档历史和实时数据。它可以记录每一分钟的每一个 NetFlow 数据，并且最多可以保存 14 天内所有的 NetFlow 数据。另外，除了自动存储最多 14 天的全部数据之外，还可设置 NetFlow Tracker 以存储任何时间长度的摘要数据。当再次需要这些信息时，NFT 让网络管理员调出已经存档的数据，利用过滤器编辑对原始会话生成报告。

NetFlow Tracker 能灵活地指定用户需要的报告。对于常用的报告，它提供很多报告面板，用户只需选择关心的时间范围和过滤参数便可生成需要的报告。这些报告都能生成 URL，在 VPM（Visual Performance Manager，网络性能看管系统）上展示。如果需要在第三方门户网站展示，可以设定登录模式，让有权限的网络管理员得到需要的报告视角。

NetFlow Tracker 提供灵活的用户界面，以便进行快速和深入的数据流分析。NFT 可以把数据灵活地以饼图、趋势柱状图或图表方式显示。配合它强大的过滤功能和完整的数据储存能力，网络管理员可以很容易找到需要的数据并以最有效的方式显示。

2. NetFlow Tracker 的部署

NetFlow Tracker 可以安装在 Windows 或 Linux 操作系统的服务器上。它支持分布式数据库结构，网管员可以通过 Web 用户界面直接提取 NFT 数据库上的数据。此外，通过 VPM 可以从多个 NFT 设备中提取和汇总数据，生成所需的全网报告。安装了 NetFlow Tracker 的服务器可以部署于大型网络中的以下位置。

（1）可以安放于核心数据中心，收集路由器和核心交换机的 NetFlow 数据。随着网络的发展，可以增加更多的 NFT 设备以支持更多的流量。

（2）对于流量较小的远程分支，可以把 NetFlow 发送到数据中心的 NFT 设备。

（3）对于繁忙的远程分支或区域数据中心，可以直接在远端安装一个 NFT 设备。

图 14-5 所示是一个典型的 NetFlow Tracker 的部署实例。

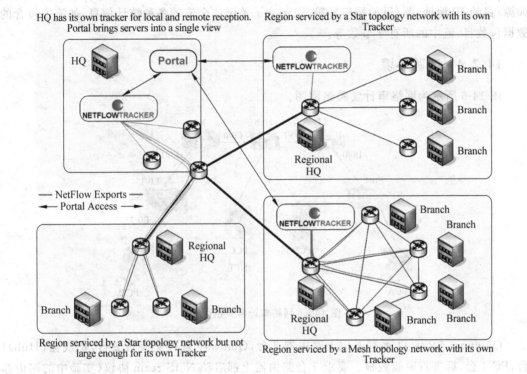

图 14-5　NetFlow Tracker 的部署实例

14.2　网络审计

14.2.1　实验目的

（1）学会使用 NetFlow Tracker 生成所需的流量数据报告。
（2）学会使用 NetFlow Tracker 进行网络审计。

14.2.2　实验内容

在一个局域网中的各路由器上启动 NetFlow，在局域网内任一台 PC 上安装 NetFlow

Tracker 软件(包括附件 Tomcat、MySQL 和 Java),采集流经局域网中各路由器指定端口的所有网络流量,通过 NetFlow Tracker 查看产生这些流量的应用及其所占用的网络资源状况。

14.2.3 实验原理

网络审计就是监测和查看网络资源使用情况,比如:在所有网络流量中,业务和非业务应用各占用的网络资源情况,使用各个应用的用户,全网包或者数据率最高的应用,全网中每个应用的最高对话,全网中利用率最高的对话,等等。网络审计是通过查看产生流量的用户的源和目的 IP 地址、源和目的端口号、传输层协议类型以及每个流的统计信息来完成的。NetFlow 正好可以提取网络流量中的这些信息,它记录的流信息包含了这个流的属性信息,如源/目的 IP 地址、源/目的端口号等,也包含了关于这个流的各种统计信息,如流中包含的数据包数目、流中的所有字节数等。

14.2.4 实验环境

图 14-6 所示为网络审计实验组网图。

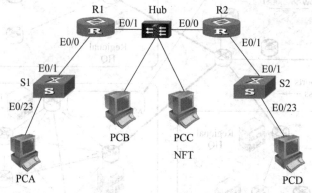

图 14-6 网络审计实验组网图

Quidway AR28 11 系列及以上路由器 2 台,Quidway 系列交换机 2 台,集线器(Hub)1台,PC 4 台,标准直通线数根。要求 2 台路由器上都启动 NetStream 协议(实验中的路由器是 H3C Quidway 系列的路由器,支持 NetStream 流量分析技术,NetStream 技术与 NetFlow 技术兼容)。

14.2.5 实验步骤

① 按照图 14-6 组网。

② 配置各路由器及 PC。在 2 台路由器 R1 和 R2 启动 NetFlow 协议,网络内部启用 Rip 路由协议,使全网互通。设置各 PC 的 IP 地址、网关、子网掩码。

各设备和接口的 IP 地址及掩码如下。

R1:
E0/0:10.0.0.1/24   E0/1:192.168.1.1/24

R2:

E0/0：192.168.1.2/24   E0/1：20.0.0.1/24
PC A：
IP 及掩码：10.0.0.2/24   网关：10.0.0.1
PC B：
IP 及掩码：192.168.1.3/24   网关：192.168.1.1
PC C：
IP 及掩码：192.168.1.4/24   网关：192.168.1.1
PC D：
IP 及掩码：20.0.0.3/24   网关：20.0.0.1
配置路由器 R1 如下。

```
<Router>system
[Router]sysname R1
[R1]interface Ethernet0/0
[R1-Ethernet0/0]ip address 10.0.0.1 255.255.255.0
[R1]interface Ethernet0/1
[R1-Ethernet0/1] ip address 192.168.1.1 255.255.255.0
[R1]rip
[R1-rip]network 10.0.0.0
[R1-rip]network 192.168.1.0
[R1] ip netstream export source interface Ethernet0/1
//R1 的 NetFlow 流输出到 NFT 的 9966 端口
[R1] ip netstream export host 192.168.1.4 9966
[R1] interface Ethernet0/0
[R1-Ethernet0/0] ip netstream inbound
```

路由器 R2 的配置同路由器 R1，R2 的 NetFlow 流输出到 NFT 的 8844 端口。

③ 在 PC C 上安装 NetFlow Tracker 应用软件，在 PC A 和 PC D 上安装 IxChariot Console V5.40 控制端软件，在 PC A、PC B 和 PC D 3 台 PC 上安装 IxChariot endpoint 终端软件（安装完成后在任务管理器中可以看到 endpoint.exe 进程）。安装步骤按照默认选项逐步进行。安装完成之后，对 NetFlow Tracker 进行设置如下。

第 1 步，从"开始"→"所有程序"进入，打开 NetFlow Tracker 应用程序，单击"主菜单"→"设置"→"监听端口"，进入 NFT 监听端口设置页面，如图 14-7 所示。

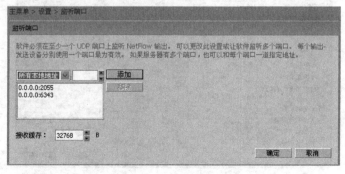

图 14-7 NFT 监听端口设置页面

第 2 步,添加两个侦听端口 9966 和 8844,分别侦听来自 R1 和 R2 的 NetFlow 数据流,如图 14-8 所示。

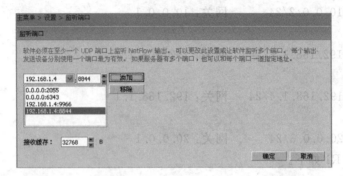

图 14-8 添加侦听端口后的 NFT 监听端口设置页面

单击"确定"按钮保存设置,返回 NFT 设置主页面。

第 3 步,单击设置页面的"设备设置"选项,进入 NFT 设备设置页面,如图 14-9 所示。如果该页面显示"尚没有设备已经将 NetFlow 输出流量发送到软件",在 PCA(或者 PCD)上 pingPCD(或者 PCA),在网络中产生流量后,路由器就会发送 NetFlow 流量给 NFT。

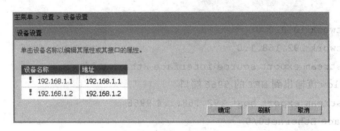

图 14-9 NFT 设备设置页面

第 4 步,单击设备 192.168.1.1,进入其设置页面,如图 14-10 所示。

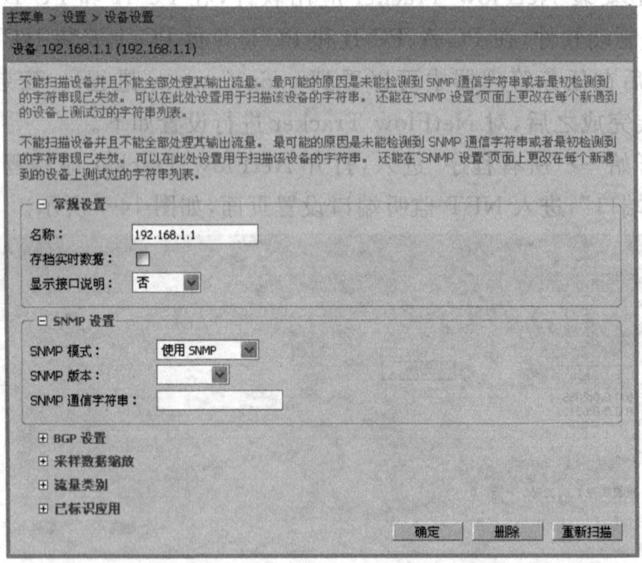

图 14-10 设备 192.168.1.1 的设置页面

· 162 ·

改变设备 192.168.1.1 的名称为 R1,显示接口说明为"是",SNMP 模式为"不使用 SNMP",然后单击"确定"按钮保存修改。同样,改变设备 192.168.1.2 的名称为 R2,显示接口说明为"是",SNMP 模式为"不使用 SNMP"。设置完所有的设备后,在 NFT 设备设置页面单击"确定"按钮保存设置。

此时,NetFlow Tracker 就可以采集到路由器 R1 和 R2 发来的 NetFlow 数据流并能正确显示出来了。

④ 在网络 10.0.0.0 到网络 192.168.1.0 和 20.0.0.0 之间产生 http、ftp-data、netbios-ns、smtp、tftp 多种应用的网络流量。

打开 PC A 和 PC D 上的 IxChariot Console 控制端程序,如图 14-11 所示。

图 14-11　IxChariot Console 的用户界面

单击 New 按钮,进入 IxChariot Test 界面,如图 14-12 所示。

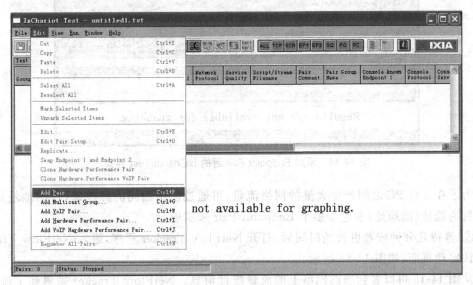

图 14-12　IxChariot Test 界面

单击菜单项 Edit→Add Pair 进入 Add an Endpoint Pair 界面,按照图 14-13 所示设置以便在 PC A 和 PC B 之间产生 http 应用的网络流量。

单击 Select Script 按钮选择一个脚本,单击 Edit This Script 按钮编辑该脚本,双击脚本中 source_port(或 destination_port)所在的行,将源(或者目的)端口的 Current value 值改为 http 协议的端口号 80,然后单击 OK→File→Save to Pair 并关闭脚本编辑器→OK,成功添加一个 Endpoint Pair,如图 14-14 所示。

然后单击菜单项 Run→Set Run Options,进入 Run Options 界面,选中 Run for a fixed duration 单选框,设置 PC A 和 PC B 之间的通信时间,最后单击菜单项 Run→Run 运行该 Endpoint Pair。这样,在网络 10.0.0.0 和 192.168.1.0 之间就产生了 http 应用的网络流量。按照同样的方法在 PC A 和 PC B、PC D 和 PC B 以及 PC A 和 PC D 之间产生 ftp-data、netbios-ns、smtp、tftp 多种不同应用的网络流量。

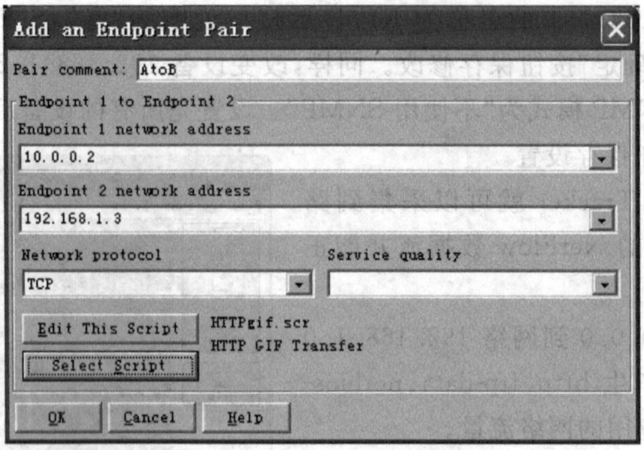

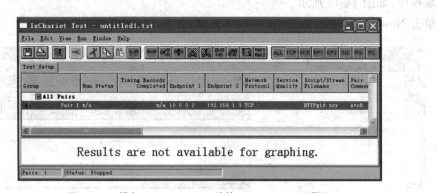

图 14-13　添加 A to B 的 Endpoint Pair

图 14-14　添加 Endpoint Pair 后的 IxChariot Test 界面

为了在 3 台 PC 之间产生大量的网络流量，可通过使用相同的源地址（目的地址）和不同的目的地址（源地址）来建立多个 Endpoint Pair 来实现。

⑤ 等待几分钟或者更长的时间后，打开 NetFlow Tracker 程序，进入 NetFlow Tracker 的默认启动页面，如图 14-15 所示。

从图 14-15 可以看到当前网络上的流量统计信息。NetFlow Tracker 采集到了流经路由器 R1 和路由器 R2 的网络流量数据，其中网络上 54% 的网络流量是通过路由器 R1 传输的，剩下 46% 的网络流量是通过路由器 R2 传输的。

⑥ 单击图 14-15 中的设备名称 R1 或者饼图上的绿色部分，查看设备 R1 上最忙的应用，如图 14-16 所示。

从图中可以看到，在设备 R1 上产生流量的应用有 smtp、netbios-ns、http、ftp-data、tftp 等应用，其中 smtp 应用占用了 28% 的网络资源，最高会话达到 25.67kbps；netbios-ns 应用占用 28% 的网络资源，最高会话达到 25.76kbps；http 应用占用了 28% 的网络资源，最高会话达到 25.55kbps；ftp-data 应用也占用了 14% 的网络资源，最高会话达到 12.82kbps；tftp 应用占用了 2% 的网络资源，最高会话达到 6.59kbps。从以上数据可知，流经该设备的网络流量中，smtp、netbios-ns 和 http 应用占用了大部分的网络资源。

⑦ 添加基于 TCP 协议的端口号为 1024 的 Business 业务。

按照④中产生网络流量的方法在 PC A 和 PC D 之间建立几个 Business 业务通信，产

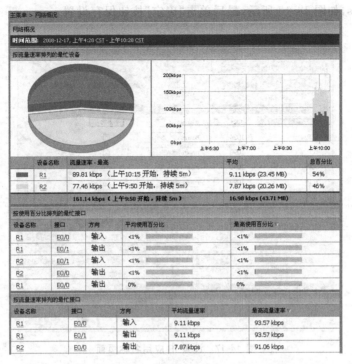

图 14-15 NFT 网络概况页面

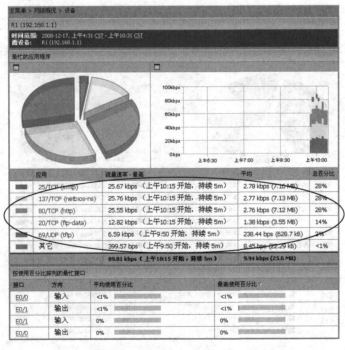

图 14-16 设备 R1 上最忙的应用

生基于 TCP 协议的端口号为 1024 的 Business 业务流量。并从 NFT 主菜单页面单击"设置"→"IP 应用名称"进入 IP 应用名称设置页面,将基于 TCP 协议的端口号为 1024 的应用设置为 Business,如图 14-17 所示,最后单击"确定"按钮保存设置。

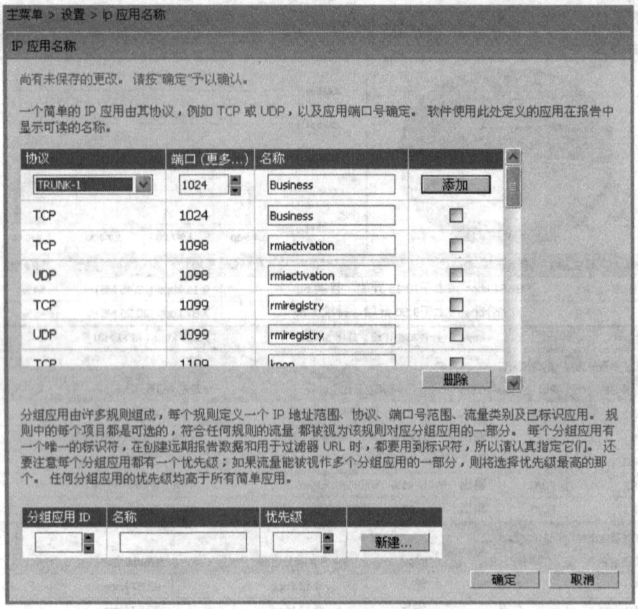

图 14-17 设置 IP 应用名称页面

⑧ 经过数分钟后,再次查看设备 R1 上最忙的应用,如图 14-18 所示。

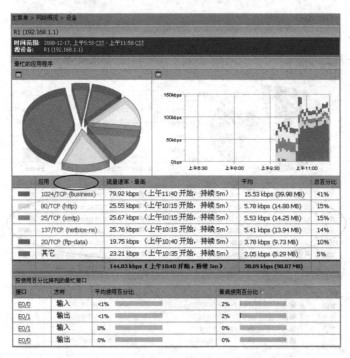

图 14-18 添加 Business 业务后设备 R1 上最忙的应用页面

从图中可以看到,业务应用 Business 占用了 41% 的网络资源,它的最高会话达到 79.92kbps,平均会话为 15.53kbps,而 http、smtp 等非业务应用共占用 59% 的网络资源。

⑨ 单击图 14-18 中的 Business 应用查看使用该应用的会话，如图 14-19 所示。

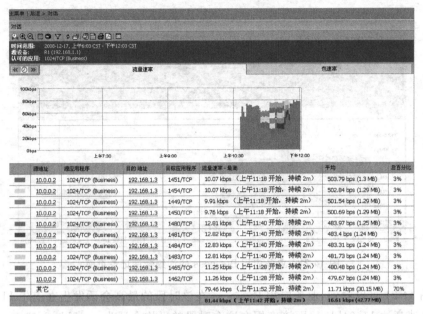

图 14-19　Business 应用会话页面

从上图可以看出，源主机 10.0.0.2 到目的主机 192.168.1.3 之间使用了业务应用 Business。

⑩ 查看业务应用 Business 的详细会话记录，如图 14-20 所示。

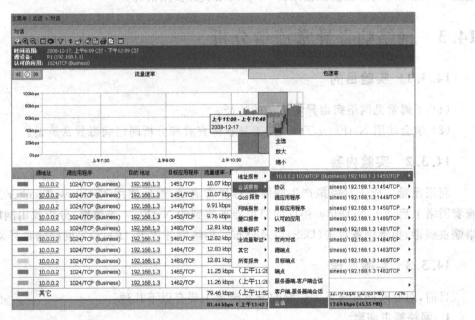

图 14-20　查看业务应用 Business 的详细会话记录

选中 2008 年 12 月 17 日上午 11:08 到 11:48 这个时段的全部会话，鼠标右键单击弹出上下文菜单向下钻取，查看在这个时段业务应用 Business 的会话记录（Session Records），得到如图 14-21 所示业务应用 Business 的详细会话记录页面。

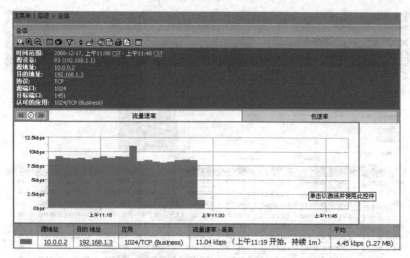

图 14-21　业务应用 Business 的详细会话记录页面

从图 14-21 可以看到，业务应用 Business 在该时段的最高会话发生在上午 11:19，持续 1 分钟，流速高达 11.04kbps，而该应用在这个时段的平均会话为 4.45kbps。

14.2.6　实验总结

在本次实验中，学习了使用 NetFlow Tracker 软件生成所需的网络流量数据报告，学会通过查看生成的网络流量数据报告，分析网络资源使用情况。

14.3　网络病毒异常流量分析

14.3.1　实验目的

（1）了解常见网络病毒异常流量的特征。
（2）学会使用 NetFlow Tracker 工具软件查看和分析网络病毒异常流量。

14.3.2　实验内容

利用流量生成工具模拟产生网络病毒异常流量，然后使用 NetFlow Tracker 工具软件查看网络上启动了 NetFlow 协议的路由器采集到的 NetFlow 流数据，分析找出网络上的网络蠕虫病毒、拒绝服务攻击（DoS）以及分布式拒绝服务攻击（DDoS）等网络病毒异常流量。

14.3.3　实验原理

目前，对互联网造成重大影响的异常流量主要有以下几种。

1. 网络蠕虫病毒

网络蠕虫病毒是一种很常见的病毒，它复制自身在互联网环境下进行传播，传播途径是经过网络和电子邮件，传染的目标是互联网内的所有计算机，利用计算机操作系统和应用程序的漏洞主动进行攻击。它的传播速度非常迅速，扫描和攻击之间的时间间隔非常小，而且具有反复性,总是寻找相同的端口并大规模攻击这些端口。一些网络蠕虫病毒在爆发时具有明显特征,如下所示。

红色代码(Code Red Worm):目的端口 80,协议类型 TCP,包数量 3,字节数 144。

硬盘杀手(worm.opasaft,w32.Opaserv.Worm):目的端口 137,协议类型 UDP,字节数 78。

2003 蠕虫王(Worm.NetKiller2003,WORM_SQLP1434,W32.Slammer,W32.SQLExp.Worm):目的端口 1434,协议类型 UDP,字节数 404。

冲击波(WORM.BLASTER,W32.Blaster.Worm):目的端口 135,协议类型 TCP,字节数 48。

冲击波杀手(Worm.KillMsBlast,W32.Nachi.worm,W32.Welchia.Worm):目的端口 2048,协议类型 ICMP,字节数 92。

振荡波(Worm.Sasser,W32.Sasser):目的端口 445,协议类型 TCP,字节数 48。

MS-SQL Slammer 蠕虫:攻击的就是运行在 1433 端口的 Microsoft SQL Server 服务,一个 IP 同时向随机生成的多个 IP 发起 1433 端口的 TCP 连接。

Zotob 蠕虫病毒(Rbot(cbq、ebq 等)):感染对象主要是微软的 Windows XP 以及 Windows 2000 作业系统,它攻击的是微软网络(Microsoft-ds)上的 TCP port 445 端口。

由此可见,网络蠕虫病毒的特征主要体现在协议端口、地址、协议类型和包长上。NetFlow 数据恰好能提供这些信息,所以可以利用 NetFlow 检测已知的网络蠕虫病毒。

2. 拒绝服务攻击(Denial of Service,DoS)

DoS 攻击就是使目标计算机或者整个网络无法提供正常的服务或者资源访问的一类攻击。DoS 攻击大致可以分为计算机网络带宽攻击和连通性攻击。带宽攻击指以极大的通信量冲击网络,使得所有可用网络资源都被消耗殆尽,最后导致合法的用户请求无法通过。连通性攻击指用大量的连接请求冲击计算机,使得所有可用的操作系统资源都被消耗殆尽,最终计算机无法再处理合法用户的请求。

常见的 DoS 攻击方式有以下 3 种。

1) TCP SYN flood

当用户进行一次标准的 TCP 连接时,会有一个 3 次握手过程。首先是请求服务方发送一个 SYN 消息,服务方收到 SYN 后,会向请求方回送一个 SYN-ACK 表示确认。当请求方收到 SYN-ACK 后,再次向服务方发送一个 ACK 消息,这样,一个 TCP 连接建立成功。但是 TCP SYN flood 在实现过程中只进行前两个步骤,当服务方向请求方发送 SYN-ACK 确认消息后,请求方由于采用源地址欺骗等手段使得服务方收不到 ACK 回应,于是,服务方会在一段时间处于等待接受请求方 ACK 消息的状态。对于某台服务器来说,可用的 TCP 连接是有限的,如果恶意攻击方快速连续地发送此类连接请求,该服务器可用的 TCP 连接队列将很快被阻塞,系统可用资源急剧减少,网络可用带宽迅速缩小,长此下去,网络将无法向用户提供正常的服务。

2) ICMP flood

常用的 ICMP 有 ping。首先攻击者找出网络上有哪些路由器会回应 ICMP 请求,然后用一个虚假的 IP 源地址向路由器的广播地址发出 ICMP 请求包,路由器会把这些请求包广播到网络上所连接的每一台计算机。这些计算机马上会给出回应,这样就会产生大量流量,从而占用所有设备的资源及网络带宽,而回应的地址就是受攻击的目标。

3) UDP flood

UDP flood 利用简单的 TCP/IP 服务(如 Chargen 和 Echo)来传送无用的数据来占用网络带宽资源,从而使得计算机或者网络不能提供正常的服务。UDP flood 攻击者随机地发送大量虚假源 IP 的 UDP 数据包给某一主机的 Chargen 服务,因为 Chargen 对每个收到的数据包等候生成一组字符,所以它会把生成的数据包发送给另一台开着 Echo 服务的主机,另一台主机会回应接收到的任何字符。这个过程的结果是,在两台主机之间形成一道永不停止的 UDP 数据流。

UDP 协议是一种无连接的服务,不需要建立连接就可传输数据,所以只要网络上的主机打开一个 UDP 端口提供相关服务的话,UDP flood 攻击者就可针对相关的服务进行攻击,发送大量伪造源 IP 地址的小 UDP 包。

由上可知,DoS 攻击的一个显著特征就是短时间内在攻击者和受害计算机间建立了大量的连接,发送大量的数据包,从而使得系统资源和网络带宽资源被大量占用。

3. 分布式拒绝服务攻击(DDoS)

DDoS 攻击是借助客户/服务器技术,将多个计算机联合起来作为攻击平台,对一个或多个目标发动 DoS 攻击,从而成倍地提高拒绝服务攻击的威力,它是在传统的 DoS 攻击基础之上产生的一种攻击方式。

NetFlow 采集的流信息经过统计分析可以提取网络流量的特征,建立网络常规流量模型,然后根据此模型定期对 NetFlow 数据作 Top N 的统计分析,就可以检测出异常流量。进一步对异常流量的 NetFlow 数据进行分析,就可以判断网络是否有大规模蠕虫爆发或者是否受到 DoS/DDoS 攻击,同时也可以发现感染病毒的主机或攻击源/攻击目标,从而可以采取相应的措施,阻断攻击源。

14.3.4 实验环境

图 14-22 所示为网络病毒异常流量分析实验的组网图。

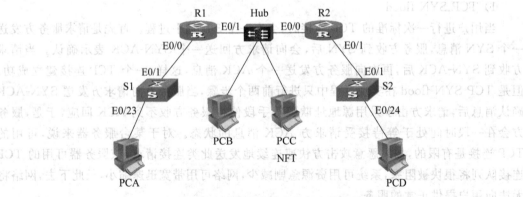

图 14-22 网络病毒异常流量分析实验组网图

Quidway AR28 11 系列路由器 2 台,Quidway 系列交换机 2 台,集线器(Hub)1 台,PC 至少 3 台,标准直通线数根。要求 2 台路由器上都启动 NetStream 协议。

14.3.5 实验步骤

① 按照图 14-22 组网。同 14.2.5 节的步骤①。

② 配置各路由器和 PC。同 14.2.5 节的步骤②。

③ 在 PC C 上安装 NetFlow Tracker 应用软件，在 PC A 和 PC D 上安装 IxChariot Console V5.40 控制端软件，在 PC A、PC B、PC C 和 PC D 4 台 PC 上安装 IxChariot endpoint 终端软件。安装完成后，设置 NetFlow Tracker。安装及设置方法如 14.2.5 节的步骤③。

④ 在网络 20.0.0.0 到网络 10.0.0.0 和 192.168.1.0 之间生成 http、pop3、telnet、netbios-ns、ms-sql-s 多种应用的网络流量。首先生成 http、pop3、telnet 和 netbios-ns 应用的网络流量，等待一段时间之后，再生成 ms-sql-s 应用的网络流量。这里为了模拟网络中爆发了 MS-SQL Slammer 蠕虫病毒的异常网络状况，需要建立多个 Endpoint Pair 产生大量 ms-sql-s 应用的网络流量。具体步骤同 14.2.5 节中的步骤④。

⑤ 在生成 ms-sql-s 应用的网络流量后几分钟，启动 NetFlow Tracker 程序，进入 NetFlow Tracker 默认启动页面，如图 14-23 所示。

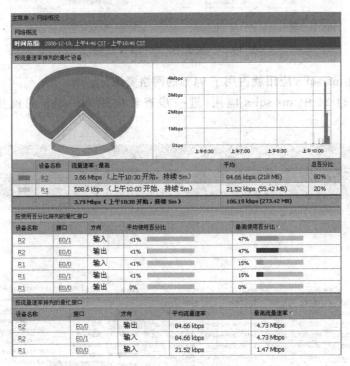

图 14-23 NFT Network Overview 页面

从图中可以看到，实验中启动了 NetFlow 的两台路由器以及流经这两台路由器的网络流量所占网络资源状况。

⑥ 单击图 14-23 中设备 R2 或者饼图上的绿色部分查看设备 R2 的详细流量数据信息，如图 14-24 所示。

从上图中可以看到，http 应用只占用了 2%，pop3 应用也占用了 2% 的网络资源，而在

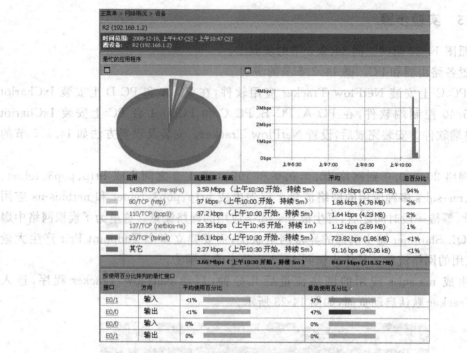

图 14-24 设备 R2 的 Top N 应用

短短的几分钟内 ms-sql-s 应用就占用了 94% 的网络资源。

⑦ 单击图 14-24 中 ms-sql-s 应用，进一步查看应用 ms-sql-s 的流量相关信息，如图 14-25 所示。

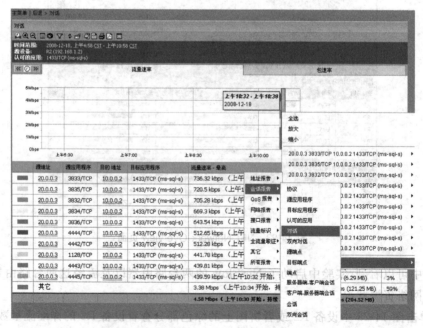

图 14-25 设备 R2 上 ms-sql-s 应用的会话记录

• 172 •

从图中可看出，该应用的端口号是 1433，该端口存在漏洞，极易受到网络病毒的攻击。

⑧ 如图 14-25 所示，选择查看 2008 年 12 月 18 日上午 10：32 到上午 10：38 这段时间内的 ms-sql-s 应用会话，如图 14-26 所示。

	源地址	源应用程序	目的地址	目标应用程序	流量速率 - 最高	平均	总百分比
	20.0.0.3	4444/TCP	10.0.0.2	1433/TCP (ms-sql-s)	1.03 Mbps （上午10:33 开始，持续 1m）	170.88 kbps (7.33 MB)	7%
	20.0.0.3	4442/TCP	10.0.0.2	1433/TCP (ms-sql-s)	1.02 Mbps （上午10:33 开始，持续 1m）	170.76 kbps (7.33 MB)	7%
	20.0.0.3	4443/TCP	10.0.0.2	1433/TCP (ms-sql-s)	879.62 kbps （上午10:32 开始，持续 1m）	146.6 kbps (6.29 MB)	6%
	20.0.0.3	4445/TCP	10.0.0.2	1433/TCP (ms-sql-s)	879.17 kbps （上午10:33 开始，持续 1m）	146.53 kbps (6.29 MB)	6%
	20.0.0.3	4446/TCP	10.0.0.2	1433/TCP (ms-sql-s)	878.92 kbps （上午10:33 开始，持续 1m）	146.49 kbps (6.29 MB)	6%
	20.0.0.3	4762/TCP	10.0.0.2	1433/TCP (ms-sql-s)	878.47 kbps （上午10:35 开始，持续 1m）	146.41 kbps (6.28 MB)	6%
	20.0.0.3	4760/TCP	10.0.0.2	1433/TCP (ms-sql-s)	878.3 kbps （上午10:35 开始，持续 1m）	146.38 kbps (6.28 MB)	6%
	20.0.0.3	4763/TCP	10.0.0.2	1433/TCP (ms-sql-s)	875.38 kbps （上午10:35 开始，持续 1m）	145.9 kbps (6.26 MB)	6%
	20.0.0.3	1126/TCP	10.0.0.2	1433/TCP (ms-sql-s)	738.96 kbps （上午10:37 开始，持续 1m）	123.16 kbps (5.29 MB)	5%
	20.0.0.3	4761/TCP	10.0.0.2	1433/TCP (ms-sql-s)	731.97 kbps （上午10:35 开始，持续 1m）	122 kbps (5.24 MB)	5%
	其它				2.74 Mbps （上午10:34 开始，持续 1m）	978.15 kbps (41.98 MB)	40%
					4.02 Mbps（上午10:35 开始，持续 1m）	2.44 Mbps (104.85 MB)	

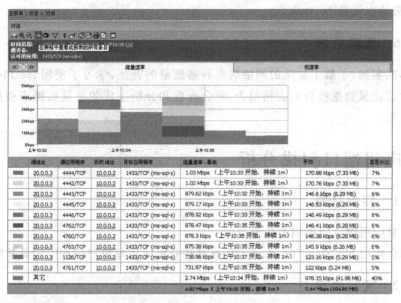

图 14-26　2008 年 12 月 18 日上午 10：32 到上午 10：38 的 ms-sql-s 应用会话

⑨ 单击图 14-26 所示的按钮查看 2008 年 12 月 18 日上午 10:32 到上午 10:38 的 ms-sql-s 应用会话的表格报告，查看这个时间内发生在 R2 上的所有 ms-sql-s 应用会话，如图 14-27 所示。

	源地址	源应用程序	目的地址	目标应用程序	流量	总流量百分比	包	总包数百分比
○	20.0.0.3	4444/TCP	10.0.0.2	1433/TCP (ms-sql-s)	170.88 kbps (7.33 MB)	7%	14.43 /s (5.19 k)	7%
○	20.0.0.3	4442/TCP	10.0.0.2	1433/TCP (ms-sql-s)	170.76 kbps (7.33 MB)	7%	14.45 /s (5.2 k)	7%
○	20.0.0.3	4443/TCP	10.0.0.2	1433/TCP (ms-sql-s)	146.6 kbps (6.29 MB)	6%	12.35 /s (4.45 k)	6%
○	20.0.0.3	4445/TCP	10.0.0.2	1433/TCP (ms-sql-s)	146.53 kbps (6.29 MB)	6%	12.36 /s (4.45 k)	6%
○	20.0.0.3	4446/TCP	10.0.0.2	1433/TCP (ms-sql-s)	146.49 kbps (6.29 MB)	6%	12.33 /s (4.44 k)	6%
○	20.0.0.3	4762/TCP	10.0.0.2	1433/TCP (ms-sql-s)	146.41 kbps (6.28 MB)	6%	12.34 /s (4.44 k)	6%
○	20.0.0.3	4760/TCP	10.0.0.2	1433/TCP (ms-sql-s)	146.38 kbps (6.28 MB)	6%	12.35 /s (4.45 k)	6%
○	20.0.0.3	4763/TCP	10.0.0.2	1433/TCP (ms-sql-s)	145.9 kbps (6.26 MB)	6%	12.28 /s (4.42 k)	6%
○	20.0.0.3	1126/TCP	10.0.0.2	1433/TCP (ms-sql-s)	123.16 kbps (5.29 MB)	5%	10.38 /s (3.74 k)	5%
○	20.0.0.3	4761/TCP	10.0.0.2	1433/TCP (ms-sql-s)	122 kbps (5.24 MB)	5%	10.29 /s (3.71 k)	5%
○	20.0.0.3	4669/TCP	10.0.0.2	1433/TCP (ms-sql-s)	118.75 kbps (5.1 MB)	5%	10.08 /s (3.63 k)	5%
○	20.0.0.3	4670/TCP	10.0.0.2	1433/TCP (ms-sql-s)	88.57 kbps (3.8 MB)	4%	7.45 /s (2.68 k)	4%
○	20.0.0.3	4673/TCP	10.0.0.2	1433/TCP (ms-sql-s)	86.85 kbps (3.73 MB)	4%	7.3 /s (2.63 k)	4%
○	20.0.0.3	4672/TCP	10.0.0.2	1433/TCP (ms-sql-s)	84.79 kbps (3.64 MB)	3%	7.12 /s (2.56 k)	3%
○	20.0.0.3	4671/TCP	10.0.0.2	1433/TCP (ms-sql-s)	77.54 kbps (3.33 MB)	3%	6.53 /s (2.35 k)	3%
○	20.0.0.3	4550/TCP	10.0.0.2	1433/TCP (ms-sql-s)	48.96 kbps (2.1 MB)	2%	4.14 /s (1.49 k)	2%
○	20.0.0.3	1044/TCP	10.0.0.2	1433/TCP (ms-sql-s)	47.96 kbps (2.06 MB)	2%	4.06 /s (1.46 k)	2%
○	20.0.0.3	4547/TCP	10.0.0.2	1433/TCP (ms-sql-s)	46.99 kbps (2.02 MB)	2%	3.97 /s (1.43 k)	2%
○	20.0.0.3	4548/TCP	10.0.0.2	1433/TCP (ms-sql-s)	44.47 kbps (1.91 MB)	2%	3.75 /s (1.35 k)	2%
○	20.0.0.3	1043/TCP	10.0.0.2	1433/TCP (ms-sql-s)	38.29 kbps (1.64 MB)	2%	3.22 /s (1.16 k)	2%
○	20.0.0.3	4551/TCP	10.0.0.2	1433/TCP (ms-sql-s)	38.02 kbps (1.63 MB)	2%	3.2 /s (1.15 k)	2%
○	20.0.0.3	1041/TCP	10.0.0.2	1433/TCP (ms-sql-s)	37.6 kbps (1.61 MB)	2%	3.16 /s (1.14 k)	2%
○	20.0.0.3	4549/TCP	10.0.0.2	1433/TCP (ms-sql-s)	37.17 kbps (1.6 MB)	2%	3.12 /s (1.12 k)	2%
○	20.0.0.3	1042/TCP	10.0.0.2	1433/TCP (ms-sql-s)	36.24 kbps (1.56 MB)	1%	3.05 /s (1.1 k)	1%
○	20.0.0.3	1045/TCP	10.0.0.2	1433/TCP (ms-sql-s)	36.05 kbps (1.55 MB)	1%	3.03 /s (1.09 k)	1%
					2.44 Mbps (104.85 MB)		206.09 /s (74.19 k)	

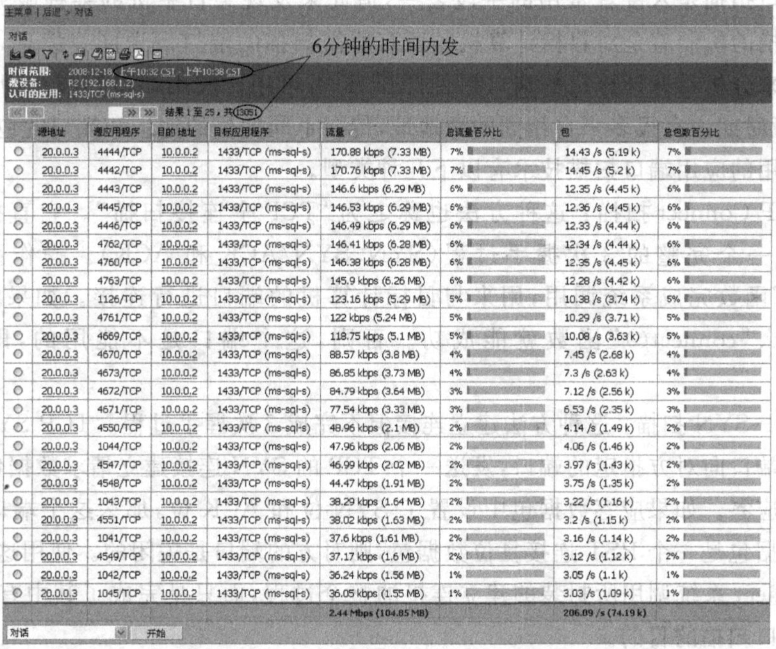

图 14-27　2008 年 12 月 18 日上午 10：32 到上午 10：38 的 ms-sql-s 应用会话的表格形式

从上图中可以看到,在短短 6 分钟的时间内就发生了 13051 个 ms-sql-s 会话,平均每分钟发生 2175 个会话。可见网络上存在异常网络流量,产生该异常流量的是基于 TCP 协议的目的端口为 1433 的 ms-sql-s 应用,可知是由于网络上爆发了 MS-SQL Slammer 蠕虫病毒,感染病毒的主机是 10.0.0.2。

14.3.6 实验总结

通过本次实验,了解了常见的网络病毒异常流量的特征,学习了使用 NetFlow Tracker 工具软件生成流量数据报告的表格报告,学会查看和分析生成的流量数据表格报告并找出网络异常流量。

14.4 应用端口扫描分析

14.4.1 实验目的

(1) 了解应用端口扫描相关知识。
(2) 学会使用 NetFlow Tracker 工具查看和分析应用端口扫描产生的异常网络流量。

14.4.2 实验内容

使用 NetFlow 工具软件查看网络上启动了 NetFlow 的路由器采集到的 NetFlow 流数据,分析并找出发生在网络中的应用端口扫描异常网络流量。

14.4.3 实验原理

应用端口扫描是入侵者常用的手段之一,借此来发现某台主机的某种服务是否可用。应用端口扫描的机制就是对目标计算机的所有所需扫描的端口发送同一信息,然后根据返回端口状态来分析目标计算机的端口是否打开、是否可用。应用端口扫描行为的一个重要特征,是在短时期内有很多来自相同的源地址,传向不同的目的地址和端口的包。

目前通用的应用端口扫描技术有以下几种类型。

(1) TCP Connect 扫描:这种方法也称之为"TCP 全连接扫描"。它直接连到目标端口并完成一个完整的 3 次握手过程(SYN、SYN/ACK 和 ACK)。操作系统提供的 "connect()" 函数完成系统调用,用来与目标计算机的端口进行连接。如果端口处于侦听状态,那么 "connect()" 函数就能成功。否则,这个端口是不能用的,即没有提供服务。

(2) TCP SYN 扫描:这种方法建立连接但不完成 3 次握手过程。TCP SYN 扫描通过本机的一个端口向对方指定的端口,发送一个 TCP 的 SYN 连接建立请求数据包,然后开始等待对方的应答。如果应答数据包中设置了 SYN 位和 ACK 位,那么这个端口是开放的;如果应答数据包是一个 RST 连接复位数据包,则对方的端口是关闭的。使用这种方法不需要完成 Connect 系统调用所封装的建立连接的整个过程,而只是完成了其中有效的部分就可以达到端口扫描的目的。

(3) TCP FIN 扫描:这种扫描方式不依赖于 TCP 的 3 次握手过程,而是 TCP 连接的

FIN(结束)位标志。原理在于 TCP 连接结束时,会向 TCP 端口发送一个设置了 FIN 位的连接终止数据包,关闭的端口会回应一个设置了 RST 的连接复位数据包;而开放的端口则会对这种可疑的数据包不加理睬,将它丢弃。可以根据是否收到 RST 数据包来判断对方的端口是否开放。

(4) TCP Xmas 和 Null 扫描:TCP Xmas 扫描向目标端口发送一个含有 FIN(结束)、URG(紧急)和 PUSH(弹出)标志的分组,而 TCP Null 扫描是向目标端口发送一个不包含任何标志的分组。根据 RFC793,在这两种扫描中,当一个数据包到达一个关闭的端口,数据包会被丢掉,并且返回一个 RST 数据包。否则,若是打开的端口,数据包只是简单地被丢掉,不返回 RST。

(5) ACK 扫描:发送 ACK 数据包,用来试探防火墙的过滤规则集。

(6) UDP 扫描:在 UDP 扫描中,是往目标端口发送一个 UDP 分组。如果目标端口是以一个"ICMP port Unreachable"(ICMP 端口不可达)消息作为响应的,那么该端口是关闭的;相反,如果没有收到这个消息那就说明该端口是打开的。也有一些特殊的 UDP 回馈,比如 SQL Server 服务器,对其 1434 号端口发送"x02"或者"x03"就能够探测得到其连接端口。

通过对 NetFlow 流数据中协议类型和端口号的统计信息的判断,可以初步判定出端口扫描攻击。

14.4.4 实验环境

图 14-28 所示为应用端口扫描实验的组网图。

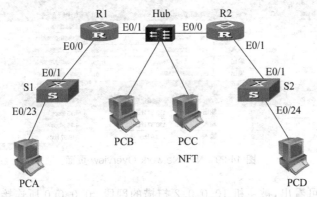

图 14-28 应用端口扫描实验组网图

Quidway AR28 11 系列路由器 2 台,Quidway 系列交换机 2 台,集线器(Hub)一台,PC 至少 3 台,标准直通线数根。要求 2 台路由器上都启动 NetStream 协议。

14.4.5 实验步骤

① 按照图 14-28 所示正确组网。同 14.2.5 节的步骤①。
② 配置各路由器和 PC。同 14.2.5 节的步骤②。
③ 在 PCC 上安装 NetFlow Tracker 应用软件,在 PCA 和 PCD 上安装 IxChariot Console V5.40 控制端软件,在 PCA、PCB、PCC 和 PCD 4 台 PC 上安装 IxChariot endpoint

终端软件。安装完成后,设置 NetFlow Tracker。安装及设置方法如 14.2.5 节的步骤③。

④ 在网络 10.0.0.0 到网络 20.0.0.0 和 192.168.1.0 之间生成 http、smtp、ftp-data、epmap 和 tftp 多种应用的网络流量。具体步骤同 14.2.5 节中的步骤④。

这里,根据端口扫描的特征,源主机 10.0.0.2 向目的网络 20.0.0.0 内的所有主机发送 epmap 包。而其他的应用可由任意源地址发向任意的目的地址。同样,为了生成更多的网络流量,可使用相同的源地址(目的地址)和不同的目的地址(源地址)来建立多个 Endpoint Pair,多次发起和断开源地址和目的地址之间的连接来建立多个不同的通信,这些连接具有相同的源 IP 地址、源端口、目的 IP 地址和不同的目的端口。

⑤ 等待一段时间后,打开 NetFlow Tracker 程序,查看生成的 NetFlow 流数据,如图 14-29 所示,首先进入了 NFT 默认的 Network Overview 页面。

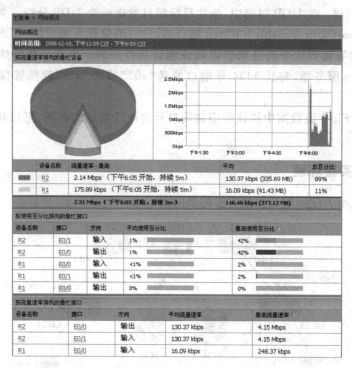

图 14-29 NFT Network Overview 页面

从图 14-29 中可看出,被主机 10.0.0.2 扫描的网段 20.0.0.0 所连接的路由器 R2 占用了整个网络中 89% 的流量。

⑥ 单击图 14-29 中设备 R2 或者饼图上的绿色部分,查看发生在该设备上的应用的详细流量数据信息,如图 14-30 所示。

从图 14-30 可以看到发生在设备 R2 上的基于 UDP 协议的端口号为 135 的 epmap 应用的流量统计信息,在从 E0/1 端口进入路由器 R2 的网络流量中,epmap 应用占用了 89% 的网络流量。

⑦ 单击 epmap 应用,查看该应用的详细会话记录,如图 14-31 所示。

从图 14-31 中可以看到,在源主机 20.0.0.3 的 135 端口发生了很多 epmap 会话,这些会话中的每一个会话的目的主机 IP 地址相同,但每一个会话的目的端口不同,即主机

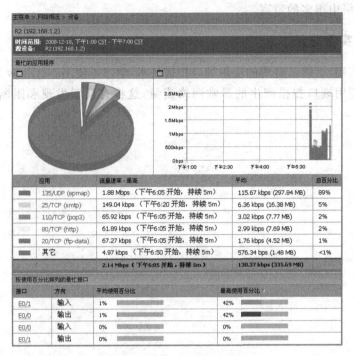

图 14-30 设备 R2 的 Top N 应用

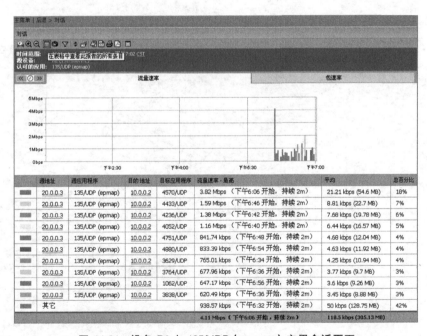

图 14-31 设备 R2 上 135/UDP（epmap）应用会话页面

20.0.0.3 的 135 端口向主机 10.0.0.2 的不同端口发起了 epmap 会话。换句话说，主机 10.0.0.2 以不同的端口向主机 20.0.0.3 的 135 端口发起很多个 epmap 会话。显而易见，主机 10.0.0.2 正在对主机 20.0.0.3 的 135 端口进行应用端口扫描，它产生了大量的网络流量,占用了网络中很多的带宽。

14.4.6 实验总结

通过本次实验,了解了常用的应用端口扫描技术,学习了使用 NetFlow Tracker 工具软件查看和分析应用端口扫描产生的异常网络流量,这将有助于发现和阻断应用端口扫描攻击。

实验 15 局域网测试实验

实验内容

① 局域网系统性能测试。
- 局域网系统连通性测试；
- 链路传输速率测试；
- 网络吞吐率测试；
- 传输时延测试；
- 丢包率测试；
- 以太网链路层健康状况测试。

② 局域网系统应用性能测试。
- DHCP 服务性能测试；
- DNS 服务性能测试；
- Web 应用服务性能测试；
- E-mail 应用服务性能测试；
- 文件服务性能测试。

③ 局域网系统功能测试。
- IP 子网划分测试；
- VLAN 划分测试；
- DHCP 功能测试；
- NAT 功能测试；
- 组播功能测试。

15.1 局域网测试简介

随着计算机网络技术的发展和普及，网络在人们的工作和生活中的重要性和关键性越来越突出。政府机关、企事业单位，乃至居民社区等越来越多的工作单位和生活场所都纷纷构建了局域网，然而建成后的局域网的质量、服务多数达不到用户要求，甚至由于网络问题而导致数据丢失、工作中断等严重问题。于是，相关组织和机构根据 GB/T 5271.25—2000、ISO/IEC 8802.3：2000、YD/T 1141—2001 等先行国家标准、国际标准和行业标准，并参考 RFC2544、RFC2889 的方法论，针对我国局域网系统测试验收的具体要求而制定了一个系统的、具有量化评估指标的基于以太网技术的局域网系统测试验收标准。该标准把局域网作为一个系统，从传输媒体、网络设备、局域网系统性能、局域网系统应用性能、局域网系统功能和网络管理功能等各个方面规定了局域网系统验收测评的技术要求和测试方法，提出了综合验收的测试规则。

根据标准，局域网测试中，在传输媒体方面，主要对双绞线布线系统和多模、单模光缆布线系统进行测试；在网络设备方面，对集线器、交换机、路由器和防火墙进行测试；在局域网系统性能方面,对系统连通性、链路传输速率、吞吐率、传输时延、丢包率和以太网链路层健康状况进行测试;在局域网系统应用性能方面,对 DHCP 服务性能、DNS 服务性能、Web 访问服务性能、E-mail 服务性能和文件服务性能进行测试;在局域网系统功能方面,对 IP 子网划分功能、VLAN 划分功能、NAT 功能、DHCP 功能和组播功能进行测试;在网络管理功能方面,对配置管理、告警管理、性能管理、安全管理和管理信息库等进行测试。

本实验着重介绍了局域网系统性能、局域网系统应用性能和局域网系统功能这三个方面的技术要求、相关理论和测试实验。

15.2 局域网系统性能测试

15.2.1 局域网系统连通性测试

1. 实验目的

(1) 了解局域网系统连通性测试的方法。
(2) 了解并使用 Fluke 测试仪进行连通性测试。

2. 实验内容

了解局域网系统连通性测试的方法,同时介绍相关的测试工具使用方法。

3. 实验原理

Ping 是一个可执行命令。利用它可以检查网络是否能够连通,可以很好地帮助分析判定网络故障。该命令只有在安装了 TCP/IP 协议后才可以使用。Ping 命令的主要作用是通过发送数据包并接收应答信息来检测两台计算机之间的网络是否连通。当网络出现故障的时候,可以用这个命令来预测故障和确定故障地点。Ping 命令成功只是说明当前主机与目的主机之间存在一条连通的路径。如果不成功,则考虑:网线是否连通,网卡设置是否正确,IP 地址是否可用,等等。

4. 实验环境和分组

(1) Fluke 网络测试仪一台。
(2) 每组 4 名同学,两两合作进行实验。

5. 实验组网

图 15-1 所示为这次实验的组网图。

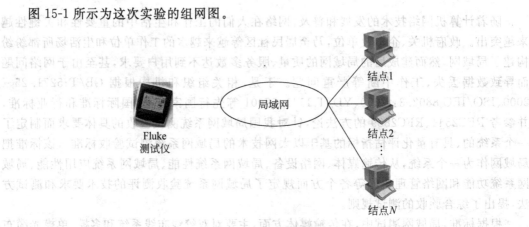

图 15-1 实验组网图

6．实验步骤

① 将Fluke测试仪接入局域网，如图15-1所示，为其正确配置IP地址、子网掩码及网关等参数。启动Fluke测试仪，如图15-2所示。

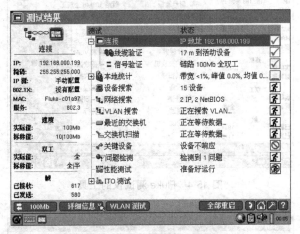

图 15-2　Fluke测试仪启动界面

选中"连接"选项，单击"详细信息"按钮，进入"仪表设置-TCP/IP"界面，如图15-3所示，配置IP地址及子网掩码等参数。

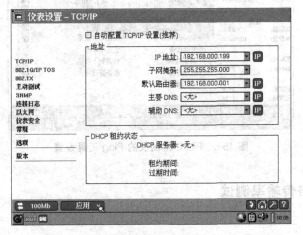

图 15-3　Fluke测试仪的仪表设置-TCP/IP界面

配置完成后单击"应用"按钮即可使配置生效。

② 用Fluke测试仪对局域网中的关键服务器、关键网络设备（如路由器和交换机）进行10次Ping测试，每次间隔1s，以测试网络连通性。

单击屏幕右下角的"工具"按钮，如图15-4所示。

单击"Ping"命令，输入要测试的服务器或设备的IP地址，如图15-5所示。

单击操作界面中的"确定"按钮就可以开始测试服务器或设备的连通性。

7．实验总结

通过实验，了解局域网系统连通性测试的方法，以及如何使用Fluke测试仪进行连通性测试。

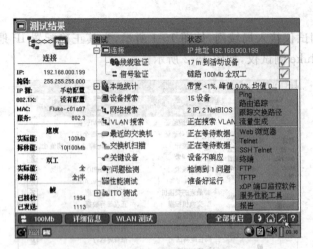

图 15-4　Fluke 测试仪的工具

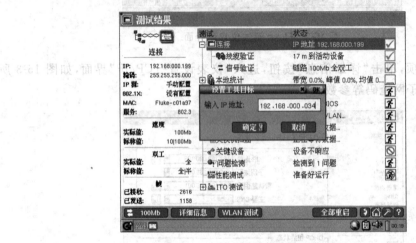

图 15-5　Fluke 测试仪的 Ping 工具设置

15.2.2　链路传输率测试

1. 实验目的

（1）了解链路传输率的测试方法。

（2）使用 Fluke 测试仪测试局域网的链路传输率。

2. 实验内容

使用两台 Fluke 测试仪，其中一台产生流量，另一台接收流量，测试局域网系统的链路传输率。

3. 实验原理

链路传输速率是指设备间通过网络传输数字信息的速率。对于 10M 以太网，单项传输速率应该达到 10Mbps；对于 100M 以太网，单项传输速率应该达到 100Mbps；对于 1000M 以太网，单项传输速率应该达到 1000Mbps。

目前局域网系统的链路传输率要求如表 15-1 所示。

表 15-1 局域网系统的链路传输率要求

网络类型	全双工交换式以太网		共享式以太网/半双工交换式以太网	
	发送端口利用率	接收端口利用率	发送端口利用率	接收端口利用率
10M 以太网	100%	≥99%	50%	≥45%
100M 以太网	100%	≥99%	50%	≥45%
1000M 以太网	100%	≥99%	50%	≥45%

注：链路传输速率＝以太网标称速率×接收端利用率。

4. 实验环境和分组

(1) Fluke 网络测试仪两台。

(2) 每组 4 名同学，两两合作进行实验。

5. 实验组网

图 15-6 所示为这次实验的组网图。

图 15-6 实验组网图

6. 实验步骤

(1) 将两台 Fluke 测试仪接入局域网，为其正确配置 IP 地址、子网掩码及网关等参数。

(2) 对作为发送方的 Fluke 测试仪进行配置，向接收方的 Fluke 测试仪发送数据流。

在启动界面中，如图 15-7 所示，选中"ITO 测试"下的"流量生成"项，单击"详细信息"按钮。

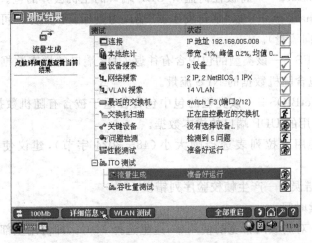

图 15-7 启动 Fluke 测试仪的流量生成选项

进入"流量生成"界面,如图15-8所示,选中"单播"项,在MAC下拉列表框中选中作为接收方的Fluke测试仪,对其他各项参数进行配置,配置完成后单击"开始"按钮即可进行测试,以下是对各个参数意义的说明。

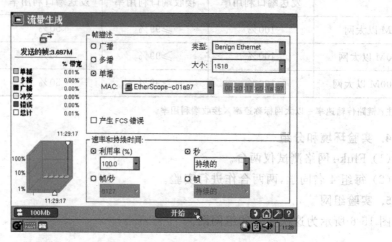

图 15-8　Fluke测试仪的流量生成设置界面

① 帧描述。

a. 类型——选择所发送的协议。

- Benign Ethernet(以太网类型 1996 十六进制)——一种携带随机数据、不能被路由的标准以太网数据帧。
- Benign LLC——一种包含未使用 DSAP 和 SSAP 值,不能被路由的标准 802.2 数据帧。
- NetBEUI——携带随机数据的 NetBIOS over 802.2(NetBEUI)。
- Benign IP——一种可被路由的 IP 包,它在协议字段有未使用的值并携带随机数据。
- IP/ICMP Echo——标准的 Ping 请求(可能引起双向的流量)。
- IP/UDP Discard——将被任何监听 UDP 端口的主机丢弃的包。
- IP/UDP CharGen——以"字符发生器"端口为目标。该服务不可在所有系统上使用(会引起双向流量)。
- IP/UDP NFS——该类型的包中含有往返 UDP 端口的样本数据,UDP 端口经常被用于产生包含随机数据的 NFS 流量。
- IP/UDP NetBIOS——该类型的包中包含往返于被含有随机数据的 NetBIOS over TCP/IP 使用的 UDP 端口的样本数据。

b. 大小——使用下拉列表选择帧大小(48—2024 字节),建议使用 1518 字节的数据帧。

c. 产生 FCS 错误——产生帧校验序列错误。

② 速率和持续时间。

a. 利用率——对局域网带宽的使用率,这里选择 100%,即占用全部带宽。

b. 秒——持续流量的时间,选择"持续的",即表示一直发送流量,直到单击"停止"按钮(单击"开始"按钮后,会变成"停止"按钮)。

c. 帧/秒——发送数据帧的速度,选择了"利用率"之后,这一项就不必填写了。
d. 帧——持续流量的时间,选择"秒"之后,这一项就不必填写了。

(3) 在接收方的 Fluke 测试仪上查看接收端利用率。

接收方的 Fluke 测试仪的启动界面选中"本地统计"项,如图 15-9 所示,单击"详细信息"按钮。

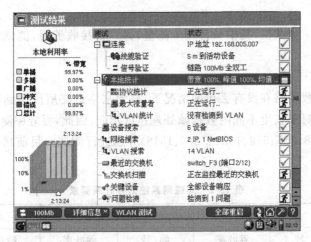

图 15-9 接收方的 Fluke 测试仪的启动界面设置

进入"历史利用率"界面,如图 15-10 所示。"本地利用率"就是接收端利用率,本次实验测得的接收端利用率为 99.99%。

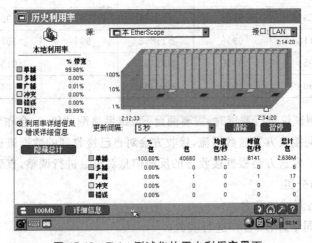

图 15-10 Fluke 测试仪的历史利用率界面

(4) 根据实验数据计算链路传输率。

链路传输率 = 以太网标称速率 × 接收端利用率 = 100Mbps × 99.99%
= 99.99Mbps

7. 实验总结

通过实验,了解局域网系统链路传输速率的测试方法,以及如何使用 Fluke 测试仪进行链路传输速率的测试。

15.2.3 网络吞吐率测试

1. 实验目的

(1) 了解网络吞吐率的测试方法。

(2) 使用 Fluke 测试仪测试局域网的网络吞吐率。

2. 实验内容

使用两台 Fluke 测试仪,其中一台产生流量,另一台接收流量,测试局域网系统的网络吞吐率。

3. 实验原理

吞吐率是指空载网络在没有丢包的情况下,被测网络链路所能达到的最大数据包转发速率。由于以太网对于长度不同的数据帧处理速度不同,因此,吞吐率测试需要按照不同的帧长度(包括 64、128、256、512、1024、1280、1518)分别进行测试。目前局域网系统的吞吐率要求如表 15-2 所示。

表 15-2 局域网系统的吞吐率要求

测试帧长 (字节)	10M 以太网		100M 以太网		1000M 以太网	
	帧/秒	吞吐率	帧/秒	吞吐率	帧/秒	吞吐率
64	≥1471	99%	≥104166	70%	≥1041667	70%
128	≥8361	99%	≥67567	80%	≥633446	75%
256	≥4483	99%	≥40760	90%	≥362318	80%
512	≥2326	99%	≥23261	99%	≥199718	85%
1024	≥1185	99%	≥11853	99%	≥107758	90%
1280	≥951	99%	≥9519	99%	≥91345	95%
1518	≥804	99%	≥8046	99%	≥80461	99%

用 Fluke 网络测试仪进行测试时,需要两台 Fluke 网络测试仪,一台作为发送方,另一台作为接收方。发送方向接收方发送数据流,接收方会对自己接收到的数据流进行统计,并将统计结果反馈给发送方。发送方会根据接收方的反馈信息对流量进行调整,直到不再丢包为止。

4. 实验环境和分组

(1) Fluke 网络测试仪两台。

(2) 每组 4 名同学,两两合作进行实验。

5. 实验组网

图 15-11 所示为实验组网图。

图 15-11 实验组网图

6. 实验步骤

(1) 将两台 Fluke 测试仪接入局域网,为其正确配置 IP 地址、子网掩码及网关等参数。
(2) 对作为发送方的 Fluke 测试仪进行配置,向接收方的 Fluke 测试仪发送数据帧。
在启动界面中,选中"性能测试"项,单击"详细信息"按钮,如图 15-12 所示。

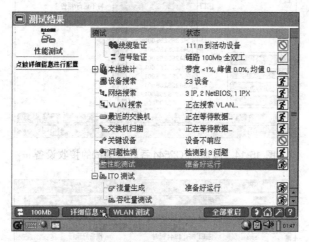

图 15-12　Fluke 测试仪的性能测试选项

进入"性能测试"界面,选中"RFC2544 吞吐量"项,单击"添加设备"按钮,如图 15-13 所示。

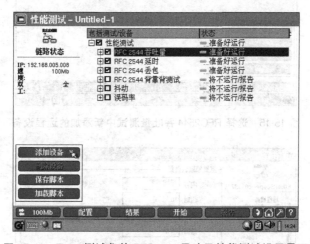

图 15-13　Fluke 测试仪的 RFC2544 吞吐量性能测试设置界面

在弹出窗口中,如图 15-14 所示,单击"远程设备"(这里的远程设备指的是接收方的测试仪)的下三角按钮,选中作为接收方的 Fluke 测试仪,单击"确定"按钮。

选中"RFC2544 吞吐量"项下刚添加的远程设备,单击"配置"按钮,如图 15-15 所示。

进入"吞吐量设备配置"界面,如图 15-16 所示,对各项参数进行配置,配置完成后单击"应用"按钮保存配置,然后单击"开始"按钮即可进行测试。以下是对各个参数意义的说明。

① 重置帧默认设置。

a. 内容——指定用于测试的包的内容。PRBS 代表"伪随机位流"。递增字节则是一个从数字上递增的字节流(从 RFC2544 的默认值 0 开始)。

图 15-14 添加 RFC2544 吞吐量测试的接收设备

图 15-15 选择 RFC2544 吞吐量测试中新添加的远程设备

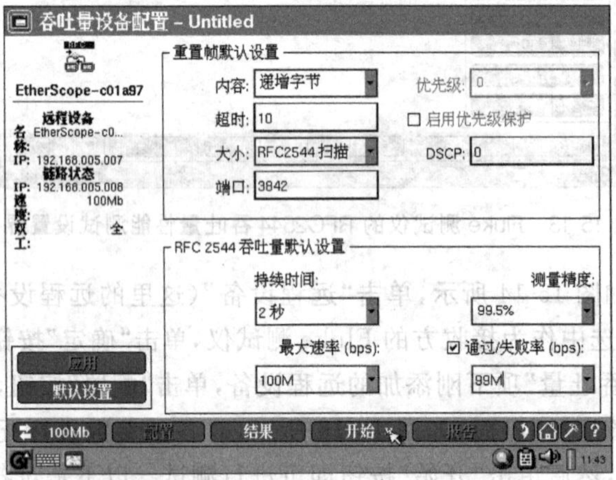

图 15-16 RFC2544 吞吐量远程设备配置界面

b. 超时——控制"握手"协商超时。如果定时器到时,那么就假定两个设备之间的联系中断,测试中止。

c. 大小——选择待发送的帧大小(RFC2544扫描依次在64~1518变化,巨帧扫描依次在64~2024变化)。

d. 端口——可以使用任何端口,但必须与两个设备匹配,性能测试的默认端口为3842。

e. 启用优先级保护——如果给仪表启用了802.1Q,那么可以选择计算,在通过网络发送时,其优先位没有改变的帧的数量。

f. 优先级——如果给仪表启用了802.1Q,那么可以使用下拉列表框给所传送的帧设置用户优先位。

g. DSCP(差分服务代码点)——如果启用了带DSCP的服务类型(TOS),那么就可以设置DSCP参数。

② RFC2544吞吐量默认设置。

a. 持续时间——每次试验的时间长度,单位为秒。一次试验定义为在给定帧大小和利用率水平下的帧计数时段。每个选定的帧大小将至少进行一次试验。

b. 最大速率——指定试验的最大数据传输速率。注意:如果最大速率小于通过/失败速率,那么通过/失败速率将更改为与最大速率相符。

c. 测量精度——用它来选择吞吐量测试逐次重复之间的最小速率变化。测试将从最大速率值开始。如果出现少量丢包,测试速率将作最低限度的减少,然后重新运行测试。最低限度减少的测试速率是当前丢包率乘上测量准确度值计算而得,例如下一速率=当前速率×0.995(99.5%)。该过程将持续到不再丢包为止。该值影响此项测试完成的速度,字段中的值越小,测试会越快完成。

d. 通过/失败率——如果希望结果能反映测试是通过还是失败,就要启用该复选框。测试状态LED指示灯也会指示通过/失败状态。使用下拉列表框选择要使测试通过,测得的吞吐量必须达到或超过的最小速率(单位bps)。注意:如果通过/失败速率大于在最大速率字段中输入的值,那么最大速率将更改为与通过/失败速率相符。根据国家标准,100M以太网下吞吐率不小于$100×99\%=99M$,因此这里填99M。

(3) 测试完成后创建测试报告。

在"吞吐量设备结果"界面中单击"报告"按钮,如图15-17所示。

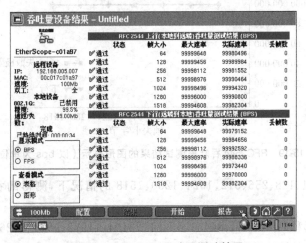

图15-17 RFC2544吞吐量测试结果

在"CF卡报告"弹出窗口中单击"新建报告"按钮,输入报告名称,单击"确定"按钮即可创建测试报告,如图 15-18 所示。

图 15-18　创建 RFC2544 吞吐量测试报告

(4) 可通过读卡器将实验报告复制至 PC 上,本次实验测得的数据如下。

① 帧长度为 64、128、256、512、1024、1280、1518 的情况下,测得的吞吐率(以 bps 为单位)分别如下。

上行(本地到远程):99980496、99989984、99981552、99990464、99994320、99990800、99982304。

下行(远程到本地):99979152、99984656、99992592、99988336、99973440、99970000、99982304。

测试图形(因为 Fluke 测试仪的测试结果中,线条重合,书中不易区分,实验中测试仪上可通过折线颜色和折线点形状区分,本章中其他测试结果图类似)如图 15-19 所示。

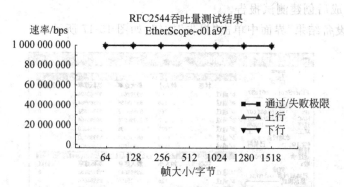

图 15-19　RFC2544 吞吐率测试结果的图形表示 (以 bps 为单位)

② 帧长度为 64、128、256、512、1024、1280、1518 的情况下,测得的吞吐率(以 fps 为单位)分别如下。

上行(本地到远程):148780、84451、45281、23494、11972、9614、8126。

下行(远程到本地):148778、84446、45286、23493、11970、9612、8126。

测试图形如图 15-20 所示。

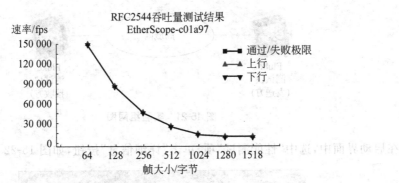

图 15-20　RFC2544 吞吐率测试结果的图形表示（以 fps 为单位）

7. 实验总结

通过实验，了解局域网系统吞吐率的测试方法，以及如何使用 Fluke 测试仪进行吞吐率的测试。

15.2.4　传输时延测试

1. 实验目的

（1）了解传输时延的测试方法。

（2）使用 Fluke 测试仪测试局域网的传输时延。

2. 实验内容

使用两台 Fluke 测试仪，其中一台产生流量，另一台接收流量，测试局域网系统的传输时延。

3. 实验原理

传输时延是指数据包从发送端口（地址）到目的端口（地址）所需经历的时间。通常传输时延与传输距离、经过的设备和带宽的利用率有关。在网络正常情况下，传输时延应不影响各种业务（如视频点播、基于 IP 的语音/VoIP、高速上网等）的使用。局域网系统在 1518 字节帧长情况下，最大传输时延应不超过 1ms。

用 Fluke 网络测试仪进行测试时，需要两台 Fluke 网络测试仪，一台作为发送方，另一台作为接收方。发送方向接收方发送数据帧，并在数据帧内打上时间戳。接收方将接收到的数据帧返回给发送方，发送方接到接收方返回的数据帧后，会用当前时间减去数据帧内的时间戳，然后除以 2，即求得数据帧的传输时延。

4. 实验环境和分组

（1）Fluke 网络测试仪两台。

（2）每组 4 名同学，两两合作进行实验。

5. 实验组网

图 15-21 所示为实验组网图。

6. 实验步骤

（1）将两台 Fluke 测试仪接入局域网，为其正确配置 IP 地址、子网掩码及网关等参数。

（2）对作为发送方的 Fluke 测试仪进行配置，向接收方的 Fluke 测试仪发送数据帧。

图 15-21 实验组网图

在启动界面中,选中"性能测试"项,单击"详细信息"按钮,如图 15-22 所示。

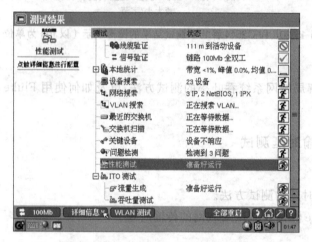

图 15-22 Fluke 测试仪的性能测试选项

进入"性能测试"界面,选中"RFC2544 延时"项,单击"添加设备"按钮,如图 15-23 所示。

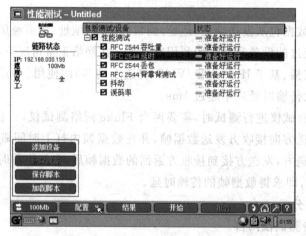

图 15-23 性能测试中的 RFC2544 延时测试选项

在弹出窗口中,如图 15-24 所示,单击"远程设备"(这里的远程设备指的是接收方的测试仪)的下三角按钮,选中作为接收方的 Fluke 测试仪,单击"确定"按钮。

选中"RFC2544 延时"项下刚添加的远程设备,单击"配置"按钮,如图 15-25 所示。

进入"延时设备配置"界面,如图 15-26 所示。对各项参数进行配置,配置完成后单击"应用"按钮保存配置,单击"开始"按钮即可进行测试。以下是对各个参数意义的说明。

图 15-24 添加 RFC2544 延时测试的接收设备

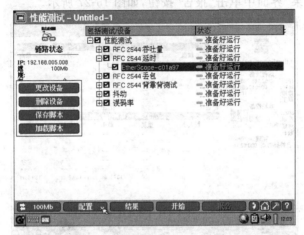

图 15-25 选择 RFC2544 延时测试中新添加的远程设备

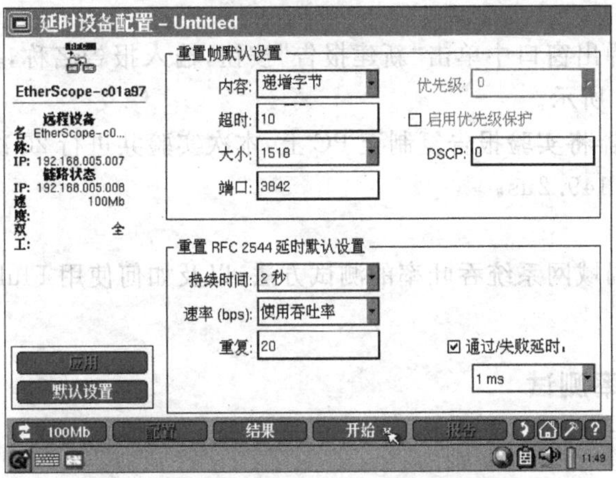

图 15-26 RFC2544 延时测试的远程设备配置界面

① 重置帧默认设置。
与吞吐率测试中完全相同,这里不再赘述。

② 重置 RFC2544 延时默认设置。

a. 持续时间——每次试验的时间长度,单位为秒。一次试验定义为在给定帧大小和利用率水平下的帧计数时段。每个选定的帧大小将至少进行一次试验。

b. 速率——指定试验的数据传输速率。默认设置是使吞吐量测试的结果到最大吞吐率的值。延时测试是在最大吞吐率或此处指定的速率下运行(注意:选用"使用吞吐率",必须是在已经对远程设备做过吞吐率测试的情况下,否则请选用以太网的标称速率)。

c. 重复——测试将运行的次数,测试将在指定的帧速率下运行指定的次数。建议20次。

d. 通过/失败延时——如果希望结果能反映测试是通过还是失败,就要启用该复选框。测试状态 LED 指示灯也会指示通过/失败状态。使用下拉列表框选择要使测试通过,测得的延时必须不能超过的最大时间。

(3) 测试完成后创建测试报告。

在"延时设备结果"界面中单击"报告"按钮,如图 15-27 所示。

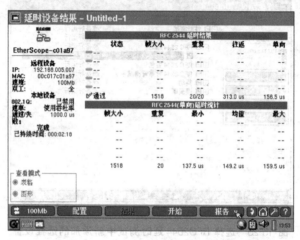

图 15-27　RFC2544 延时测试结果

在"CF 卡报告"弹出窗口中单击"新建报告"按钮,输入报告名称,单击"确定"即可创建测试报告,如图 15-28 所示。

(4) 可通过读卡器将实验报告复制至 PC 上,本次实验共进行 20 次数据帧传输,测得的传输时延的平均值为 149.2us。

7. 实验总结

通过实验,了解局域网系统吞吐率的测试方法,以及如何使用 Fluke 测试仪进行传输时延的测试。

15.2.5　丢包率测试

1. 实验目的

(1) 了解丢包率的测试方法。

(2) 使用 Fluke 测试仪测试局域网的丢包率。

2. 实验内容

使用两台 Fluke 测试仪,其中一台产生流量,另一台接收流量,测试局域网系统的丢包率。

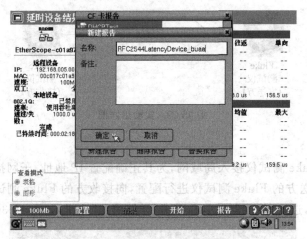

图 15-28　创建 RFC2544 延时测试结果报告

3. 实验原理

丢包率，是由于网络性能问题造成部分数据包无法被转发的比例。由于以太网对于长度不同的数据帧处理速度不同，在进行丢包率测试时，需按照不同的帧长度（包括 64、128、256、512、1024、1280、1518 字节）分别进行测量。局域网系统的丢包率要求如表 15-3 所示。

表 15-3　局域网系统的丢包率要求

测试帧长（字节）	10M 以太网		100M 以太网		1000M 以太网	
	流量负荷	丢包率	流量负荷	丢包率	流量负荷	丢包率
64	70%	≤0.1%	70%	≤0.1%	70%	≤0.1%
128	70%	≤0.1%	70%	≤0.1%	70%	≤0.1%
256	70%	≤0.1%	70%	≤0.1%	70%	≤0.1%
512	70%	≤0.1%	70%	≤0.1%	70%	≤0.1%
1024	70%	≤0.1%	70%	≤0.1%	70%	≤0.1%
1280	70%	≤0.1%	70%	≤0.1%	70%	≤0.1%
1518	70%	≤0.1%	70%	≤0.1%	70%	≤0.1%

用 Fluke 网络测试仪进行测试时，需要两台 Fluke 网络测试仪，一台作为发送方，另一台作为接收方。发送方向接收方发送数据流，接收方会对自己接收到的数据流进行统计，并将统计结果反馈给发送方。发送方会根据接收方的反馈对流量进行调整，直到数据帧的通过率（通过率＝100%－丢包率）大于所配置的"通过/失败"率为止。

4. 实验环境和分组

（1）Fluke 网络测试仪两台。

（2）每组 4 名同学，两两合作进行实验。

5. 实验组网

图 15-29 所示为实验组网图。

图 15-29 实验组网图

6. 实验步骤

(1) 将两台 Fluke 测试仪接入局域网,为其正确配置 IP 地址、子网掩码及网关等参数。

(2) 对作为发送方的 Fluke 测试仪进行配置,向接收方的 Fluke 测试仪发送数据帧。

在启动界面中,选中"性能测试"项,单击"详细信息"按钮,如图 15-30 所示。

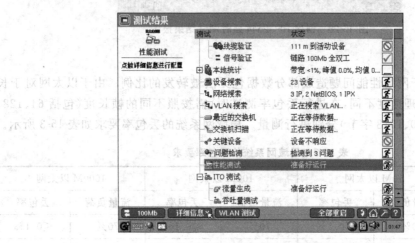

图 15-30 Fluke 测试仪的性能测试选项

进入"性能测试"界面,选中"RFC 2544 丢包"项,单击"添加设备"按钮,如图 15-31 所示。

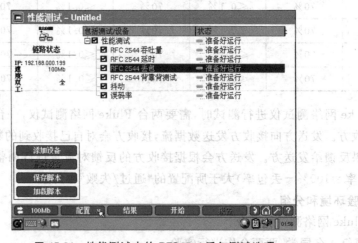

图 15-31 性能测试中的 RFC2544 丢包测试选项

在弹出窗口中,如图 15-32 所示,单击"远程设备"(这里的远程设备指的是接收方的测试仪)的下三角按钮,选中作为接收方的 Fluke 测试仪,单击"确定"按钮。

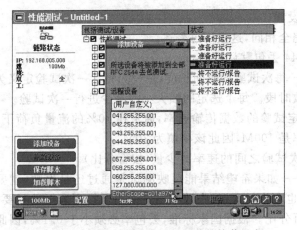

图 15-32 添加 RFC2544 丢包测试的接收设备

选中"RFC2544 丢包"项下刚添加的远程设备,单击"配置"按钮,如图 15-33 所示。

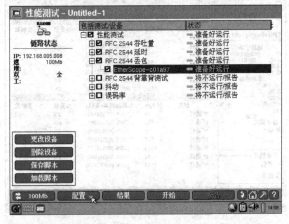

图 15-33 选择 RFC2544 丢包测试中新添加的远程设备

进入"丢包设备配置"界面,如图 15-34 所示。对各项参数进行配置,配置完成后单击"应用"按钮保存配置信息,单击"开始"按钮即可进行测试。以下是对各个参数意义的说明。

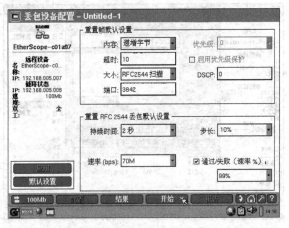

图 15-34 RFC2544 丢包测试的远程设备配置界面

• 197 •

① 重置帧默认设置。

与吞吐率测试完全相同,这里不再赘述。

② 重置 RFC2544 丢包默认设置。

a. 持续时间——每次试验的时间长度,单位为秒。一次试验定义为在给定帧大小和利用率水平下的帧计数时段。每个选定的帧大小将至少进行一次试验。

b. 速率——指定试验的数据传输速率,通常在 70% 的流量负荷下进行测试,笔者所测试的以太网标称速率是 100M,因此该项填为 70M。

c. 步长——两次试验之间的速率减少量(按百分比)。

d. 通过/失败——如果希望结果能反映测试是通过还是失败,就要启用该复选框。测试状态 LED 指示灯也会指示通过/失败状态。使用下拉列表框选择要使测试通过,必须接收到的字节的最小百分比。根据国家标准,丢包率必须小于 0.1%,因此选择 99%。

(3) 测试完成后创建测试报告。

在"丢包设备结果"界面中单击"报告"按钮,如图 15-35 所示。

图 15-35 RFC2544 丢包测试结果

在"CF 卡报告"弹出窗口中单击"新建报告"按钮,输入报告名称,单击"确定"即可创建测试报告,如图 15-36 所示。

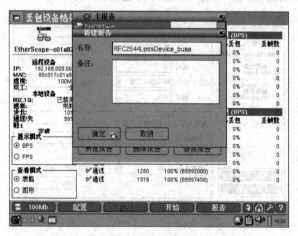

图 15-36 创建 RFC2544 丢包测试结果报告

(4)可通过读卡器将实验报告复制至 PC 上,以下是本次实验所测得的数据。
数据帧长度为 64 字节时的丢包率为 0%,如图 15-37 所示。

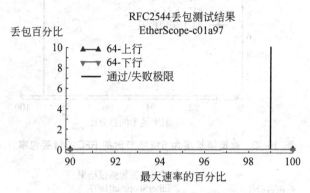

图 15-37　数据帧长度为 64 字节时的 RFC2544 丢包率

数据帧长度为 128 字节时的丢包率为 0%,如图 15-38 所示。

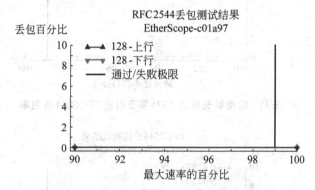

图 15-38　数据帧长度为 128 字节时的 RFC2544 丢包率

数据帧长度为 256 字节时的丢包率为 0%,如图 15-39 所示。

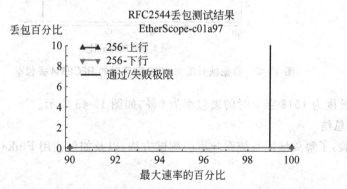

图 15-39　数据帧长度为 256 字节时的 RFC2544 丢包率

数据帧长度为 512 字节时的丢包率为 0%,如图 15-40 所示。
数据帧长度为 1024 字节时的丢包率为 0%,如图 15-41 所示。
数据帧长度为 1280 字节时的丢包率为 0%,如图 15-42 所示。

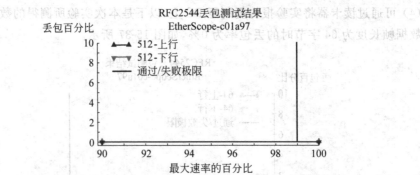

图 15-40　数据帧长度为 512 字节时的 RFC2544 丢包率

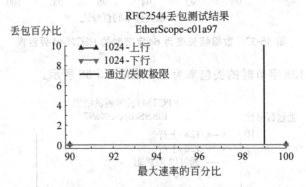

图 15-41　数据帧长度为 1024 字节时的 RFC2544 丢包率

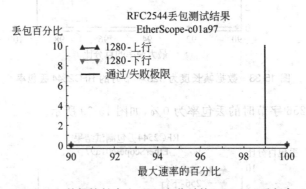

图 15-42　数据帧长度为 1280 字节时的 RFC2544 丢包率

数据帧长度为 1518 字节时的丢包率为 0%，如图 15-43 所示。

7. 实验总结

通过实验，了解局域网系统吞吐率的测试方法，以及如何使用 Fluke 测试仪进行丢包率的测试。

15.2.6　以太网链路层健康状况测试

1. 实验目的

(1) 了解以太网链路层健康状况的测试方法。
(2) 使用 Fluke 测试仪测试局域网的以太网链路层健康状况。

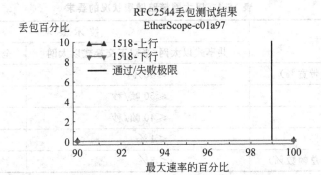

图 15-43 数据帧长度为 1518 字节时的 RFC2544 丢包率

2. 实验内容

使用一台 Fluke 测试仪,接入局域网,测试局域网系统的以太网链路层健康状况。

3. 实验原理

以太网链路层健康状况包括以下指标。

1) 链路利用率

链路利用率是指网络链路上实际传送的数据吞吐率与该链路所能支持的最大物理带宽之比。链路利用率包括最大利用率和平均利用率。最大利用率的值同测试统计采样间隔有一定的关系,采样间隔越短,则越能反映出网络流量的突发特性,因此最大利用率的值就越大。

2) 错误率

错误率指网络中所产生的各类错误帧占总数据帧的比率。

常见的以太网错误类型包括长帧、短帧、有 FCS 错误的帧、超长错误帧、欠长帧和帧对齐差错帧等。

3) 广播帧和组播帧

广播帧是指发给同一网络中的所有设备的数据帧。在正常的以太网中,广播率一般不应大于 50%。

组播帧是指发给同一网络中的某个 MAC 组的所有设备的数据帧。在正常的以太网中,组播率一般不应大于 40%。

4) 冲突(碰撞)率

处于同一网段的两个站点如果同时发送以太网数据帧,就会产生冲突。冲突帧指在数据帧到达目的站点之前与其他数据帧相碰撞,而造成其内容被破坏的帧。共享式以太网和半双工交换式以太网传输模式下,冲突现象是极为普遍的。过多的冲突会造成网络传输效率的严重下降。冲突帧同发送的总帧数之比,称为冲突(或碰撞)率。

目前以太网链路健康状况的要求如表 15-4 所示。

4. 实验环境和分组

(1) Fluke 网络测试仪一台。

(2) 每组 4 名同学,两两合作进行实验。

5. 实验组网

图 15-44 所示为实验组网图。

图 15-44 实验组网图

表 15-4 以太网链路健康状况的要求

测试指标	技术要求	
	共享式以太网/半双工交换式以太网	全双工交换式以太网
链路平均利用率（带宽%）	≤40%	≤70%
广播率（帧/秒）	≤50 帧/秒	≤50 帧/秒
组播率（帧/秒）	≤40 帧/秒	≤40 帧/秒
错误率（占总帧数%）	≤1%	≤1%
冲突（碰撞）率（占总帧数%）	≤5%	0%

6. 实验步骤

（1）将 Fluke 测试仪接入局域网，为其正确配置 IP 地址、子网掩码及网关等参数。启动 Fluke 测试仪，如图 15-45 所示。

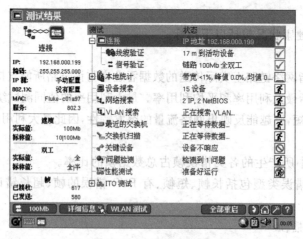

图 15-45 Fluke 测试仪启动界面

（2）选中"本地统计"一项，测试仪即开始进行以太网链路层健康状况测试（至少测 5 分钟以上），界面左侧显示的就是以太网链路层健康状况的各个参数的值，如图 15-46 所示。

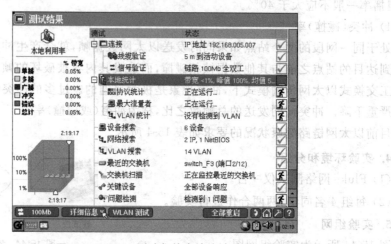

图 15-46 Fluke 测试仪的本地统计选项

单击"详细信息"按钮,可看到更为详细的测试结果,如图 15-47 所示。

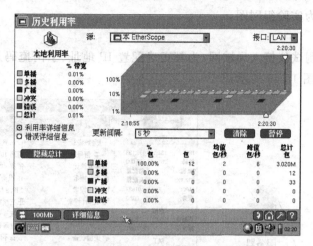

图 15-47 以太网链路层健康状况测试结果

7. 实验总结

通过实验,了解以太网链路层健康状况的测试方法,以及如何使用 Fluke 测试仪进行以太网链路层健康状况的测试。

15.3 局域网系统应用性能测试实验

15.3.1 DHCP 服务性能测试

1. 实验目的

(1) 了解局域网系统 DHCP 服务性能测试的方法。
(2) 了解并使用 Fluke 测试仪测试 DHCP 服务器的性能。

2. 实验内容

了解局域网系统 DHCP 服务性能测试的方法,同时介绍相关的测试工具使用方法。

3. 实验原理

DHCP 协议,即动态主机配置协议(Dynamic Host Configuration Protocol),是一种使网络管理员能够集中管理和自动分配 IP 网络地址的通信协议。在 IP 网络中,每台设备都需要分配唯一的 IP 地址。DHCP 协议使网络管理员能从中心结点监控和分配 IP 地址。

简单地说,DHCP 就是在网络上有一台 DHCP 的控制服务器,其他的机器如果把 DHCP 功能打开,则会开始广播请求配置信息的消息,控制服务器接到请求后会为其分配 IP、DNS 等网络项目。

目前国家标准规定 DHCP 服务响应时间不应大于 0.5s。

4. 实验环境和分组

(1) Fluke 网络测试仪一台。
(2) DHCP 服务器一台。
(3) 每组 4 名同学,两两合作进行实验。

5. 实验组网

图 15-48 所示为实验组网图。

6. 实验步骤

(1) 将 Fluke 测试仪接入局域网，为其正确配置 IP 地址、子网掩码及网关等参数。启动 Fluke 测试仪如图 15-49 所示。

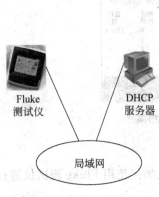

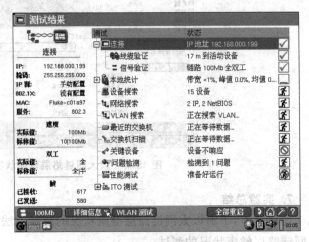

图 15-48　实验组网图　　　　　　图 15-49　Fluke 测试仪启动界面

选中"连接"选项，单击"详细信息"按钮，进入"仪表设置-TCP/IP"界面，如图 15-50 所示，配置 IP 地址、子网掩码及网关等参数。

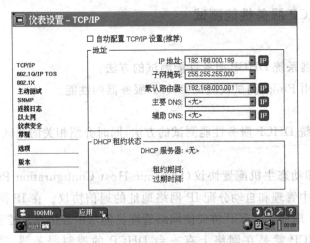

图 15-50　Fluke 测试仪的仪表设置界面

配置完成后单击"应用"按钮即可使配置生效。

(2) 用 Fluke 测试仪对局域网中的 DHCP 服务器进行 10 次测试。

单击屏幕左下方的"开始"按钮，选择"应用程序"项，如图 15-51 所示。

进入"应用程序"界面，双击 Service Performance Tool 图标，如图 15-52 所示。

进入 Service Performance Tool 界面，选中"DHCP 服务器"项，单击"添加设备"按钮，如图 15-53 所示。

· 204 ·

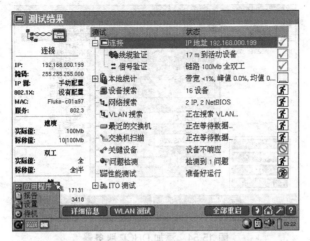

图 15-51 打开 Fluke 测试仪的应用程序

图 15-52 Fluke 测试仪的应用程序界面

图 15-53 Service Performance Tool 界面中的 DHCP 服务器选项

输入 DHCP 服务器的 IP 地址，单击"确定"按钮，如图 15-54 所示。

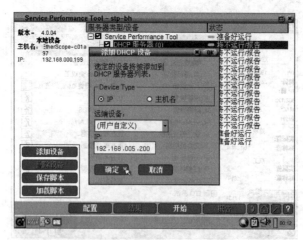

图 15-54 添加 DHCP 服务器

选中"DHCP 服务器"项,单击"配置"按钮,如图 15-55 所示。

图 15-55 选中 DHCP 服务器

将"重置测试控制"中的"重复"改为 10,单击"应用"按钮,如图 15-56 所示。

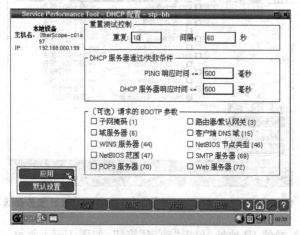

图 15-56 设置 DHCP 服务器测试的重复次数

选中新配置的 DHCP 服务器,单击"配置"按钮,如图 15-57 所示。

图 15-57 选中新添加的 DHCP 服务器

进入"DHCP 配置"界面,单击"开始"按钮即可开始对 DHCP 服务器的测试,如图 15-58 所示。

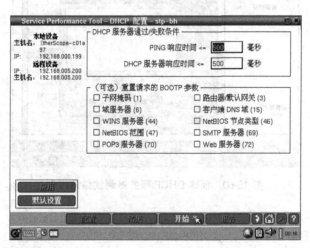

图 15-58 开始 DHCP 服务器测试

(3) 查看测试结果。

测试开始后,Fluke 测试仪会自动切换到"DHCP 设备结果"界面,显示测试结果,如图 15-59 所示。

测试完成后,单击"报告"按钮,弹出"CF 卡报告"窗口。单击"新建报告"按钮,输入报告名称,单击"确定"按钮即可创建测试报告,如图 15-60 所示。

(4) 可通过读卡器将实验报告复制至 PC 上,本次实验测得的数据为:Ping 平均响应时间为 0.133ms,DHCP 服务器平均响应时间为 2.342ms。图 15-61 所示为 DHCP 服务器测试结果报告。

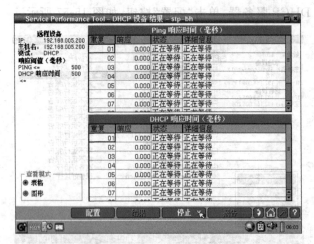

图 15-59 DHCP 服务器测试结果

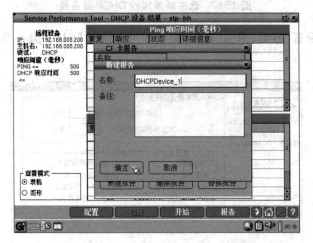

图 15-60 创建 DHCP 服务器测试结果报告

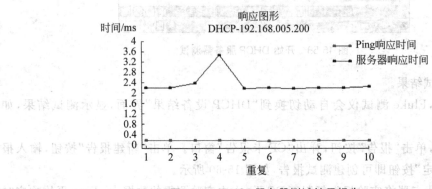

图 15-61 DHCP 服务器测试结果报告

7．实验总结

通过实验，了解 DHCP 服务器的原理和作用，以及如何使用 Fluke 测试仪测试 DHCP 服务器。

15.3.2 DNS 服务性能测试

1. 实验目的

(1) 了解局域网系统 DNS 服务性能测试的方法。
(2) 使用 Fluke 测试仪测试 DNS 服务器的性能。

2. 实验内容

了解局域网系统 DNS 服务性能测试的方法,同时介绍相关的测试工具使用方法。

3. 实验原理

DNS 是域名系统(Domain Name System)的缩写,是一种分层次的、基于域的命名方案,主要用来将主机名和电子邮件目标地址映射成 IP 地址。当用户在应用程序中输入 DNS 名称时,DNS 通过一个分布式数据库系统将用户的名称解析为与此名相对应的 IP 地址。这种命名系统能适应 Internet 的增长。它主要由 3 部分组成。

(1) 域名空间和相关资源记录(RR):它们组成了 DNS 的分布式数据库系统。
(2) DNS 名称服务器:是一台维护 DNS 的分布式数据库系统服务器,查询该系统以答复来自 DNS 客户机的查询请求。
(3) DNS 解析器:DNS 客户机中的一个进程,用来帮助客户端访问 DNS 系统,发出名称查询请求来获得解析的结果。

目前国家标准规定 DNS 服务响应时间不应大于 0.5s。

4. 实验环境和分组

(1) Fluke 网络测试仪一台。
(2) DNS 服务器一台。
(3) 每组 4 名同学,两两合作进行实验。

5. 实验组网

图 15-62 所示为 DNS 服务性能测试实验的组网图。

6. 实验步骤

(1) 将 Fluke 测试仪接入局域网,为其正确配置 IP 地址、子网掩码及网关等参数。
(2) 用 Fluke 测试仪对局域网中的 DNS 服务器进行 10 次测试。

单击屏幕左下方的"开始"按钮,选择"应用程序"项,如图 15-63 所示。

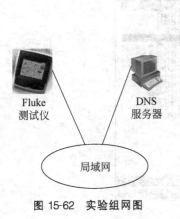

图 15-62 实验组网图

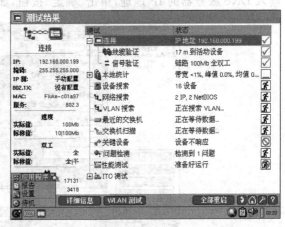

图 15-63 打开 Fluke 测试仪的应用程序

进入"应用程序"界面,双击 Service Performance Tool 图标,如图 15-64 所示。

图 15-64　Fluke 测试仪的应用程序界面

进入 Service Performance Tool 界面,选中"DNS 服务器"项,单击"添加设备"按钮,如图 15-65 所示。

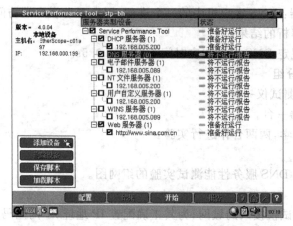

图 15-65　Service Performance Tool 界面中的 DNS 服务器选项

输入 DNS 服务器的 IP 地址,单击"确定"按钮,如图 15-66 所示。

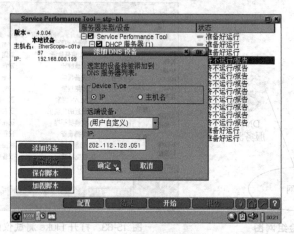

图 15-66　添加 DNS 服务器

选中"DNS 服务器"项,单击"配置"按钮,如图 15-67 所示。

图 15-67　选中 DNS 服务器

将"重置测试控制"中的"重复"改为 10,单击"应用"按钮,如图 15-68 所示。

图 15-68　设置 DNS 服务器测试重复次数

选中新配置的 DNS 服务器,单击"配置"按钮,如图 15-69 所示。

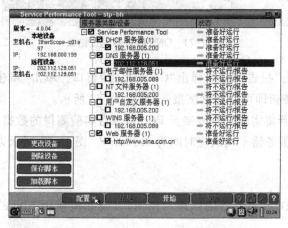

图 15-69　选中新添加的 DNS 服务器

进入"DNS 配置"界面,如图 15-70 所示。在"重复 DNS 查找"中选中"主机名"项,输入要查找的主机名,单击"应用"按钮,然后单击"开始"按钮即可开始对 DNS 服务器的测试。

图 15-70　开始 DNS 服务器测试

(3) 查看测试结果。

测试开始后,Fluke 测试仪会自动切换到"DNS 设备结果"界面,显示测试结果,如图 15-71 所示。

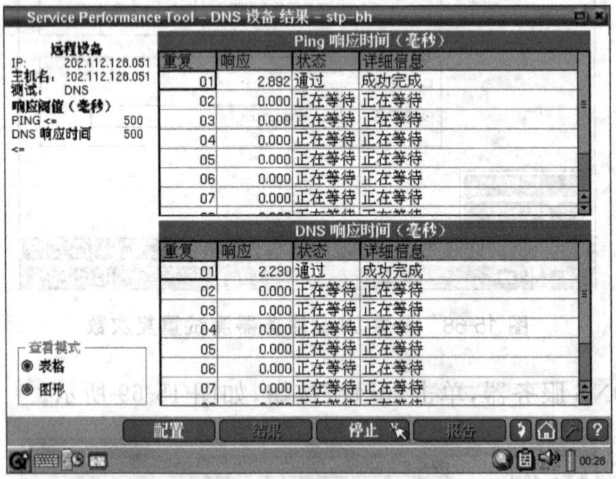

图 15-71　DNS 服务器测试结果

测试完成后,单击"报告"按钮,弹出"CF 卡报告"窗口。单击"新建报告"按钮,输入报告名称,单击"确定"按钮即可创建测试报告,如图 15-72 所示。

(4) 可通过读卡器将实验报告复制至 PC 上,本次实验测得的数据为:Ping 平均响应时间为 0.739ms,DNS 服务器平均响应时间为 1.108ms。图 15-73 所示为 DNS 服务器测试结果报告。

7. 实验总结

通过实验,了解 DNS 服务器的原理和作用,以及如何使用 Fluke 测试仪测试 DNS 服务器。

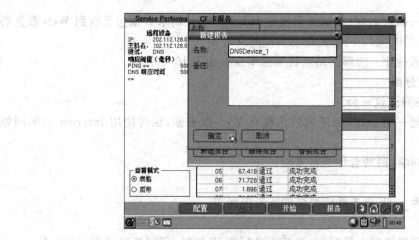

图 15-72　创建 DNS 服务器测试结果报告

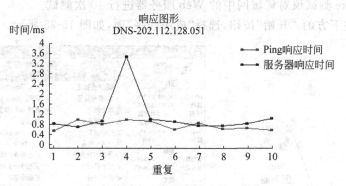

图 15-73　DNS 服务器测试结果报告

15.3.3　Web 服务性能测试

1. 实验目的

(1) 了解局域网系统 Web 服务性能测试的方法。
(2) 使用 Fluke 测试仪测试 Web 服务器的性能。

2. 实验内容

了解局域网系统 Web 服务性能测试的方法,同时介绍相关的测试工具使用方法。

3. 实验原理

Web 服务器也称为 WWW(World Wide Web)服务器,主要功能是提供网上信息浏览服务。当 Web 浏览器(客户端)连到服务器上并请求文件时,服务器将处理该请求并将文件发送到该浏览器上,附带的信息会告诉浏览器如何查看该文件(即文件类型)。服务器使用 HTTP 协议进行信息交流,通常也称为 HTTP 服务器。

HTTP 协议,也称超文本传输协议(HyperText Transfer Protocol),是 Web 服务器与 Web 浏览器之间交互所要遵守的协议。HTTP 是一个应用层协议,使用 TCP 链接进行传输。HTTP 的 URL 的一般形式为:

```
http://<主机>:<端口>/<路径>
```

目前国家标准规定了以下两点。

(1) HTTP 第一响应时间(测试工具发送 HTTP GET 请求数据包至收到 Web 服务器的 HTTP 响应包头的时间)：内部网站点访问时间应不大于 1s。

(2) HTTP 接收速率：内部网站点访问速率应不小于 10000Bps。

4．实验环境和分组

(1) Fluke 网络测试仪一台。

(2) Web 服务器一台。(如果局域网内没有 Web 服务器，也可使用 Internet 上的网站代替)。

(3) 每组 4 名同学，两两合作进行实验。

5．实验组网

图 15-74 所示为 Web 服务性能测试的实验组网图。

6．实验步骤

(1) 将 Fluke 测试仪接入局域网，为其正确配置 IP 地址、子网掩码及网关等参数。

(2) 用 Fluke 测试仪对局域网中的 Web 服务器进行 10 次测试。

单击屏幕左下方的"开始"按钮，选择"应用程序"项，如图 15-75 所示。

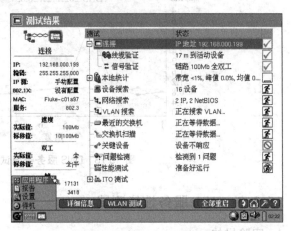

图 15-74 实验组网图　　　　图 15-75 打开 Fluke 测试仪的应用程序

进入"应用程序"界面，双击 Service Performance Tool 图标，如图 15-76 所示。

图 15-76 Fluke 测试仪的应用程序界面

进入 Service Performance Tool 界面，如图 15-77 所示。选中"Web 服务器"项，单击"添加设备"按钮。

图 15-77　Service Performance Tool 界面的 Web 服务器选项

输入 Web 服务器的网址或 IP 地址,单击"确定"按钮,如图 15-78 所示。

图 15-78　添加 Web 服务器

选中"Web 服务器"项,单击"配置"按钮,如图 15-79 所示。

图 15-79　选中 Web 服务器

将"重置测试控制"中的"重复"改为10,单击"应用"按钮,如图15-80所示。

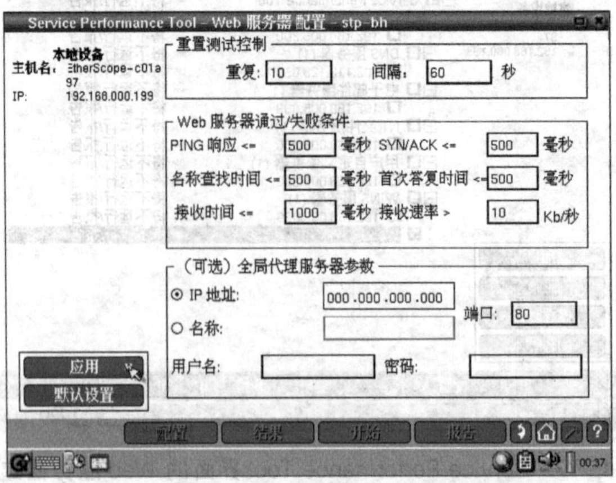

图 15-80 设置 Web 服务器测试重复次数

选中新配置的 Web 服务器,单击"配置"按钮,如图15-81所示。

图 15-81 选中新添加的 Web 服务器

进入"Web 配置"界面,单击"开始"按钮即可开始对 Web 服务器的测试,如图15-82所示。

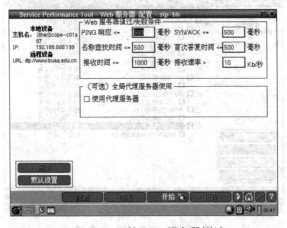

图 15-82 开始 Web 服务器测试

(3) 待测试完成后创建测试报告。

测试开始后,Fluke 测试仪会自动切换到"Web 服务器设备结果"界面,显示测试结果,如图 15-83 所示。

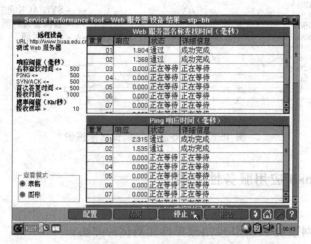

图 15-83 Web 服务器测试结果

测试完成后,单击"报告"按钮,弹出"CF 卡报告"窗口,单击"新建报告"按钮,输入报告名称,单击"确定"按钮即可创建测试报告,如图 15-84 所示。

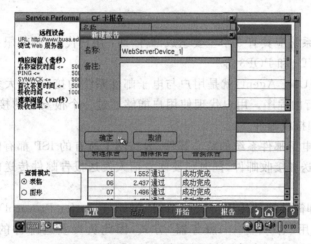

图 15-84 创建 Web 服务器测试结果报告

(4) 可通过读卡器将实验报告复制至 PC 上,本次实验测得的数据为:名称平均查找时间为 8.788ms,Ping 平均响应时间为 1.540ms,SYN/ACK 平均响应时间为 1.575ms,首次答复平均时间(即 HTTP 第一响应时间)为 87.582ms,接收平均时间为 249.601ms,平均接收速率为 53339Bps。图 15-85 所示为 Web 服务器测试结果报告。

7. 实验总结

通过实验,了解 Web 服务器的原理和作用,以及如何使用 Fluke 测试仪测试 Web 服务器。

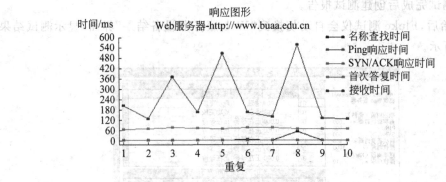

图 15-85　Web 服务器测试结果报告

15.3.4　E-mail 应用服务性能测试

1. 实验目的

（1）了解局域网系统 E-mail 应用服务性能测试的方法。

（2）使用 Fluke 测试仪测试 E-mail 服务器的性能。

2. 实验内容

了解局域网系统 E-mail 应用服务性能测试的方法，同时介绍相关的测试工具的使用方法。

3. 实验原理

一个电子邮件系统应具有 3 个主要组成部件，即：用户代理、邮件服务器以及电子邮件使用的协议，如 SMTP 和 POP3 等。

用户代理 UA(User Agent)就是用户与电子邮件系统的接口，在大多数情况下它是一个在用户 PC 上运行的程序。用户代理使用户能够通过一个很友好的接口（目前主要是用窗口界面）来发送和接收邮件。

邮件服务器是电子邮件系统的核心部件，因特网上所有的 ISP 都有邮件服务器。邮件服务器的功能是发送和接收邮件，同时还要向发信人发送报告邮件传送的情况（已交付、被拒绝、丢失等）。

SMTP 协议，即简单邮件传输协议（Simple Mail Transfer Protocol），是电子邮件的发送协议。SMTP 使用"客户端——服务器"方式，因此负责发送邮件的 SMTP 进程就是 SMTP 客户，而负责接收邮件的 SMTP 进程就是 SMTP 服务器。

POP 协议，即邮局协议（Post Office Protocol），是一个简单的电子邮件读取协议，目前使用的是它的第 3 个版本，因此也叫 POP3 协议。POP 也使用"客户端——服务器"方式，在接收邮件的用户的 PC 中必须运行 POP 客户程序，而在邮件服务器中运行 POP 服务器程序。当然，这个邮件服务器还必须运行 SMTP 服务器程序，以便接收发送方邮件服务器程序的 SMTP 客户程序发来的邮件。POP 协议要求用户必须输入鉴别信息（用户名和密码）后才能对邮箱进行读取。

目前国家标准规定了以下两点。

（1）邮件写入时间：1KB 邮件写入服务器时间应不大于 1s。

（2）邮件读取时间：从服务器读取 1KB 邮件的时间应不大于 1s。

4. 实验环境和分组

（1）Fluke 网络测试仪一台。

（2）E-mail 服务器一台。

（3）每组 4 名同学，两两合作进行实验。

5. 实验组网

图 15-86 所示为 E-mail 应用服务性能测试实验的组网图。

6. 实验步骤

（1）将 Fluke 测试仪接入局域网，为其正确配置 IP 地址、子网掩码及网关等参数。

（2）用 Fluke 测试仪对局域网中的 E-mail 服务器进行 10 次"发送/接收"测试。

单击屏幕左下方的"开始"按钮，选择"应用程序"项，如图 15-87 所示。

图 15-86 实验组网图

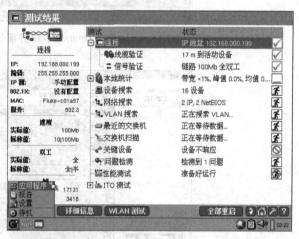

图 15-87 打开 Fluke 测试仪的应用程序

进入"应用程序"界面，如图 15-88 所示，双击 Service Performance Tool 图标。

图 15-88 Fluke 测试仪的应用程序界面

进入 Service Performance Tool 界面，选中"电子邮件服务器"项，单击"添加设备"按钮，如图 15-89 所示。

输入 E-mail 服务器的 IP 地址，单击"确定"按钮，如图 15-90 所示。

图 15-89 Service Performance Tool 界面的电子邮件服务器选项

图 15-90 添加电子邮件服务器

选中"电子邮件服务器"项,单击"配置"按钮,如图 15-91 所示。

图 15-91 选中电子邮件服务器

将"重置测试控制"中的"重复"改为10,单击"应用"按钮,如图15-92所示。

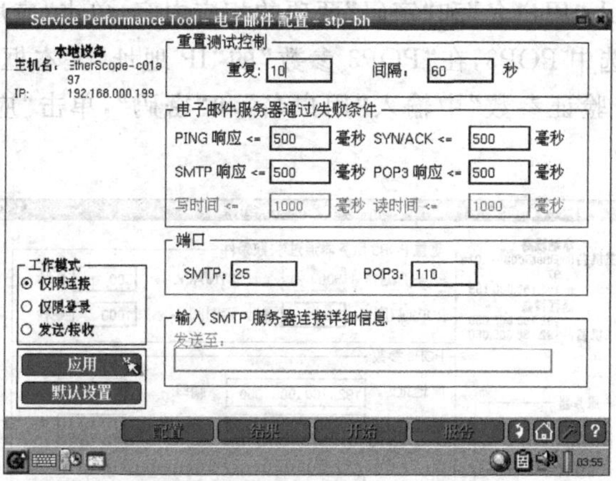

图 15-92 设置电子邮件服务器测试重复次数

选中新配置的 E-mail 服务器,单击"配置"按钮,如图 15-93 所示。

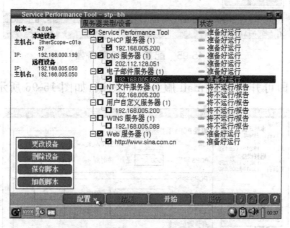

图 15-93 选中新配置的电子邮件服务器

进入"电子邮件配置"界面,如图 15-94 所示。将"工作模式"项置为"发送/接收",在"服

图 15-94 配置 SMTP 服务器

务器"项中选中SMTP,在"SMTP参数"的"发送至"文本框中输入要测试的邮箱,选中"需要SMTP登录"项,输入"用户名"和"密码"两项的相应内容,单击"应用"按钮。

在"服务器"项中选中POP3,在"POP3参数"的"IP地址"文本框中输入电子邮件服务器的IP地址,在"身份验证参数"中输入"用户名"和"密码",单击"应用"按钮,如图15-95所示。

图 15-95 配置POP3服务器

单击"开始"按钮即可开始对E-mail服务器的测试,如图15-96所示。

图 15-96 开始电子邮件服务器测试

(3) 待测试完成后创建测试报告。

测试开始后,Fluke测试仪会自动切换到"电子邮件设备结果"界面,显示测试结果,如图15-97所示。

测试完成后,单击"报告"按钮,弹出"CF卡报告"窗口。单击"新建报告"按钮,输入报告名称,单击"确定"按钮即可创建测试报告,如图15-98所示。

(4) 可通过读卡器将实验报告复制至PC上,本次实验测得的数据为:Ping平均响应时间为0.119ms,SMTP SYN/ACK平均时间为0.209ms,POP3 SYN/ACK平均时间为

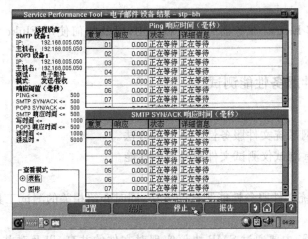

图 15-97 电子邮件服务器测试结果

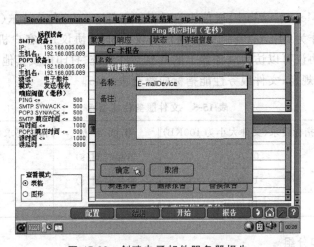

图 15-98 创建电子邮件服务器报告

0.210ms,SMTP 平均响应时间为 2.210ms,写平均时间为 47.911ms,POP3 平均响应时间为 2.143ms,读平均时间为 7.384ms。图 15-99 所示为电子邮件服务器报告。

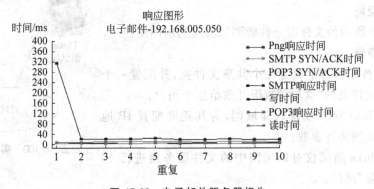

图 15-99 电子邮件服务器报告

7. 实验总结

通过实验,了解 E-mail 服务器的原理和作用,以及如何使用 Fluke 测试仪测试 E-mail 服务器。

15.3.5 文件服务性能测试

1. 实验目的

(1) 了解局域网系统文件服务性能测试的方法。

(2) 使用 Fluke 测试仪测试文件服务器的性能。

2. 实验内容

了解局域网系统文件服务性能测试的方法,同时介绍相关的测试工具的使用方法。

3. 实验原理

NT 文件服务器,主要通过 SMB 协议实现对文件的共享,以及对共享文件的写、读、删除等操作。

SMB(Server Message Block)通信协议是微软(Microsoft)和英特尔(Intel)在 1987 年制定的协议,主要是作为 Microsoft 网络的通信协议。SMB 协议是"客户机——服务器"型协议,客户机通过该协议可以访问服务器上的共享文件系统、打印机及其他资源。

目前国家标准规定,文件服务性能指标应符合表 15-5。

表 15-5 文件服务性能指标

测 试 指 标	指标要求(文件大小为 100KB)	测 试 指 标	指标要求(文件大小为 100KB)
服务器连接时间(s)	≤0.5s	删除时间(s)	≤0.5s
写入速率(Bps)	>10 000Bps	断开时间(s)	≤0.5s
读取速率(Bps)	>10 000Bps		

4. 实验环境和分组

(1) Fluke 网络测试仪一台。

(2) NT 文件服务器一台。

(3) 每组 4 名同学,两两合作进行实验。

5. 实验组网

图 15-100 所示为文件服务性能测试实验的组网图。

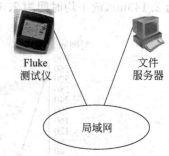

图 15-100 实验组网图

6. 实验步骤

(1) 在文件服务器上设置一个共享文件夹,并配置一个用户,将共享文件夹的"读/写"权限开放给这个用户。

(2) 将 Fluke 测试仪接入局域网,为其正确配置 IP 地址、子网掩码及网关等参数。

(3) 用 Fluke 测试仪对局域网中的文件服务器进行 10 次"写/读/删除"测试。

单击屏幕左下方的"开始"按钮,选择"应用程序"项,如图 15-101 所示。

进入"应用程序"界面,如图 15-102 所示,双击 Service Performance Tool 图标。

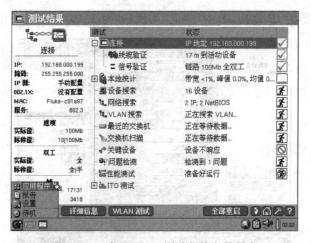

图 15-101 打开 Fluke 测试仪的应用程序

图 15-102 Fluke 测试仪的应用程序界面

进入 Service Performance Tool 界面,选中"NT 文件服务器"项,单击"添加设备"按钮,如图 15-103 所示。

图 15-103 Service Performance Tool 界面的 NT 文件服务器选项

输入文件服务器的 IP 地址,单击"确定"按钮,如图 15-104 所示。

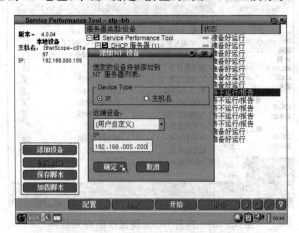

图 15-104　添加 NT 文件服务器

选中"文件服务器"项,单击"配置"按钮,如图 15-105 所示。

图 15-105　选中 NT 文件服务器

将"重置测试控制"中的"重复"改为 10,单击"应用"按钮,如图 15-106 所示。

图 15-106　设置 NT 服务器测试重复次数

选中新配置的文件服务器，单击"配置"按钮，如图 15-107 所示。

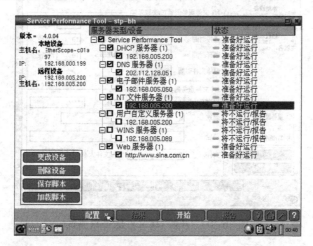

图 15-107 选中新添加的 NT 文件服务器

进入"NT 文件服务器配置"界面，如图 15-108 所示。将"工作模式"项置为"写/读/删除"，在"NT 文件服务器参数"选项区域，"用户名"和"密码"文本框输入在文件服务器上配置好的权限操作共享文件夹的用户和密码，"共享"和"路径"文本框分别输入共享文件夹的共享名和共享路径，"文件"文本框输入要进行"写/读/删除"操作的文件名称（注意：建议这里的文件名称填写一个不存在的文件，测试仪在进行测试时会自动创建这个文件，最好不要填写一个共享文件夹中已有的文件名，以免造成误删除），"文件大小"文本框输入要进行"写/读/删除"操作的文件的大小，单击"应用"按钮使配置生效。

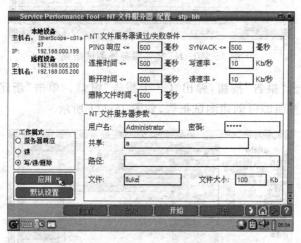

图 15-108 配置新添加的 NT 文件服务器

单击"开始"按钮即可开始对文件服务器的测试，如图 15-109 所示。
（4）待测试完成后创建测试报告。
测试开始后，Fluke 测试仪会自动切换到"NT 文件服务器设备结果"界面，显示测试结果，如图 15-110 所示。

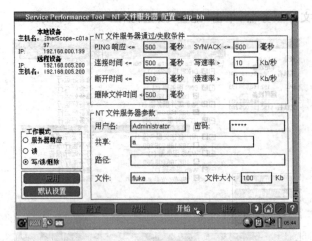

图 15-109 开始 NT 文件服务器测试

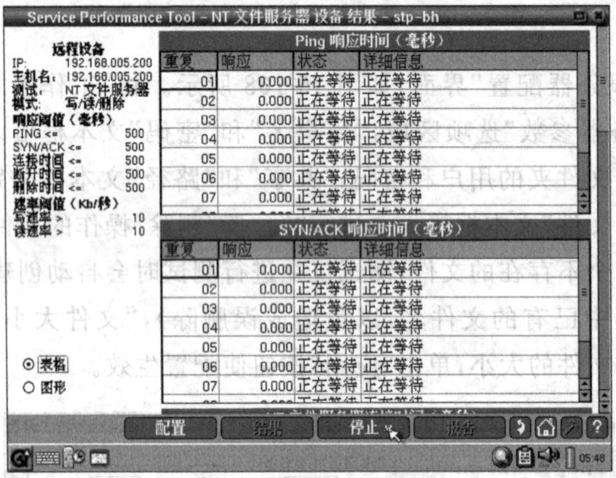

图 15-110 NT 文件服务器测试结果

测试完成后,单击"报告"按钮,弹出"CF 卡报告"窗口。单击"新建报告"按钮,输入报告名称,单击"确定"按钮即可创建测试报告,如图 15-111 所示。

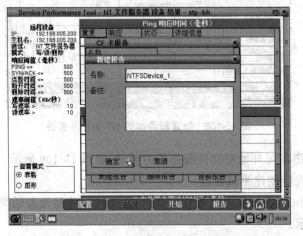

图 15-111 创建 NT 文件服务器测试结果报告

• 228 •

(5)可通过读卡器将实验报告复制至 PC 上,本次实验测得的数据为:Ping 平均响应时间为 0.133ms,SYN/ACK 平均时间为 0.151ms,链接平均时间为 10.496ms,删除平均时间为 0.508ms,断开平均时间为 4.373ms。如图 15-112 所示为 NT 文件服务器测试报告的响应图形。

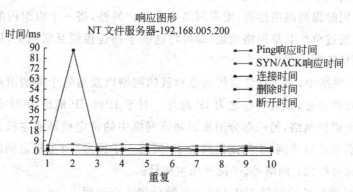

图 15-112 NT 文件服务器测试报告的响应图形

图 15-113 所示为 NT 文件服务器测试报告的速率图形。实验测得的数据如下。

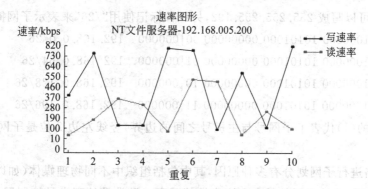

图 15-113 NT 文件服务器测试报告的速率图形

平均写速率为 492.883kbps,平均读速率为 295.578kbps。

7. 实验总结

通过实验,了解文件服务器的原理和作用,以及如何使用 Fluke 测试仪测试文件服务器的性能。

15.4 局域网系统功能测试

15.4.1 IP 子网划分测试

1. 实验目的

再划分子网,并利用工具测试局域网系统的子网划分功能是否符合要求。

2. 实验内容

检测不同子网中计算机的互通性,利用测试工具生成子网的结点列表。

3. 实验原理

将一个网络分成多个部分供内部使用,但是对于外部世界仍然像单个网络一样。在Internet的相关文献中,把网络分成的各个部分称为子网。一般,子网可表示为某地理位置内(某大楼或相同局域网中)的所有机器。将网络划分成一个个逻辑段(即子网),以便于更好地管理网络,同时提高网络性能,增强网络安全性。另外,将一个组织内的网络划分成各个子网,只需要通过单个共享网络地址,即可将这些子网连接到互联网上,从而减缓了互联网IP地址的耗尽问题。

在TCP/IP网络中,每次通信需传送源和目的网络以及与每个终端用户或主机相连网络内的特定机器的地址,该地址称之为IP地址。对于IPv4,IP地址为32位,分为两部分,其中一部分用来识别网络,另一部分用来识别该网络中的特定机器或主机。网络中可使用子网掩码来识别某特定子网,子网掩码代表了"网络+子网号"与主机之间的分割方案。IP地址变成由三部分构成:网络号、子网号和主机号。

例如一个C类地址的网段192.168.0.0被分成4个子网。

IP地址　　　　网络号(24位)　　　　子网号(2位)　　　主机号(6位)
子网掩码　　　111111111111111111111111　　　　　　000000

子网掩码可以写成255.255.255.192,另一种标记使用"/26"来表示子网掩码有26位。

子网1:11000000 10101000 00000000 00|000000　192.168.0.0/26
子网2:11000000 10101000 00000000 01|000000　192.168.0.64/26
子网3:11000000 10101000 00000000 10|000000　192.168.0.128/26
子网4:11000000 10101000 00000000 11|000000　192.168.0.196/26

其中上面的(|)代表了子网号与主机号之间的边界,竖线左边2位是子网号,右边6位是主机号。

对IP网络进行子网划分有多种原因,其中包括组织中不同物理媒体(如以太网、FDDI、WAN等)的使用、地址空间的保存和安全性等因素。最常见的理由是控制网络流量。在一个以太网中,段上的每个结点都看到该段中其他各结点所传输的所有数据包。相反地在重流量负荷下,性能将受到严重影响,这主要归因于冲突和最终转发。路由器用来连接IP子网,并最小化每段必须接收的通信量。

在局域网系统中的路由器或三层交换机上进行子网测试:局域网中至少存在两个子网。

4. 实验环境

图15-114所示为IP子网划分测试实验的组网图。

网络测试工具1台,PC4台,交换机2台,路由器1台,标准直通线数根。

5. 实验步骤

(1)按实验组网图进行组网。

(2)计算机PC A向不在同一子网的计算机PC C发送Ping报文,查看它们的连通性,如图15-115所示。

(3)将测试工具连接到被测子网,自动检测出该子网所连接的所有设备和终端。检验

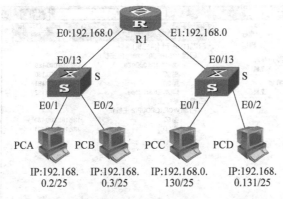

图 15-114 实验组网图

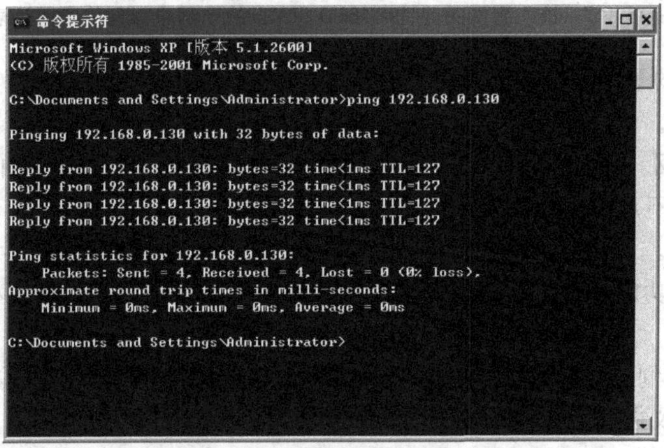

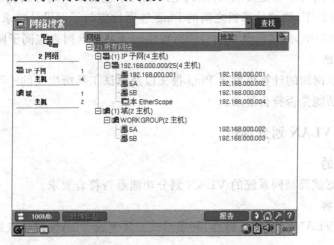

图 15-115 PC A 向 PC C 发送 Ping 报文

所得到的子网结点列表是否同子网设计的要求相一致。这里使用 Fluke 公司的 EtherScope Series Ⅱ 测试工具进行测试。图 15-116 和图 15-117 所示分别为接入到网关为 192.168.0.129/25 和 192.168.0.1/25 的子网中得到的子网列表。

图 15-116 接入到网关为 192.168.0.1/25 的子网中得到的子网列表

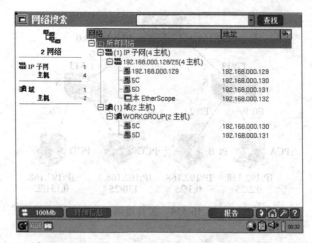

图 15-117　接入到网关为 192.168.0.129/25 的子网中得到的子网列表

测试局域网的子网划分功能是否符合要求,须遵循以下两点。

① 抽样规则。

对于被测子网,以不低于接入层子网数量 10% 的比例进行抽样,抽样子网数不少于 10 个。被测子网不足 10 个时,全部测试。

② 合格判据。

a. 子网划分功能要求。局域网系统中如果采用了路由器或三层交换机设备,应支持 IP 子网划分。

通过 IP 子网划分,局域网系统能够分为多个 IP 子网,各个子网之间能够通过静态路由或者动态路由协议进行通信。

子网划分的网络地址可以是所有合法的网络地址。一个给定的网络地址块可能被划分成不同大小的子块,不同子块的网络地址前缀可能长度不同,局域网系统应支持不同长度的网络前缀。

b. 合格判断依据。当测试结果满足以下所有条件时,则判定局域网系统的子网划分功能符合上面的子网划分功能要求,否则判定局域网系统的子网划分功能不符合上面的要求。

- 在步骤(2)中,测试计算机之间的 Ping 连通性应与子网设计要求相一致。
- 在步骤(3)中,测试工具自动检测所得到的子网结点列表应同子网设计要求相一致。

6. 实验总结

通过不同子网间的计算机发送 Ping 报文以及测试工具所生成的子网结点,来测试局域网的子网划分功能是否符合要求。

15.4.2　VLAN 划分测试

1. 实验目的

利用工具测试局域网系统的 VLAN 划分功能是否符合要求。

2. 实验内容

检测不同 VLAN 之间的互通性,利用测试工具生成 VLAN 的结点列表。

3. 实验原理

VLAN 技术将同一 LAN 上的用户在逻辑上分成了多个虚拟局域网(VLAN),只有同一 VLAN 的用户才能相互交换数据。但是,建设网络的最终目的是要实现网络的互联互通,VLAN 技术是为了隔离广播报文、提高网络带宽的有效利用率而设计的。所以虚拟局域网之间的通信成为关注的焦点。在使用路由器隔离广播域的同时,实际上也解决了 LAN 之间的通信,但是这还是与讨论的问题有微小区别:路由器隔离二层广播时,实际上是将大的 LAN 用三层网络设备分割成独立的小 LAN,连接每一个 LAN 都需要一个实际存在的物理接口。为了解决物理接口需求过大的问题,在 VLAN 技术的发展中,出现了另一种路由器——独臂路由器,是一种用于实现 VLAN 间通信的三层网络设备路由器,它只需要一个以太网接口,通过创建子接口可以承担所有 VLAN 的网关,而在不同的 VLAN 间转发数据,如图 15-118 所示。图中路由器仅仅提供一个以太网接口,而在该接口下提供三个子接口分别作为 3 个 VLAN 用户的默认网

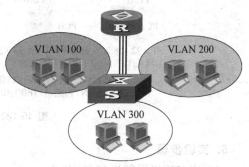

图 15-118　路由器实现 VLAN 路由

关,当 VLAN100 的用户需要与其他 VLAN 的用户进行通信时,该用户只需将数据包发送给默认网关,默认网关修改数据帧的 VLAN 标签后再发送至目的主机所在 VLAN,即完成了 VLAN 间的通信。

在上述通信过程中,可以看出,VLAN 间的通信受到路由器和交换机之间的链路带宽限制,并且这种分离的网络设备使得网络建设成本大大增加。为了简化上述通信过程,降低网络建设成本,专门为此研究开发了一种新的网络设备——三层交换机,也称路由交换机。它综合实现了路由和二层交换的功能。

存在于交换机中的一个路由软件模块,它实现三层路由转发;而交换机相当于二层交换模块,它实现 VLAN 内的二层快速转发。其用户设置的默认网关就是三层交换机中虚拟 VLAN 接口的 IP 地址。

三层交换机在转发数据包时,效率上有大大的提高,因为它采用了一次路由多次交换的转发技术。即同一数据流(VLAN 通信),只需要分析首个数据包的 IP 地址信息,进行路由查找,完成第一个数据包的转发后,三层交换机会在二层上建立快速转发映射,当同一数据流的下一个数据包到达时,直接按照快速转发映射进行转发。从而省略了绝大部分的数据报三层包头信息的分析处理,提高转发效率。其数据包转发示意如图 15-119 所示(图中实线表示第一个数据包的转发,虚线表示后续数据报的转发)。

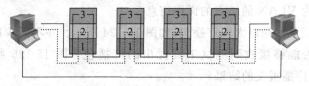

图 15-119　三层交换机转发数据示意图

4. 实验环境

网络测试工具 2 台，PC4 台，交换机 2 台，标准直通线数根。实验组网如图 15-120 所示。

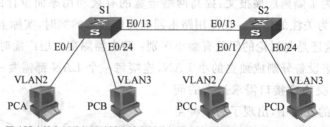

图 15-120 实验组网图

5. 实验步骤

（1）按实验组网图进行组网。

（2）在交换机上给 VLAN 配上 IP 地址，同时开启 SNMP 代理。

（3）通过 PC A 向 PC B 发送 Ping 报文，查看它们之间的连通性，如图 15-121 所示。

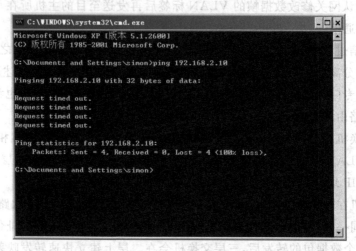

图 15-121　PC A 向 PC B 发送 Ping 报文

（4）将测试工具连接到被测 VLAN，自动检测生成出该 VLAN 的结点列表。这里使用 Fluke 公司的 EtherScope Series Ⅱ 测试工具进行测试。图 15-122 所示为 VLAN 的结点列表，图 15-123 所示为 VLAN 的结点的详细信息。

（5）通过测试工具发送以太网广播包，如图 15-124 所示。在不同 VLAN 下用 Ethereal 收取报文，查看是否能够接收到测试工具发出的广播包。图 15-125 所示为不在同一个 VLAN 下无法截获广播报文的结果。

（6）通过测试工具发送以太网广播包，在同一个 VLAN 下用 Ethereal 收取报文，查看是

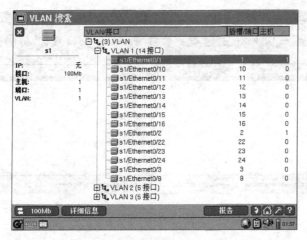

图 15-122　VLAN 的结点列表

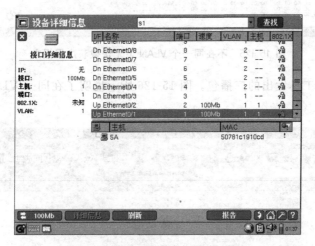

图 15-123　VLAN 的结点的详细信息

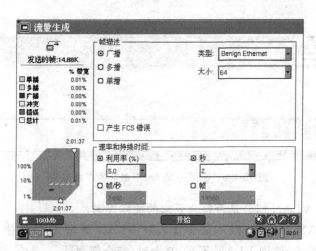

图 15-124　发送广播报文，持续时间 2 秒共 14880 帧

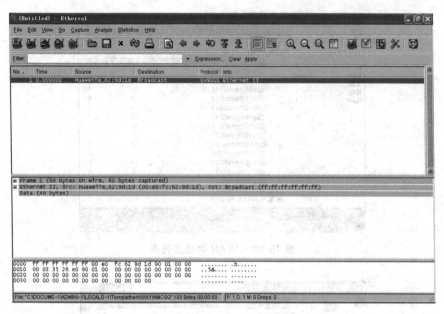

图 15-125　不在同一个 VLAN 下无法截获广播报文

否能够接收到测试工具发出的广播包。图 15-126 所示说明了在同一 VLAN 下能够截获广播包。

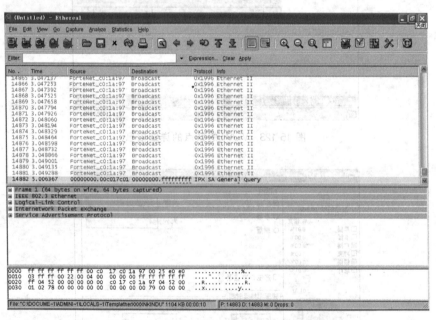

图 15-126　在同一 VLAN 下截获的广播报文

测试局域网的 VLAN 划分是否符合要求的抽样规则：

对于被测 VLAN 的选择，以不低于接入层 VLAN 数量 10% 的比例进行抽样，抽样 VLAN 数不少于 10 个；被测 VLAN 不足 10 个时，需全部测试。

局域网的 VLAN 划分的合格判据如下。

① VLAN 划分功能要求。

a. 局域网系统中如果采用了二、三层交换机设备,应支持 VLAN 划分。

b. 通过 VLAN 划分,局域网系统的各个 VLAN 子网之间能够进行隔离或按照需求通过静态路由或者动态路由协议进行通信。从而实现广播隔离和提高网络安全性。

c. 局域网系统中一个子网内支持的 VLAN 数目应不小于终端用户数。

② 合格判断依据。

当测试结果满足以下所有条件时,则判定局域网系统的 VLAN 划分符合 VLAN 划分功能的要求,否则判定局域网系统的 VLAN 划分不符合 VLAN 划分功能的要求。

a. 在步骤(2)中,测试工具之间的 Ping 连通性应与 VLAN 划分相一致。

b. 在步骤(3)中,测试工具自动检测所得到的 VLAN 结点列表应同设计要求相一致。

c. 在步骤(4)中,测试工具 2 应该不能够接收到测试工具 1 发出的广播包。

d. 在步骤(5)中,测试工具 2 应该能够接收到测试工具 1 发出的广播包。

6. 实验总结

通过不同 VLAN 间的计算机发送 Ping 报文以及测试工具所生成的子网结点,来测试局域网的 VLAN 划分功能是否符合要求。

15.4.3 DHCP 功能测试

1. 实验目的

(1) 学习 DHCP 原理。

(2) 学习局域网 DHCP 功能测试。

2. 实验内容

理解 DHCP 原理,配置设备的 DHCP 功能,学习 DHCP 工作过程,测试 DHCP 功能。

3. 实验原理

1) DHCP 简介

随着网络规模的不断扩大和网络复杂度的提高,计算机的数量经常超过可供分配的 IP 地址数量。同时随着便携机及无线网络的广泛使用,计算机的位置也经常变化,相应的 IP 地址也必须经常更新,从而导致网络配置越来越复杂。DHCP(Dynamic Host Configuration Protocol,动态主机配置协议)就是为解决这些问题而发展起来的。

DHCP 采用客户端/服务器通信模式,由客户端向服务器提出配置申请,服务器返回为客户端分配的 IP 地址等相应的配置信息,以实现 IP 地址等信息的动态配置。

在 DHCP 的典型应用中,一般包含一台 DHCP 服务器和多台客户端(如 PC 和便携机),如图 15-127 所示。

DHCP 客户端和 DHCP 服务器处于不同物理网段时,客户端可以通过 DHCP 中继与服务器通信,获取 IP 地址及其他配置信息。

2) DHCP 的 IP 地址分配

(1) IP 地址分配策略。针对客户端的不同需

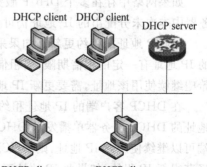

图 15-127 DHCP 典型应用

求,DHCP 提供 3 种 IP 地址分配策略。

手工分配地址：由管理员为少数特定客户端（如 WWW 服务器等）静态绑定固定的 IP 地址。通过 DHCP 将配置的固定 IP 地址发给客户端。

自动分配地址：DHCP 为客户端分配租期为无限长的 IP 地址。

动态分配地址：DHCP 为客户端分配具有一定有效期限的 IP 地址，到达使用期限后，客户端需要重新申请地址。绝大多数客户端得到的都是这种动态分配的地址。

(2) IP 地址动态获取过程。如图 15-128 所示，DHCP 客户端从 DHCP 服务器动态获取 IP 地址，主要通过四个阶段进行。

发现阶段，即 DHCP 客户端寻找 DHCP 服务器的阶段。客户端以广播方式发送 DHCP-DISCOVER 报文。

提供阶段，即 DHCP 服务器提供 IP 地址的阶段。DHCP 服务器接收到客户端的 DHCP-DISCOVER 报文后，根据 IP 地址分配的优先次序选出一个 IP 地

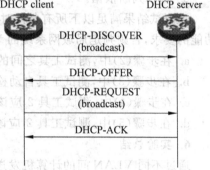

图 15-128 IP 地址动态获取过程

址，与其他参数一起通过 DHCP-OFFER 报文发送给客户端。DHCP-OFFER 报文的发送方式由 DHCP-DISCOVER 报文中的 flag 字段决定，具体请参见"DHCP 报文格式"的介绍。

选择阶段，即 DHCP 客户端选择 IP 地址的阶段。如果有多台 DHCP 服务器向该客户端发来 DHCP-OFFER 报文，客户端只接受第一个收到的 DHCP-OFFER 报文，然后以广播方式发送 DHCP-REQUEST 报文，该报文中包含 DHCP 服务器在 DHCP-OFFER 报文中分配的 IP 地址。

确认阶段，即 DHCP 服务器确认 IP 地址的阶段。DHCP 服务器收到 DHCP 客户端发来的 DHCP-REQUEST 报文后，只有 DHCP 客户端选择的服务器会进行如下操作：如果确认将地址分配给该客户端，则返回 DHCP-ACK 报文；否则返回 DHCP-NAK 报文，表明地址不能分配给该客户端。

客户端收到服务器返回的 DHCP-ACK 确认报文后，会以广播的方式发送 ARP 报文，探测是否有主机使用服务器分配的 IP 地址，如果在规定的时间内没有收到回应，客户端才使用此地址。否则，客户端会发送 DHCP-DECLINE 报文给 DHCP 服务器，并重新申请 IP 地址。

如果网络中存在多个 DHCP 服务器，除 DHCP 客户端选中的服务器外，其他 DHCP 服务器中本次未分配出的 IP 地址仍可分配给其他客户端。

(3) IP 地址的租约更新。如果采用动态地址分配策略，则 DHCP 服务器分配给客户端的 IP 地址有一定的租借期限，当租借期满后服务器会收回该 IP 地址。如果 DHCP 客户端希望继续使用该地址，需要更新 IP 地址租约。

在 DHCP 客户端的 IP 地址租约期限达到一半时间时，DHCP 客户端会向为它分配 IP 地址的 DHCP 服务器单播发送 DHCP-REQUEST 报文，以进行 IP 租约的更新。如果客户端可以继续使用此 IP 地址，则 DHCP 服务器回应 DHCP-ACK 报文，通知 DHCP 客户端已经获得新 IP 租约；如果此 IP 地址不可以再分配给该客户端，则 DHCP 服务器回应 DHCP-NAK 报文，通知 DHCP 客户端不能获得新的租约。

如果在租约的一半时间进行的续约操作失败，DHCP 客户端会在租约期限达到 7/8 时，广播发送 DHCP-REQUEST 报文进行续约。DHCP 服务器的处理方式同上，不再赘述。

3）DHCP 报文格式

DHCP 有 8 种类型的报文，每种报文的格式相同，只是某些字段的取值不同。DHCP 报文格式基于 BOOTP 的报文格式，具体格式如图 15-129 所示。（括号中的数字表示该字段所占的字节）

0　　　　　　7	15	23	31
op(1)	htype(1)	hlen(1)	hops(1)
xid(4)			
secs(2)		flags(2)	
ciaddr(4)			
yiaddr(4)			
siaddr(4)			
giaddr(4)			
chaddr(16)			
sname(64)			
file(128)			
options(variable)			

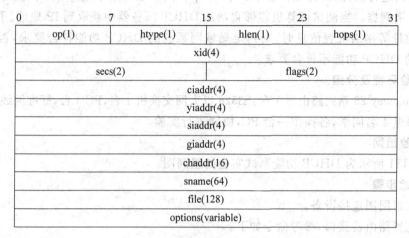

图 15-129　DHCP 报文格式

各字段的解释如下。

op：报文的操作类型，分为请求报文和响应报文，1 为请求报文，2 为响应报文。具体的报文类型在 option 字段中标识。

htype、hlen：DHCP 客户端的硬件地址类型及长度。

hops：DHCP 报文经过的 DHCP 中继的数目。DHCP 请求报文每经过一个 DHCP 中继，该字段就会增加 1。

xid：客户端发起一次请求时选择的随机数，用来标识一次地址请求过程。

secs：DHCP 客户端开始 DHCP 请求后所经过的时间。目前没有使用，固定为 0。

flags：第一个比特为广播响应标识位，用来标识 DHCP 服务器响应报文是采用单播还是广播方式发送，0 表示采用单播方式，1 表示采用广播方式。其余比特保留不用。

ciaddr：DHCP 客户端的 IP 地址。

yiaddr：DHCP 服务器分配给客户端的 IP 地址。

siaddr：DHCP 客户端获取 IP 地址等信息的服务器 IP 地址。

giaddr：DHCP 客户端发出请求报文后经过的第一个 DHCP 中继的 IP 地址。

chaddr：DHCP 客户端的硬件地址。

sname：DHCP 客户端获取 IP 地址等信息的服务器名称。

file：DHCP 服务器为 DHCP 客户端指定的启动配置文件名称及路径信息。

option：可选变长选项字段，包含报文的类型、有效租期、DNS 服务器的 IP 地址、WINS 服务器的 IP 地址等配置信息。

4）DHCP 功能测试

（1）测试方法。DHCP 功能测试示意图如图 15-130

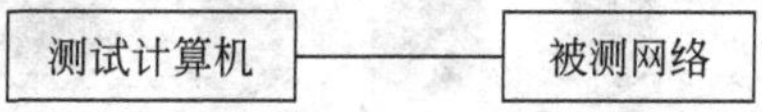

图 15-130　DHCP 功能测试示意图

所示,此时测试计算机应支持自动获取 IP 地址功能。

在局域网系统中启用 DHCP 功能,将测试计算机设置成自动获取 IP 地址模式,重新启动测试计算机,查看它是否自动获得了 IP 地址及其他网络配置信息(如子网掩码、默认网关地址、DNS 服务器等)。

(2)抽样规则。对于测试计算机所连接用户端口的选择,以不低于接入层用户端口数量 5% 的比例进行抽样,抽样端口数不少于 10 个。用户端口数不足 10 个时,全部测试。

(3)合格判据。当测试计算机能够自动从 DHCP 服务器中获取到 IP 地址、子网掩码和默认网关地址等网络配置信息时,则判定局域网系统的 DHCP 功能符合要求,否则判断局域网系统的 DHCP 功能不符合要求。

4. 实验环境及分组

(1)Quidway 26 系列路由器 1 台,S3526 以太网交换机 1 台,PC 4 台,标准网线 5 根。

(2)每组 4 名同学,各操作一台 PC,协同进行实验。

5. 实验组网

图 15-131 所示为 DHCP 功能测试实验的组网图。

6. 实验步骤

(1)按组网图连接设备。

(2)配置路由器接口,参考命令如下。

```
[Quidway]interface e0/0
[Quidway-Ethernet0/1]ip add 192.168.1.1 24
```

(3)开启路由器 DHCP 服务功能,配置 DHCP 服务器,参考命令如下。

```
[Quidway]dhcp server ip-pool dhcp
[Quidway-dhcp-pool-dhcp]network 192.168.1.0 mask 255.255.255.0
[Quidway-dhcp-pool-dhcp]dns-list 202.112.128.50 202.112.128.51
[Quidway-dhcp-pool-dhcp]gateway-list 192.168.1.1
```

(4)将测试计算机设置成自动获取 IP 地址模式。重新启动测试计算机,查看它是否自动获得了 IP 地址及其他网络配置信息(如子网掩码、默认网关地址、DNS 服务器等)。图 15-132 所示的网络连接详细信息说明了测试计算机已自动获得了 IP 地址及其他网络配置信息。

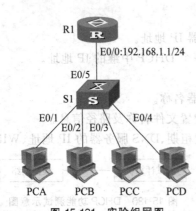

图 15-131　实验组网图

图 15-132　网络连接详细信息

(5) 分析截获 DHCP 报文，分析 DHCP 工作过程。

在控制台输入命令：ipconfig /release"本地连接"。（""中应为所用连接的名称）

打开 Ethereal，开始截获报文。

在控制台输入命令：ipconfig /renew。

此时可截获 4 条 DHCP 报文，分别代表了 DHCP 地址分配的 4 个阶段，如图 15-133 所示。

图 15-133　DHCP 报文

① 发现阶段。

在发现阶段，DHCP 客户端通过发送 DHCP-DISCOVER 报文来寻找 DHCP 服务器。

由于 DHCP 服务器的 IP 地址对于客户端来说是未知的，所以 DHCP 客户端以广播方式发送 DHCP-DISCOVER 报文。所有收到 DHCP-DISCOVER 报文的 DHCP 服务器都会发送回应报文，DHCP 客户端据此可以知道网络中存在的 DHCP 服务器的位置。图 15-134 所示为发现阶段 DHCP-DISCOVER 报文。

图 15-134　发现阶段 DHCP-DISCOVER 报文

② 提供阶段。

网络中接收到 DHCP-DISCOVER 报文的 DHCP 服务器，会选择一个合适的 IP 地址，连同 IP 地址租约期限和其他配置信息（如网关地址、域名服务器地址等）一同通过 DHCP-OFFER 报文（如图 15-135 所示）发送给 DHCP 客户端。

DHCP 服务器通过地址池保存可供分配的 IP 地址和其他配置信息。当 DHCP 服务器接收到 DHCP 请求报文后，将从 IP 地址池中取得空闲的 IP 地址及其他的参数，发送给 DHCP 客户端。

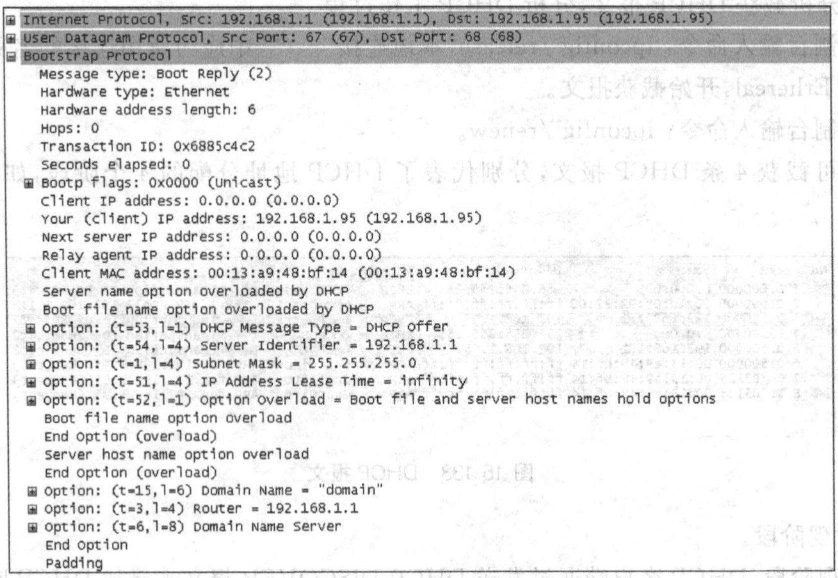

```
⊞ Internet Protocol, Src: 192.168.1.1 (192.168.1.1), Dst: 192.168.1.95 (192.168.1.95)
⊞ User Datagram Protocol, Src Port: 67 (67), Dst Port: 68 (68)
⊟ Bootstrap Protocol
    Message type: Boot Reply (2)
    Hardware type: Ethernet
    Hardware address length: 6
    Hops: 0
    Transaction ID: 0x6885c4c2
    Seconds elapsed: 0
  ⊞ Bootp flags: 0x0000 (Unicast)
    Client IP address: 0.0.0.0 (0.0.0.0)
    Your (client) IP address: 192.168.1.95 (192.168.1.95)
    Next server IP address: 0.0.0.0 (0.0.0.0)
    Relay agent IP address: 0.0.0.0 (0.0.0.0)
    Client MAC address: 00:13:a9:48:bf:14 (00:13:a9:48:bf:14)
    Server name option overloaded by DHCP
    Boot file name option overloaded by DHCP
  ⊞ Option: (t=53,l=1) DHCP Message Type = DHCP Offer
  ⊞ Option: (t=54,l=4) Server Identifier = 192.168.1.1
  ⊞ Option: (t=1,l=4) Subnet Mask = 255.255.255.0
  ⊞ Option: (t=51,l=4) IP Address Lease Time = infinity
  ⊞ Option: (t=52,l=1) Option Overload = Boot file and server host names hold options
    Boot file name option overload
    End option (overload)
    Server host name option overload
    End option (overload)
  ⊞ Option: (t=15,l=6) Domain Name = "domain"
  ⊞ Option: (t=3,l=4) Router = 192.168.1.1
  ⊞ Option: (t=6,l=8) Domain Name Server
    End Option
    Padding
```

图 15-135　提供阶段 DHCP-OFFER 报文

DHCP 服务器为客户端分配 IP 地址的优先次序如下。

- 与客户端 MAC 地址或客户端 ID 静态绑定的 IP 地址。
- DHCP 服务器记录的曾经分配给客户端的 IP 地址。
- 客户端发送的 DHCP-DISCOVER 报文中 Option 50 字段指定的 IP 地址。
- 在 DHCP 地址池中，顺序查找可供分配的 IP 地址，最先找到的 IP 地址。
- 如果未找到可用的 IP 地址，则依次查询租约过期、曾经发生过冲突的 IP 地址，如果找到则进行分配，否则将不处理。

DHCP 服务器为客户端分配 IP 地址时，服务器首先需要确认所分配的 IP 没有被网络上的其他设备所使用。DHCP 服务器通过发送 ICMP Echo Request(Ping)报文对分配的 IP 进行探测。如果在规定的时间内没有应答，那么服务器就会再次发送 Ping 报文。到达规定的次数后，如果仍没有应答，则所分配的 IP 地址可用。否则将探测的 IP 地址记录为冲突地址，并重新选择 IP 地址进行分配。

③ 选择阶段。

如果有多台 DHCP 服务器向 DHCP 客户端回应 DHCP-OFFER 报文，则 DHCP 客户端只接收第一个收到的 DHCP-OFFER 报文。然后以广播方式发送 DHCP-REQUEST 请求报文（如图 15-136 所示），该报文中包含 Option 54(服务器标识选项)，即它选择的 DHCP 服务器的 IP 地址信息。

以广播方式发送 DHCP-REQUEST 请求报文，是为了通知所有的 DHCP 服务器，它将选择 Option 54 中标识的 DHCP 服务器提供的 IP 地址，其他 DHCP 服务器可以重新使用曾提供的 IP 地址。

④ 确认阶段。

收到 DHCP 客户端发送的 DHCP-REQUEST 请求报文后，DHCP 服务器根据 DHCP-REQUEST 报文中携带的 MAC 地址来查找有没有相应的租约记录。如果有，则发送

```
⊞ Internet Protocol, Src: 0.0.0.0 (0.0.0.0), Dst: 255.255.255.255 (255.255.255.255)
⊞ User Datagram Protocol, Src Port: 68 (68), Dst Port: 67 (67)
⊟ Bootstrap Protocol
    Message type: Boot Request (1)
    Hardware type: Ethernet
    Hardware address length: 6
    Hops: 0
    Transaction ID: 0x6885c4c2
    Seconds elapsed: 0
  ⊞ Bootp flags: 0x0000 (Unicast)
    Client IP address: 0.0.0.0 (0.0.0.0)
    Your (client) IP address: 0.0.0.0 (0.0.0.0)
    Next server IP address: 0.0.0.0 (0.0.0.0)
    Relay agent IP address: 0.0.0.0 (0.0.0.0)
    Client MAC address: 00:13:a9:48:bf:14 (00:13:a9:48:bf:14)
    Server host name not given
    Boot file name not given
  ⊞ option: (t=53,l=1) DHCP Message Type = DHCP Request
  ⊞ option: (t=61,l=7) Client identifier
  ⊞ option: (t=50,l=4) Requested IP Address = 192.168.1.95
  ⊞ option: (t=54,l=4) Server Identifier = 192.168.1.1
  ⊞ option: (t=12,l=15) Host Name = "42fb06c3eba24e7"
  ⊞ option: (t=81,l=19) Client Fully Qualified Domain Name
  ⊞ option: (t=60,l=8) vendor class identifier = "MSFT 5.0"
  ⊞ option: (t=55,l=11) Parameter Request List
    End Option
```

图 15-136 选择阶段的 DHCP-REQUEST 请求报文

DHCP-ACK 报文（如图 15-137 所示）作为应答，通知 DHCP 客户端可以使用分配的 IP 地址。

```
⊞ Internet Protocol, Src: 192.168.1.1 (192.168.1.1), Dst: 192.168.1.95 (192.168.1.95)
⊞ User Datagram Protocol, Src Port: 67 (67), Dst Port: 68 (68)
⊟ Bootstrap Protocol
    Message type: Boot Reply (2)
    Hardware type: Ethernet
    Hardware address length: 6
    Hops: 0
    Transaction ID: 0x6885c4c2
    Seconds elapsed: 0
  ⊞ Bootp flags: 0x0000 (Unicast)
    Client IP address: 0.0.0.0 (0.0.0.0)
    Your (client) IP address: 192.168.1.95 (192.168.1.95)
    Next server IP address: 0.0.0.0 (0.0.0.0)
    Relay agent IP address: 0.0.0.0 (0.0.0.0)
    Client MAC address: 00:13:a9:48:bf:14 (00:13:a9:48:bf:14)
    Server name option overloaded by DHCP
    Boot file name option overloaded by DHCP
  ⊞ option: (t=53,l=1) DHCP Message Type = DHCP ACK
  ⊞ option: (t=54,l=4) Server Identifier = 192.168.1.1
  ⊞ option: (t=1,l=4) Subnet Mask = 255.255.255.0
  ⊞ option: (t=51,l=4) IP Address Lease Time = infinity
  ⊞ option: (t=52,l=1) option Overload = Boot file and server host names hold options
    Boot file name option overload
    End option (overload)
    Server host name option overload
    End option (overload)
  ⊞ option: (t=15,l=6) Domain Name = "domain"
  ⊞ option: (t=3,l=4) Router = 192.168.1.1
  ⊞ option: (t=6,l=8) Domain Name Server
    End Option
    Padding
```

图 15-137 确认阶段的 DHCP-ACK 报文

DHCP 客户端收到 DHCP 服务器返回的 DHCP-ACK 确认报文后，会以广播的方式发送 ARP 报文，探测是否有主机使用服务器分配的 IP 地址，如果在规定的时间内没有收到回应，客户端才使用此地址。否则，客户端会发送 DHCP-DECLINE 报文给 DHCP 服务器，通知 DHCP 服务器该地址不可用，并重新申请 IP 地址。

如果 DHCP 服务器收到 DHCP-REQUEST 报文后，没有找到相应的租约记录，或者由于某些原因无法正常分配 IP 地址，则发送 DHCP-NAK 报文作为应答，通知 DHCP 客户端无法分配合适 IP 地址。DHCP 客户端需要重新发送 DHCP-DISCOVER 报文来请求新的

IP 地址。

7. 实验总结

本次实验介绍了 DHCP 原理、作用及工作过程,配置启用了 DHCP 服务器,分析 DHCP 报文,并测试了局域网 DHCP 功能。

习题

(1) 简述 DHCP 的作用。

(2) 简述主机第一次申请 IP 的过程。

15.4.4 NAT 功能测试

1. 实验目的

(1) 学习 NAT 技术的原理。

(2) 学习局域网 NAT 功能测试方法。

2. 实验内容

学习 NAT 原理,在设备上配置 NAT,理解 NAT 工作过程,测试局域网 NAT 功能。

3. 实验原理

1) NAT 概述

NAT(Network Address Translation,网络地址转换)是将 IP 数据报报头中的 IP 地址转换为另一个 IP 地址的过程。在实际应用中,NAT 主要用于实现私有网络访问公共网络的功能。这种通过使用少量的公有 IP 地址代表较多的私有 IP 地址的方式,将有助于减缓可用 IP 地址空间的枯竭。

私有 IP 地址是指内部网络或主机的 IP 地址,公有 IP 地址是指在因特网上全球唯一的 IP 地址。

RFC 1918 为私有网络预留出了 3 个 IP 地址块,如下。

A 类:10.0.0.0～10.255.255.255。

B 类:172.16.0.0～172.31.255.255。

C 类:192.168.0.0～192.168.255.255。

上述 3 个范围内的地址不会在因特网上被分配,因此可以不必向 ISP 或注册中心申请而在公司或企业内部自由使用。

图 15-138 描述了一个基本的 NAT 应用。

地址转换的基本过程如下。

(1) NAT 网关处于私有网络和公有网络的连接处。

当内部 PC(192.168.1.3)向外部服务器(1.1.1.2)发送一个数据报 1 时,数据报将通过 NAT 网关。

(2) NAT 网关查看报头内容,发现该数据报是发往外网的,那么它将数据报 1 的源地址字段的私有地址 192.168.1.3 换成一个可在 Internet 上选路的公有地址 20.1.1.1,并将该数据报发送到外部服务器,同时在 NAT 网关的网络地址转换表中记录这一映射。

(3) 外部服务器给内部 PC 发送的应答报文 2(其初始目的地址为 20.1.1.1)到达 NAT 网关后,NAT 网关再次查看报头内容,然后查找当前网络地址转换表的记录,用内部 PC 的

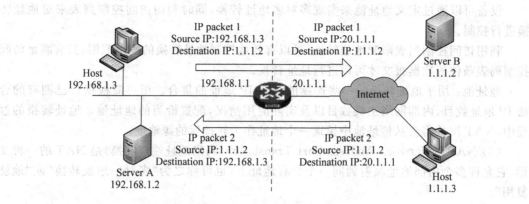

图 15-138 NAT 网络地址转换过程

私有地址 192.168.1.3 替换初始的目的地址。

上述的 NAT 过程对终端（如图中的 Host 和 Server）来说是透明的。对外部服务器而言，它认为内部 PC 的 IP 地址就是 20.1.1.1，并不知道有 192.168.1.3 这个地址。因此，NAT"隐藏"了企业的私有网络。

地址转换的优点在于，在为内部主机提供了"隐私"保护的前提下，实现了内部网络的主机通过该功能访问外部网络的资源。但它也有一些缺点。

(1) 由于需要对数据报文进行 IP 地址的转换，涉及 IP 地址的数据报的报头不能被加密。在应用协议中，如果报文中有地址或端口需要转换，则报文不能被加密。例如，不能使用加密的 FTP 连接，否则 FTP 的 port 命令不能被正确转换。

(2) 网络调试变得更加困难。比如，某一台内部网络的主机试图攻击其他网络，则很难指出究竟哪一台机器是恶意的，因为主机的 IP 地址被屏蔽了。

(3) 在链路的带宽低于 1.5Gbps 速率时，地址转换对网络性能影响很小，此时，网络传输的瓶颈在传输线路上；当速率高于 1.5Gbps 时，地址转换将对网络性能产生一些影响。

2) NAT 实现的功能

(1) 多对多地址转换及地址转换的控制。从图 15-138 的地址转换过程可见，当内部网络访问外部网络时，地址转换将会选择一个合适的外部地址，来替代内部网络数据报文的源地址。在图 15-138 中是选择 NAT 网关出接口的 IP 地址（公有地址）。这样所有内部网络的主机访问外部网络时，只能拥有一个外部的 IP 地址，因此，这种情况同时只允许最多有一台内部主机访问外部网络，这称为"一对一地址转换"。当内部网络的多台主机并发地要求访问外部网络时，"一对一地址转换"仅能够实现其中一台主机的访问请求。

NAT 也可实现对并发性请求的响应，允许 NAT 网关拥有多个公有 IP 地址。当第一个内部主机访问外网时，NAT 选择一个公有地址 IP1，在地址转换表中添加记录并发送数据报；当另一内部主机访问外网时，NAT 选择另一个公有地址 IP2。以此类推，从而满足了多台内部主机访问外网的请求，这称为"多对多地址转换"。

在实际应用中，我们可能希望某些内部的主机可以访问外部网络，而某些主机不允许访问，即当 NAT 网关查看数据报报头内容时，如果发现源 IP 地址属于禁止访问外部网络的内部主机，它将不进行 NAT 转换。这就是对地址转换进行控制的问题。

设备可以通过定义地址池来实现多对多地址转换,同时利用访问控制列表来对地址转换进行控制。

利用访问控制列表限制地址转换,可以有效地控制地址转换的使用范围,只有满足访问控制列表条件的数据报文才可以进行地址转换。

地址池:用于地址转换的一些连续的公有 IP 地址的集合。用户应根据自己拥有的合法 IP 地址数目、内部网络主机数目以及实际应用情况,配置恰当的地址池。地址转换的过程中,NAT 网关将会从地址池中挑选一个地址作为转换后的源地址。

(2) NAPT(Network Address Port Translation,网络地址端口转换)是 NAT 的一种变形,它允许多个内部地址映射到同一个公有地址上,也可称之为"多对一地址转换"或"地址复用"。

NAPT 同时映射 IP 地址和端口号:来自不同内部地址的数据报的目的地址可以映射到同一外部地址,但它们的端口号被转换为该地址的不同端口号,因而仍然能够共享同一地址,也就是"私有地址+端口"与"公有地址+端口"之间的转换。

图 15-139 描述了 NAPT 的基本原理。

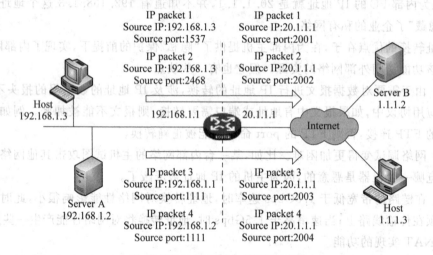

图 15-139 NAPT 基本原理示意图

如图 15-139 所示,四个带有内部地址的数据报到达 NAT 网关,其中数据报 1 和 2 来自同一个内部地址但有不同的源端口号,数据报 3 和 4 来自不同的内部地址但具有相同的源端口号。通过 NAPT 映射,四个数据报的源 IP 地址都被转换到同一个外部地址,但每个数据报都被赋予了不同的源端口号,因而仍保留了报文之间的区别。当回应报文到达时,NAT 网关仍能够根据回应报文的目的地址和端口号来区别该报文应转发到的内部主机。

采用 NAPT 可以更加充分地利用 IP 地址资源,实现更多内部网络主机对外部网络的同时访问。

(3) 内部服务器。NAT 隐藏了内部网络的结构,具有"屏蔽"内部主机的作用,但是在实际应用中,可能需要给外部网络提供一个访问内部主机的机会,如给外部网络提供一台 WWW 服务器,或是一台 FTP 服务器。

使用 NAT 可以灵活地添加内部服务器。例如,可以使用 20.1.1.10 作为 WWW 服务器的外部地址,使用 20.1.1.11 作为 FTP 服务器的外部地址,甚至还可以使用 20.1.1.12:

8080 这样的地址作为 WWW 服务器的外部地址。

目前设备的 NAT 提供了内部服务器功能供外部网络访问。外部网络的用户访问内部服务器时,NAT 将请求报文内的目的地址转换成内部服务器的私有地址。当内部服务器回应报文时,NAT 要将回应报文的源地址(私有 IP 地址)转换成公有 IP 地址。

3) NAT 功能测试

(1) 测试方法。NAT 功能测试示意图如图 15-140 所示,对于公网 IP 地址缺乏的局域网系统,应能够支持 NAT 功能,来实现局域网系统内部用户对 Internet 公网上的资源访问。

图 15-140　NAT 功能测试示意图

测试 NAT 功能的具体操作如下。在局域网系统中,将网络设备上的 NAT 功能打开;将测试计算机 1 和测试计算机 2 连接到局域网上的接入用户端口,并分别配置不同的内部网络 IP 地址;使用测试计算机 1 和测试计算机 2 同时访问 Internet 上某个公网 IP 地址,查看计算机 1 和计算机 2 是否能同时连接到该公网 IP 地址。

(2) 抽样规则。对于测试计算机所连接用户端口的选择,以不低于接入层用户端口数量 5% 的比例进行抽样,抽样端口数不少于 10 个。用户端口数不足 10 个时,全部测试。

(3) 合格判据。当测试计算机 1 和计算机 2 能同时连接到该公网 IP 地址上时,则判定局域网系统的 NAT 功能符合要求,否则判定局域网系统的 NAT 功能不符合要求。

4. 实验环境及分组

(1) Router 26 系列路由器 1 台,S3526 以太网交换机 1 台,PC 4 台,标准网线 6 根。

(2) 每组 4 名同学,各操作一台 PC,协同进行实验。

5. 实验组网

图 15-141 所示为通过地址转换访问互联网实验的组网图。

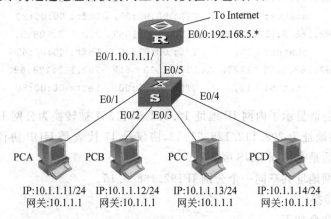

图 15-141　通过地址转换访问互联网组网图

注:为了避免 IP 地址冲突,路由器 E0/0 接口 IP 地址中的 * 为本组组号×10,每组配置的地址池范围定为:组号×10～组号×10+4。 如第三组,E0/0 的 IP 地址为 192.168.5.10,所配置的地址池为 192.192.169.10～192.192.169.14。 实验时公网地址应根据实验环境适当调整。

6. 实验步骤

(1) 按照组网图连接设备,设置好计算机的 IP 地址和默认网关。
(2) 配置路由器接口,参考命令如下。

[Router]interface e0/1
[Router-Ethernet0/1]ip add 10.1.1.1 24
[Router]interface e0/0
[Router-Ethernet0/0]ip add 192.168.5.10 24

(3) 开启路由器 NAT 功能,参考命令如下。
配置访问控制列表的命令如下。

[Router]acl number 2001
[Router-acl-basic-2001]rule permit source 10.1.1.0 0.0.0.255
[Router-acl-basic-2001]rule deny source any

在端口开启 NAT 的命令如下。

[Router-Ethernet0/0]nat outbound 2001

配置默认路由的命令如下。

[Router]ip route-static 0.0.0.0 0 192.168.5.1

(4) 在各自的计算机上试着访问 Internet,检验配置是否成功。
(5) 查看路由器 NAT 会话(Session),命令如下。

[Router]display nat session

将出现类似下面的信息。

There are currently 3 NAT session:
Protocol	GlobalAddr	Port	InsideAddr	Port	DestAddr	Por
1	192.168.5.15	12288	10.1.1.11	512	202.108.9.33	512
VPN: 0,		status: 11,		TTL: 00:01:00,	Left: 00:00:29	
17	192.168.5.15	12289	10.1.1.12	1067	202.112.128.51	53
VPN: 0,		status: 10,		TTL: 00:01:00,	Left: 00:00:47	
1	192.168.5.15	12290	10.1.1.12	512	202.112.128.69	512
VPN: 0,		status: 11,		TTL: 00:01:00,	Left: 00:00:50	

列表第二条会话显示了内网 IP 地址 10.1.1.12:1067 被转换为公网 IP 地址 192.168.5.15:12289,目的地址为 202.112.128.51:53,协议号 17 代表是 UDP 协议,目的地址和端口号说明这条会话是在访问 DNS 服务器。

此时多个内网地址共享同一个公网 IP192.168.5.15。

(6) 多地址转换。

配置地址池命令如下。

[Router]nat address-group 1 192.168.5.10 192.168.5.14

删除以前的 NAT 配置的命令如下。

```
[Router-Ethernet0/0]undo nat outbound 2001
```

在端口开启 NAT,非 PAT 模式,参考命令如下。

```
[Router-Ethernet0/0]nat outbound 2001 address-group 1 no-pat
```

(7) 在各自的计算机上试着访问 Internet,检验配置是否成功。
(8) 查看路由器 NAT 会话(Session),命令如下。

```
[Router]display nat session
```

将出现类似下面的信息。

```
There are currently 5 NAT session:
Protocol       GlobalAddr   Port          InsideAddr   Port         DestAddr   Port
   -          192.168.5.10   ---          10.1.1.11    ---          ---        ---
VPN: 0,        status: NOPAT,             TTL: 00:04:00,             Left: 00:03:47
   -          192.168.5.11   ---          10.1.1.12    ---          ---        ---
VPN: 0,        status: NOPAT,             TTL: 00:04:00,             Left: 00:03:52
   17         192.168.5.10   1039         10.1.1.11    1039         202.112.128.51   53
VPN: 0,        status:        2,          TTL: 00:01:00,             Left: 00:00:44
   1          192.168.5.10   512          10.1.1.11    512          202.108.9.31   512
VPN: 0,        status:        3,          TTL: 00:01:00,             Left: 00:00:47
   1          192.168.5.11   512          10.1.1.12    512          202.112.128.69   512
VPN: 0,        status:        3,          TTL: 00:01:00,             Left: 00:00:52
```

从以上的会话信息可以看出,内网地址 10.1.1.11 与 10.1.1.12 分别映射到不同的公网地址。

7. 实验总结

本次实验介绍了 NAT 技术的原理、作用及工作过程,配置网络设备启用了 NAT,并测试了局域网 NAT 功能。

习题

(1) 简述 NAT 的作用。
(2) 比较 NAPT 与多对多地址转换的区别。
(3) NAT 是否适用于 TCP、UDP 之外的协议?为什么?

15.4.5 组播功能测试

1. 实验目的

(1) 学习组播技术原理。
(2) 学习局域网组播功能测试方法。

2. 实验内容

学习组播地址、IGMP、PIM 协议原理,配置设备启用组播功能,理解组播工作过程,测试局域网组播功能。

3. 实验原理

1) 组播概述

传统的 IP 通信有两种方式：一种是在源主机与目的主机之间点对点的通信，即单播；另一种是在源主机与同一网段中所有其他主机之间点对多点的通信，即广播。如果要将信息发送给多个主机而非所有主机，若采用广播方式实现，不仅会将信息发送给不需要的主机而浪费带宽，也不能实现跨网段发送；若采用单播方式实现，重复的 IP 包不仅会占用大量带宽，也会增加源主机的负载。所以，传统的单播和广播通信方式不能有效地解决单点发送、多点接收的问题。

组播是指在 IP 网络中将数据包以尽力传送的形式发送到某个确定的结点集合（即组播组），其基本思想是：源主机（即组播源）只发送一份数据，其目的地址为组播组地址；组播组中的所有接收者都可收到同样的数据复制件，并且只有组播组内的主机可以接收该数据，而其他主机则不能收到。

组播技术有效地解决了单点发送、多点接收的问题，实现了 IP 网络中点到多点的高效数据传送，能够大量节约网络带宽，降低网络负载。作为一种与单播和广播并列的通信方式，组播的意义不仅在于此。更重要的是，可以利用网络的组播特性方便地提供一些新的增值业务，包括在线直播、网络电视、远程教育、远程医疗、网络电台、实时视频会议等互联网的信息服务领域。

2) 组播技术实现

组播技术的实现需要解决以下几方面问题。

(1) 组播源向一组确定的接收者发送信息，而如何来标识这组确定的接收者？——这需要用到组播地址机制。

(2) 接收者通过加入组播组来实现对组播信息的接收，而接收者如何动态地加入或离开组播组？——即如何进行组成员关系管理。

(3) 组播报文在网络中是如何被转发并最终到达接收者的？——即组播报文转发的过程。

(4) 组播报文的转发路径（即组播转发树）是如何构建的？——这是由各组播路由协议来完成的。

3) IP 组播地址

IP 组播地址用于标识一个 IP 组播组。IANA 把 D 类地址空间分配给组播使用，范围为 224.0.0.0～239.255.255.255。图 15-142 所示为 IP 组播地址格式。

图 15-142 IP 组播地址格式

如图 15-142 所示，IP 组播地址前四位均为 1110，而整个 IP 组播地址空间的划分则如图 15-143 所示。

224.0.0.0～224.0.0.255 被 IANA 预留，地址 224.0.0.0 保留不做分配，其他地址供路由协议及拓扑查找和维护协议使用。该范围内的地址属于局部范畴，不论 TTL 为多少，都不会被路由器转发。

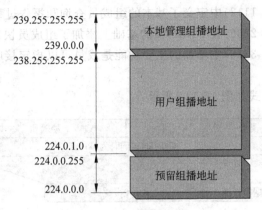

图 15-143　IP 组播地址划分

224.0.1.0～238.255.255.255 为用户可用的组播地址,在全网范围内有效。

239.0.0.0～239.255.255.255 为本地管理组播地址,仅在特定的本地范围内有效。

4）IP 组播地址到链路层的映射

IANA 将 MAC 地址范围 01:00:5E:00:00:00～01:00:5E:7F:FF:FF 分配给组播使用,这就要求将 28 位的 IP 组播地址空间映射到 23 位的组播 MAC 地址空间中,具体的映射方法是将组播地址中的低 23 位放入 MAC 地址的低 23 位,如图 15-144 所示。

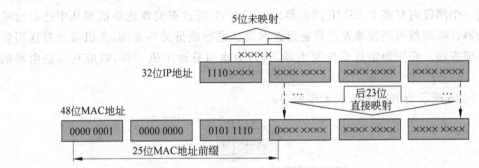

图 15-144　IP 组播地址到组播 MAC 地址的映射

由于 IP 组播地址的后 28 位中只有 23 位被映射到组播 MAC 地址,这样会有 32 个 IP 组播地址映射到同一组播 MAC 地址上。

5）IGMP 协议

IGMP 是 Internet Group Management Protocol（互联网组管理协议）的简称。它是 TCP/IP 协议族中负责 IP 组播成员管理的协议,用来在 IP 主机和与其直接相邻的组播路由器之间建立、维护组播组成员关系。

IGMP 运行于主机和与主机直连的路由器之间,其实现的功能是双向的：一方面,主机通过 IGMP 通知路由器希望接收某个特定组播组的信息；另一方面,路由器通过 IGMP 周期性地查询局域网内的组播组成员是否处于活动状态,实现所连网段组成员关系的收集与维护。通过 IGMP,在路由器中记录的信息是某个组播组是否在本地有组成员,而不是组播组与主机之间的对应关系。

目前 IGMP 有以下 3 个版本。

(1) IGMPv1(RFC 1112)中定义了基本的组成员查询和报告过程。

(2) IGMPv2(RFC 2236)在 IGMPv1 的基础上添加了组成员快速离开的机制等。

(3) IGMPv3(RFC 3376)中增加的主要功能是成员可以指定接收或拒绝来自某些组播源的报文。

IGMPv2 报文的格式如图 15-145 所示。

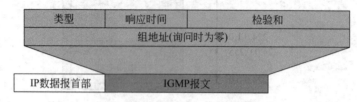

图 15-145　IGMPv2 报文格式

报文共有 8 个字节,分为 4 个字段。以下是各字段的意义。

(1) 类型:目前共有三种 IGMPv2 类型和一种 IGMPv1 类型。

(2) 响应时间:以十分之一秒为单位,默认值是 10 秒。

(3) 检验和:对整个 IGMP 报文进行检验,其算法和 IP 数据报的相同。

(4) 组地址:当对所有的组发出询问时,组地址字段就填入零;询问特定组时,就填入该组的组地址;主机发送成员关系的报告时,填入自己的地址。

当同一个网段内有多个 IGMP 路由器时,IGMPv2 通过查询器选举机制从中选举出唯一的查询器。查询器周期性地发送普遍组查询消息进行成员关系查询,主机通过发送报告消息来响应查询。而作为组成员的路由器,其行为也与普通主机一样,响应其他路由器的查询。

图 15-146 所示为 IGMPv2 的工作原理。

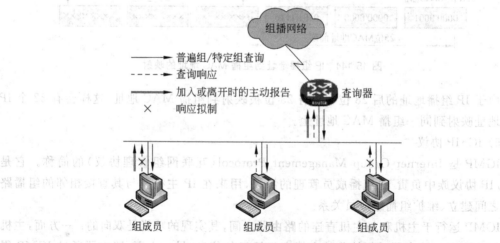

图 15-146　IGMPv2 的工作原理

当主机要加入组播组时,不必等待查询消息,而是主动发送报告消息;当主机要离开组播组时,也会主动发送离开组消息,查询器收到离开组消息后,会发送特定组查询消息来确定该组的所有组成员是否都已离开。

通过上述机制,在路由器里建立起一张表,其中记录了路由器各接口所对应子网上都有哪些组的成员。当路由器收到发往组 G 的组播数据后,只向那些有 G 的成员的接口转发该数据。至于组播数据在路由器之间如何转发则由组播路由协议决定,而不是 IGMP 的功能。

6) PIM

协议无关组播(Protocol Independent Multicast,PIM)表示可以利用静态路由或者任意单播路由协议(包括 RIP、OSPF、IS-IS、BGP 等)所生成的单播路由表为 IP 组播提供路由。组播路由与所采用的单播路由协议无关,只要能够通过单播路由协议产生相应的组播路由表项即可。PIM 借助 RPF(Reverse Path Forwarding,逆向路径转发)机制实现对组播报文的转发。当组播报文到达本地设备时,首先对其进行 RPF 检查:若 RPF 检查通过,则创建相应的组播路由表项,从而进行组播报文的转发;若 RPF 检查失败,则丢弃该报文。

根据实现机制的不同,PIM 分为以下两种模式:PIM-DM(Protocol Independent Multicast-Dense Mode,协议无关组播—密集模式),PIM-SM(Protocol Independent Multicast-Sparse Mode,协议无关组播—稀疏模式)。

组播报文在网络中沿着树型转发路径进行转发,该路径称为组播转发树。它可分为源树(Source Tree)和共享树(RPT)两大类。

源树是指以组播源作为树根,将组播源到每一个接收者的最短路径结合起来构成的转发树。由于源树使用的是从组播源到接收者的最短路径,因此也称为最短路径树(SPT)。对于某个组,网络要为任何一个向该组发送报文的组播源建立一棵树。

源树的优点是能构造组播源和接收者之间的最短路径,使端到端的延迟达到最小。但付出的代价是,在路由器中必须为每个组播源保存路由信息,这样会占用大量的系统资源,路由表的规模也比较大。

以某个路由器作为路由树的树根,该路由器称为汇集点(RP),共享树就是由 RP 到所有接收者的最短路径所共同构成的转发树。使用共享树时,对应某个组网络中只有一棵树。所有的组播源和接收者都使用这棵树来收发报文,组播源先向树根发送数据报文,之后报文又向下转发到达所有的接收者。

共享树的最大优点是路由器中保留的路由信息可以很少,缺点是组播源发出的报文要先经过 RP,再到达接收者,经由的路径通常并非最短,而且对 RP 的可靠性和处理能力要求很高。

当路由器收到组播数据报文时,根据组播目的地址查找组播转发表,对报文进行转发。与单播报文的转发相比,组播报文的转发相对复杂:在单播报文的转发过程中,路由器并不关心报文的源地址,只关心报文的目的地址,通过其目的地址决定向哪个接口转发;而组播报文是发送给一组接收者的,这些接收者用一个逻辑地址(即组播地址)标识,路由器在收到组播报文后,必须根据报文的源地址确定其正确的入接口(指向组播源方向)和下游方向,然后将其沿着远离组播源的下游方向转发——这个过程称为逆向路径转发(RPF)。

在 RPF 执行过程中会利用原有的单播路由表确定上、下游的邻接结点,只有报文从上游结点所对应的接口(称为 RPF 接口,即路由器上通过单播方式向该地址发送报文的出接口)到达时,才向下游转发。RPF 的主体是 RPF 检查,通过 RPF 检查除了可以正确地按照组播路由的配置转发报文外,还可以避免可能出现的环路。路由器收到组播报文后先对其进行 RPF 检查,只有检查通过才执行转发。

RPF 检查的过程为:路由器在单播路由表中查找组播源或 RP 对应的 RPF 接口(使用 SPT 时查找组播源对应的 RPF 接口,使用 RPT 时查找 RP 对应的 RPF 接口),如果组播报文是从 RPF 接口接收下来的,则 RPF 检查通过,报文向下游接口转发;否则,丢弃该报文。

7) PIM-DM。

(1) PIM-DM 简介。PIM-DM 属于密集模式的组播路由协议,使用"推(Push)模式"传送组播数据,通常适用于组播组成员相对比较密集的小型网络。

PIM-DM 的基本原理如下。

PIM-DM 假设网络中的每个子网都存在至少一个组播组成员,因此组播数据将被扩散(Flooding)到网络中的所有结点。然后,PIM-DM 对没有组播数据转发的分支进行剪枝(Prune),只保留包含接收者的分支。这种"扩散—剪枝"现象周期性地发生,被剪枝的分支也可以周期性地恢复成转发状态。

当被剪枝分支的结点上出现了组播组的成员时,为了减少该结点恢复成转发状态所需的时间,PIM-DM 使用嫁接(Graft)机制主动恢复其对组播数据的转发。

一般说来,密集模式下数据包的转发路径是有源树(Source Tree,即以组播源为"根"、组播组成员为"枝叶"的一棵转发树)。由于有源树使用的是从组播源到接收者的最短路径,因此也称为最短路径树(Shortest Path Tree,SPT)。

(2) PIM-DM 工作机制。

① 邻居发现。在 PIM 域中,路由器通过周期性地向所有 PIM 路由器(224.0.0.13)以组播方式发送 PIM Hello 报文(以下简称 Hello 报文),以发现 PIM 邻居,维护各路由器之间的 PIM 邻居关系,从而构建和维护 SPT。

说明:路由器每个运行了 PIM 协议的接口都会周期性地发送 Hello 报文,从而了解与该接口相关的 PIM 邻居信息。

② 构建 SPT。构建 SPT 的过程也就是"扩散—剪枝"的过程。

在 PIM-DM 域中,组播源 S 向组播组 G 发送组播报文时,首先对组播报文进行扩散:路由器对该报文的 RPF 检查通过后,便创建一个(S,G)表项,并将该报文向网络中的所有下游结点转发。经过扩散,PIM-DM 域内的每个路由器上都会创建(S,G)表项。

然后对那些下游没有接收者的结点进行剪枝:由没有接收者的下游结点向上游结点发剪枝报文(Prune Message),以通知上游结点将相应的接口从其组播转发表项(S,G)所对应的出接口列表中删除,并不再转发该组播组的报文至该结点。

说明:(S,G)表项包括组播源的地址 S、组播组的地址 G、出接口列表和入接口等。路由器上收到组播数据的接口称为"上游",转发组播数据的接口称为"下游"。

剪枝过程最先由叶子路由器发起,如图 15-147 所示,没有接收者(Receiver)的路由器(如与 Host A 直连的路由器)主动发起剪枝,并一直持续到 PIM-DM 域中只剩下必要的分支,这些分支共同构成了 SPT。

"扩散—剪枝"的过程是周期性发生的。各个被剪枝的结点提供超时机制,当剪枝超时后便重新开始这一过程。

③ 嫁接。当被剪枝的结点上出现了组播组的成员时,为了减少该结点恢复成转发状态所需的时间,PIM-DM 使用嫁接机制主动恢复其对组播数据的转发,过程如下:需要恢复接

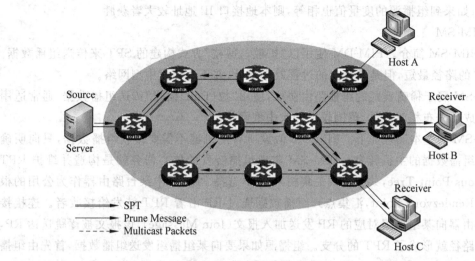

图 15-147 PIM-DM 中构建 SPT 示意图

收组播数据的结点向其上游结点发送嫁接报文（Graft Message）以申请重新加入到 SPT 中；当上游结点收到该报文后恢复该下游结点的转发状态，并向其回应一个嫁接应答报文（Graft-Ack Message）以进行确认；如果发送嫁接报文的下游结点没有收到来自其上游结点的嫁接应答报文，将重新发送嫁接报文直到被确认为止。

④ 断言。在一个网段内如果存在多台组播路由器，则相同的组播报文可能会被重复发送到该网段。为了避免出现这种情况，就需要通过断言（Assert）机制来选定唯一的组播数据转发者。图 15-148 所示为 Assert 机制。

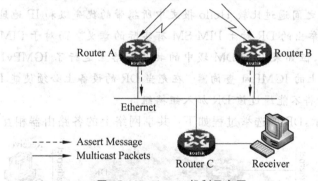

图 15-148 Assert 机制示意图

如图 15-148 所示，当 Router A 和 Router B 从上游结点收到(S,G)组播报文后，都会向本地网段转发该报文，于是处于下游的结点 Router C 就会收到两份相同的组播报文，Router A 和 Router B 也会从各自的本地接口收到对方转发来的该组播报文。此时，Router A 和 Router B 会通过本地接口向所有 PIM 路由器(224.0.0.13)以组播方式发送断言报文（Assert Message），该报文中携带有以下信息：组播源地址 S、组播组地址 G、到组播源的单播路由的优先级和度量值。通过一定的规则对这些参数进行比较后，Router A 和 Router B 中的获胜者将成为(S,G)组播报文在本网段的转发者，比较规则如下：到组播源的单播路由的优先级较高者获胜；如果到组播源的单播路由的优先级相等，那么到组播源的度量值较

• 255 •

小者获胜;如果到组播源的度量值也相等,则本地接口 IP 地址较大者获胜。

8) PIM-SM

(1) PIM-SM 简介。PIM-DM 使用以"扩散—剪枝"方式构建的 SPT 来传送组播数据。尽管 SPT 的路径最短,但是其建立的过程效率较低,并不适合大中型网络。

PIM-SM 属于稀疏模式的组播路由协议,使用"拉(Pull)模式"传送组播数据,通常适用于组播组成员分布相对分散、范围较广的大中型网络。

PIM-SM 的基本原理如下。PIM-SM 假设所有主机都不需要接收组播数据,只向明确提出需要组播数据的主机转发。PIM-SM 实现组播转发的核心任务就是构造并维护 RPT (Rendezvous Point Tree,共享树或汇集树),RPT 选择 PIM 域中某台路由器作为公用的根结点 RP(Rendezvous Point,汇集点),组播数据通过 RP 沿着 RPT 转发给接收者。连接接收者的路由器向某组播组对应的 RP 发送加入报文(Join Message),该报文被逐跳送达 RP,所经过的路径就形成了 RPT 的分支。组播源如果要向某组播组发送组播数据,首先由组播源侧 DR(Designated Router,指定路由器)负责向 RP 进行注册,把注册报文(Register Message)通过单播方式发送给 RP,该报文到达 RP 后触发建立 SPT。之后组播源把组播数据沿着 SPT 发向 RP,当组播数据到达 RP 后,被复制并沿着 RPT 发送给接收者。

(2) PIM-SM 工作机制。

① 邻居发现。PIM-SM 使用与 PIM-DM 类似的邻居发现机制。

② DR 选举。借助 Hello 报文还可以为共享网络(如 Ethernet)选举 DR,DR 将作为该共享网络中组播数据的唯一转发者。

无论是与组播源相连的网络,还是与接收者相连的网络,都需要选举 DR。接收者侧的 DR 负责向 RP 发送加入报文,组播源侧的 DR 负责向 RP 发送注册报文。

说明:各路由器之间通过比较 Hello 报文中所携带的优先级和 IP 地址,可以为多路由器网段选举 DR。选举出的 DR 对于 PIM-SM 有实际的意义。而对于 PIM-DM 来说,其本身其实并不需要 DR,但如果 PIM-DM 域中的共享网络上运行了 IGMPv1,则需要选举出 DR 来充当共享网络上的 IGMPv1 查询器。在充当 DR 的设备上必须使能 IGMP,否则连接在该 DR 上的接收者将不能通过该 DR 加入组播组。

如图 15-149 所示,DR 的选举过程如下:共享网络上的各路由器相互之间发送 Hello

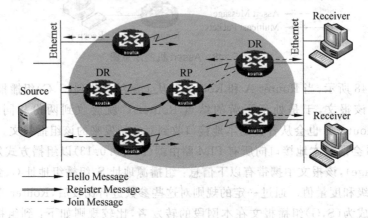

图 15-149　DR 选举示意图

报文(携带有竞选 DR 优先级的参数),拥有最高优先级的路由器将成为 DR;如果优先级相同,或者网络中至少有一台路由器不支持在 Hello 报文中携带竞选 DR 优先级的参数,则根据各路由器的 IP 地址大小来竞选 DR,IP 地址最大的路由器将成为 DR。

当 DR 出现故障时,其余路由器在超时后仍没有收到来自 DR 的 Hello 报文,则会触发新的 DR 选举过程。

③ RP 发现。RP 是 PIM-SM 域中的核心设备。在结构简单的小型网络中,组播信息量少,整个网络仅依靠一个 RP 进行组播信息的转发即可,此时可以在 PIM-SM 域中的各路由器上静态指定 RP 的位置。但是在更多的情况下,PIM-SM 域的规模都很大,通过 RP 转发的组播信息量巨大。为了缓解 RP 的负担并优化 RPT 的拓扑结构,可以在 PIM-SM 域中配置多个 C-RP(Candidate-RP,候选 RP),通过自举机制来动态选举 RP,使不同的 RP 服务于不同的组播组,此时需要配置 BSR(Boot Strap Router,自举路由器)。BSR 是 PIM-SM 域的管理核心,一个 PIM-SM 域内只能有一个 BSR,但可以配置多个 C-BSR(Candidate-BSR,候选 BSR)。这样,一旦 BSR 发生故障,其余 C-BSR 能够通过自动选举产生新的 BSR,从而确保业务免受中断。

说明:一个 RP 可以同时服务于多个组播组,但一个组播组只能唯一对应一个 RP。一台设备可以同时充当 C-RP 和 C-BSR。

如图 15-150 所示,BSR 负责收集网络中由 C-RP 发来的宣告报文(Advertisement Message),该报文中携带有 C-RP 的地址和优先级以及其服务的组范围,BSR 将这些信息汇总为 RP-Set(RP 集,即组播组与 RP 的映射关系数据库),封装在自举报文(Bootstrap Message)中并发布到整个 PIM-SM 域。

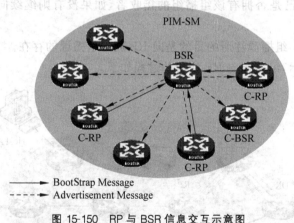

图 15-150 RP 与 BSR 信息交互示意图

网络中的各路由器将依据 RP-Set 提供的信息,使用相同的规则从众多 C-RP 中为特定组播组选择其对应的 RP,具体规则如下:

首先比较 C-RP 的优先级,优先级较高者获胜;若优先级相同,则使用哈希(Hash)函数计算哈希值,该值较大者获胜;若优先级和哈希值都相同,则 C-RP 地址较大者获胜。

④ 构建 RPT。如图 15-151 所示,RPT 的构建过程如下。

当接收者加入一个组播组 G 时,先通过 IGMP 报文通知与其直连的 DR;

DR 掌握了组播组 G 的接收者的信息后,向该组所对应的 RP 方向逐跳发送加入报文;

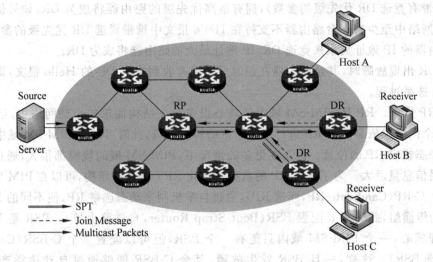

图 15-151　PIM-SM 中构建 RPT 示意图

从 DR 到 RP 所经过的路由器就形成了 RPT 的分支,这些路由器都在其转发表中生成了(*,G)表项,这里的"*"表示来自任意组播源。RPT 以 RP 为根,以 DR 为叶子。

当发往组播组 G 的组播数据流经 RP 时,数据就会沿着已建立好的 RPT 到达 DR,进而到达接收者。

当某接收者对组播组 G 的信息不再感兴趣时,与其直连的 DR 会逆着 RPT 向该组的 RP 方向逐跳发送剪枝报文。上游结点收到该报文后在其出接口列表中删除与下游结点相连的接口,并检查自己是否拥有该组播组的接收者,如果没有则继续向其上游转发该剪枝报文。

⑤ 组播源注册。组播源注册的目的是向 RP 通知组播源的存在。

如图 15-152 所示,组播源向 RP 注册的过程如下。

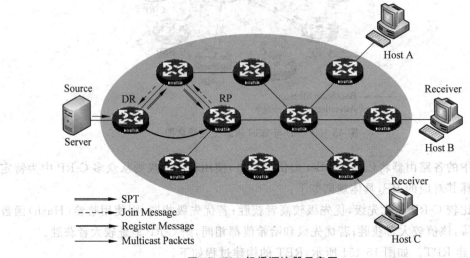

图 15-152　组播源注册示意图

当组播源 S 向组播组 G 发送了一个组播报文时,与组播源直连的 DR 在收到该报文

· 258 ·

后,就将其封装成注册报文,并通过单播方式发送给相应的RP。

当RP收到该报文后,一方面解封装注册报文并将封装在其中的组播报文沿着RPT转发给接收者,另一方面向组播源逐跳发送(S,G)加入报文。这样,从RP到组播源所经过的路由器就形成了SPT的分支,这些路由器都在其转发表中生成了(S,G)表项。SPT以组播源为根,以RP为叶子。

组播源发出的组播数据沿着已建立好的SPT到达RP,然后由RP把组播数据沿着RPT向接收者进行转发。当RP收到沿着SPT转发来的组播数据后,通过单播方式向与组播源直连的DR发送注册停止报文(Register-Stop Message),组播源注册过程结束。

⑥ RPT向SPT切换。当接收者侧的DR发现从RP发往组播组G的组播数据速率超过了一定的阈值时,将由其发起从RPT向SPT的切换,过程如下:

首先,接收者侧DR向组播源S逐跳发送(S,G)加入报文,并最终送达组播源侧DR,沿途经过的所有路由器在其转发表中都生成了(S,G)表项,从而建立了SPT分支;

随后,接收者侧DR向RP逐跳发送包含RP位的剪枝报文,RP收到该报文后会向组播源方向继续发送剪枝报文(假设此时只有这一个接收者),从而最终实现从RPT向SPT的切换。

从RPT切换到SPT后,组播数据将直接从组播源发送到接收者。通过由RPT向SPT的切换,PIM-SM能够以比PIM-DM更经济的方式建立SPT。

⑦ 断言。PIM-SM使用与PIM-DM类似的断言机制。

9) 组播功能测试

(1) 测试方法。组播功能测试示意图如图15-153所示,组播服务器用于提供各种组播业务。

图15-153 组播功能测试示意图

① 在被测链路中开启两组不同的组播业务。

② 在测试计算机1和测试计算机2上同时点播第一组组播业务,分析被测网络与组播服务器间的数据流。

③ 在测试计算机1点播第一组组播业务,在测试计算机2上点播第二组组播业务,分析被测网络与组播服务器间的数据流。

(2) 抽样规则。对于测试计算机所连接用户端口的选择,以不低于接入层用户端口数量5%的比例进行抽样,抽样端口数不少于10个;用户端口数不足10个时,全部测试。

(3) 合格判据。当测试结果满足以下所有条件时,则判定局域网系统的组播功能符合局域网系统验收测评规范中对组播功能的要求,否则判定局域网系统的组播功能不符合规范中的要求。

① 在组播功能测试方法②中,被测网络和组播服务器间只有一个数据流,且测试计算机1和2应接收到同一个组播业务。

② 在组播功能测试方法③中,被测网络和组播服务器间应有两个数据流,且测试计算

机只会分别接收到各自点播的组播业务。

4. 实验步骤

1) PIM-DM 协议测试

图 15-154 为 PIM-DM 协议测试实验的组网图。

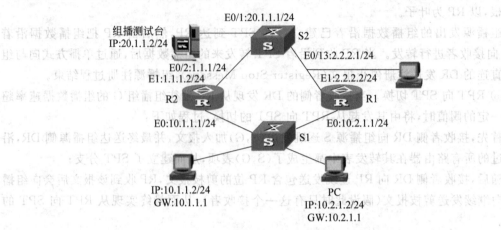

图 15-154 实验组网图

① 按照组网图连接设备,配置路由器的接口 IP 地址和路由协议。在 S2 与 R1 之间串联一台集线器,并连接一台 PC 用于截获报文。

由于只有一个二层交换机 S1,为了验证 R1 与 R2 转发不同的组播流,需要将 PC 10.1.1.2、R2 的 E0 与 PC 10.2.1.2、R1 的 E0 分在不同广播域,这里假定它们分别接在 S1 的 E0/1、E0/2 和 E0/23、E0/24。

S1 的配置命令如下。

```
[S1]vlan 2
[S1-vlan2]port e0/1 e0/2
[S1-vlan2]vlan 3
[S1-vlan3]port e0/23 e0/24
```

S2 的配置命令如下。

```
[S2]rout id 1.0.0.1
[S2]vlan 2
[S2-vlan2]port e0/2
[S2-vlan2]vlan 3
[S2-vlan3]port e0/13
[S2-Vlan-interface1]ip add 20.1.1.1 255.255.255.0
[S2-Vlan-interface2]ip add 1.1.1.1 255.255.255.0
[S2-Vlan-interface3]ip add 2.2.2.1 255.255.255.0
[S2]ospf
[S2-ospf]area 0
[S2-ospf-area-0.0.0.0]network 20.1.1.0 0.0.0.255
[S2-ospf-area-0.0.0.0]network 1.1.1.0 0.0.0.255
[S2-ospf-area-0.0.0.0]network 2.2.2.0 0.0.0.255
```

R2 的配置命令如下。

```
[R2]router id 1.0.0.2
[R2]ospf
[R2-ospf]area 0
[R2-ospf-area-0.0.0.0]network 1.1.1.0 0.0.0.255
[R2-ospf-area-0.0.0.0]network 10.1.1.0 0.0.0.255
[R2-Ethernet0/0]ip add 10.1.1.1 255.255.255.0
[R2-Ethernet0/1]ip add 1.1.1.2 255.255.255.0
```

R1 的配置命令如下。

```
[R1]router id 1.0.0.3
[R1]ospf
[R1-ospf]area 0
[R1-ospf-area-0.0.0.0]network 2.2.2.0 0.0.0.255
[R1-ospf-area-0.0.0.0]network 10.2.1.0 0.0.0.255
[R1-Ethernet0/0]ip add 10.2.1.1 255.255.255.0
[R1-Ethernet0/1]ip add 2.2.2.2 255.255.255.0
```

② 使用组播测试软件发送组播消息给组内成员。参考命令如下。

```
mcast /send /srcs:20.1.1.2 /grps:239.1.1.1 /intvl:1000 /numpkts:10000
mcast /send /srcs:20.1.1.2 /grps:239.1.1.2 /intvl:1000 /numpkts:10000
```

③ 配置运行 PIM-DM 组播路由协议。首先在每一台路由器上启用组播路由,然后在接口上启用 PIM-DM 组播路由协议,同时启动 IGMP。参考命令如下。

```
[S2]multicasRout
[S2-Vlan-interface1]pim dm
[S2-Vlan-interface2]pim dm
[S2-Vlan-interface3]pim dm
[R2]multicaRou
[R2-Ethernet0]pim dm
[R2-Ethernet0]igmp enable
[R2-Ethernet1]pim dm
[R2-Ethernet1]igmp enable
[R1]multicaRout
[R1-Ethernet0]pim dm
[R1-Ethernet0]igmp enable
[R1-Ethernet1]pim dm
[R1-Ethernet1]igmp enable
```

④ 这时在连接集线器的 PC 上打开 Ethereal 截获报文。在 PC 10.1.1.2 上打开接收端,加入组播组 239.1.1.1,然后在组播测试台上启用发送端进行组播数据发送。启动命令如下。

```
mcast /recv /grps:239.1.1.1 /runtime:10000
```

这时 PC 10.1.1.2 上会出现接收到组播报文的信息,如图 15-155 所示。

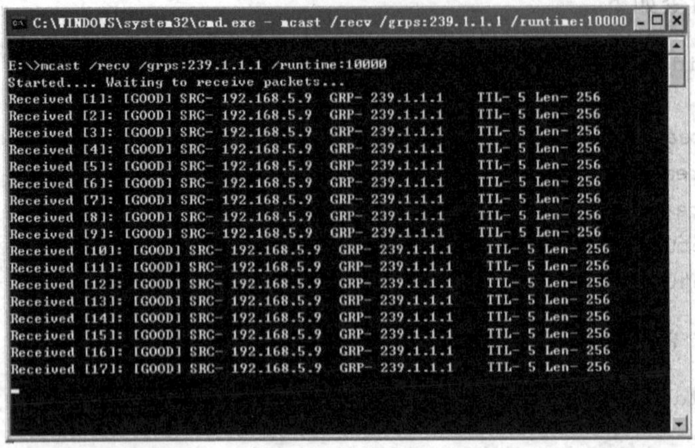

图 15-155 接收端接收组播报文

由于 PC 10.1.1.2 加入了组播组 239.1.1.1，在 PC 10.1.1.2 上能收到目的地址为 239.1.1.1 的组播报文，但没目的地址为 239.1.1.2 的报文。再观察 Ethereal 截获的报文，由于 PC 10.2.1.2 没有启动接收端，R1 下游接口没有组播成员加入，因此 S2 不向 R1 转发组播报文，稳定后截获不到任何组播报文。

说明：在扩散期间，测试 PC 可能会截获到 239.1.1.1 的组播报文，这是因为在剪枝前，上游路由器会向下游路由器转发报文。一段时间稳定后不会再转发，详细情况请参考原理介绍部分。

⑤ 在 PC 10.2.1.2 上启动接收端，加入组播组 239.1.1.2。参考命令如下。

mcast /recv /grps:239.1.1.2 /runtime:10000

这时 PC 10.2.1.2 将出现类似图 15-155 所示的消息，说明已加入组播组 239.1.1.2 并收到组播流。此时观察 Ethereal 截获的报文，会有目的地址为 239.1.1.2 的组播报文。由于没有加入 239.1.1.1，亦无此组播组报文。

2) PIM-SM 协议测试

图 15-156 为 PIM-SM 协议测试实验的组网图。

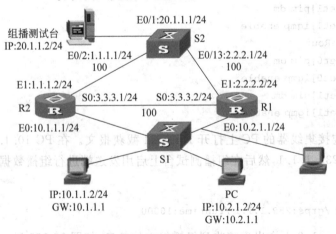

图 15-156 实验组网图

① 按照组网图连接设备。测试 PC 与集线器串联在 R1 与 S1 之间。

配置路由器的接口 IP 地址，每个接口启动 OSPF，area 为 0，具体配置请自己书写，并配置相应的 cost 均为 100。

S1 的配置参照 PIM-DM。

S2 的配置如下。

```
[S2]Router id 1.0.0.1
[S2-VLAN1] ip address 20.1.1.1 255.255.255.0
[S2-VLAN2] ip address 1.1.1.1 255.255.255.0
[S2-VLAN3] ip address 2.2.2.1 255.255.255.0
[S2-Vlan-interface2]ospf cost 100
[S2-Vlan-interface3]ospf cost 100
[S2]ospf
[S2-ospf]area 0
[S2-ospf-area-0.0.0.0]network 1.1.1.0 0.0.0.255
[S2-ospf-area-0.0.0.0]network 2.2.2.0 0.0.0.255
[S2-ospf-area-0.0.0.0]network 20.1.1.0 0.0.0.255
[S2-ospf-area-0.0.0.0]
```

R2 的配置如下。

```
[R2Router id 1.0.0.2
[R2-Ethernet0] ip address 10.1.1.1 255.255.255.0
[R2-Ethernet1] ip address 1.1.1.2 255.255.255.0
[R2-Serial0] ip address 3.3.3.1 255.255.255.0
[R 2-Serial0]ospf cost 100
[R 2-Ethernet1]ospf cost 100
[R2] ospf
[R2-ospf-1]area 0
[R2-ospf-1-area-0.0.0.0]network 1.1.1.0 0.0.0.255
[R2-ospf-1-area-0.0.0.0]network 3.3.3.0 0.0.0.255
[R2-ospf-1-area-0.0.0.0]network 10.1.1.0 0.0.0.255
```

R1 的配置如下。

```
[R1]Router id 1.0.0.3
[R1-Ethernet0] ip address 10.2.1.1 255.255.255.0
[R1-Ethernet1] ip address 2.2.2.2 255.255.255.0
[R1-Serial0] ip address 3.3.3.2 255.255.255.0
[R1-Serial0]ospf cost 100
[R1-Ethernet1]ospf cost 100
[R1] ospf
[R1-ospf-1]area 0
[R1-ospf-1-area-0.0.0.0]network 2.2.2.0 0.0.0.255
[R1-ospf-1-area-0.0.0.0]network 3.3.3.0 0.0.0.255
[R1-ospf-1-area-0.0.0.0]network 10.2.1.0 0.0.0.255
```

② 配置组播测试台。组播测试台请参照 PIM-DM 的实验进行。
③ 配置 PIM-SM 协议,同时在各接口启动 IGMP,具体配置参考 PIM-DM 实验。

```
[S2]multicast rout
[S2-Vlan-interface3]pim sm
[S2-Vlan-interface2]pim sm
[S2-Vlan-interface1]pim sm
[R2]multicast rout
[R2-Ethernet1]pim sm
[R2-Ethernet0]pim sm
[R2-Serial0]pim sm
[R1]multicast rout
[R1-Ethernet1]pim sm
[R1-Ethernet0]pim sm
[R1-Serial0]pim sm
[R1-pim]c-bsr e1 4
[R1-pim]c-rp e1
```

上面配置中,需要配置至少一台路由器为 BSR 候选者和 RP 候选者,用以从中选举 BSR 和 RP。由于我们仅仅配置 R1 为 BSR 和 RP 候选者,因此肯定 R1 被选举为 BSR 和 RP。

④ 配置完成后,参照 PIM-DM 实验步骤④进行实验。由于所有的组播流都经过 RP 转发,R1 的 E0 接口应该转发 PC 10.2.1.2 加入的组播组报文。因此在 PC 10.2.1.2 打开接收端前,测试 PC 不会截获到组播报文。

⑤ 启动 PC 10.2.1.2 的接收端,加入组播组 239.1.1.2。之后会截获到 239.1.1.2 的报文,并且接收端也能收到同样的报文。

5. 实验总结

通过实验,我们学习了组播的概念、用途以及 IGMP、PIM 等协议,练习了组播的配置,体会组播的工作过程,测试了局域网组播功能。

习题

(1) 举例说明组播的应用。
(2) 根据 PIM 的含义,说明 OSPF 协议在实验中的作用。